# 中国清洁能源综合利用途径设计及优化模拟模型研究

鞠立伟　谭忠富　谭清坤　著

科学出版社

北　京

## 内 容 简 介

全书共分9章。首先，介绍中国水力、风能、太阳能和天然气等清洁能源的利用现状。其次，分别从需求响应、储能系统以及电动汽车三个方面，讨论单一路径模式下的清洁能源优化模型。再次，分别构造微电网、虚拟电厂以及多能互补运行优化模型，讨论综合利用途径下的不同清洁能源优势互补效应。最后，分别构造计及碳排放权交易以及跨区域消纳清洁能源发电调度优化模型，为制定清洁能源发展激励措施提供政策启示和实践依据。

本书主要供各类高等院校、能源研究机构、相关领域科研工作者阅读参考，对改善现有能源结构、提高能源利用率，实现中国能源资源的可持续发展有着重要的理论价值和实际意义。

**图书在版编目(CIP)数据**

中国清洁能源综合利用途径设计及优化模拟模型研究 / 鞠立伟，谭忠富，谭清坤著. —北京：科学出版社，2019.5

ISBN 978-7-03-059573-7

Ⅰ. ①中… Ⅱ. ①鞠… ②谭… ③谭… Ⅲ. ①无污染能源－综合利用－研究－中国 Ⅳ. ①X382

中国版本图书馆CIP数据核字（2018）第263704号

责任编辑：马 跃 李 嘉 / 责任校对：贾娜娜
责任印制：张 伟 / 封面设计：无极书装

科 学 出 版 社 出版
北京东黄城根北街16号
邮政编码：100717
http：//www.sciencep.com
北京虎彩文化传播有限公司 印刷
科学出版社发行 各地新华书店经销
*
2019年5月第 一 版 开本：720 × 1000 1/16
2019年5月第一次印刷 印张：15
字数：300 000

**定价：120.00元**

（如有印装质量问题，我社负责调换）

# 前　言

中国经济的迅猛发展推动了能源需求的急剧增长，但是以化石能源为主的能源消费结构导致经济增长面临着日益严峻的“资源瓶颈”和“环境瓶颈”，这成为制约经济发展的关键因素。世界各国为了保障能源的可靠供给，正在加快利用以风能、太阳能和生物质能等为代表的清洁能源，开发清洁能源发电正成为优化能源结构的关键途径。中国为了促进清洁能源的开发和利用，陆续出台了一系列的激励政策及保障措施。然而，受制于需求与供给逆向分布的能源禀赋，中国清洁能源利用效果不尽理想，清洁能源弃能问题日益严峻。若想实现清洁能源的规模化利用，需充分发挥不同清洁能源间的优势互补作用，多途径、多手段地提高清洁能源开发利用的效益。因而，本书基于中国能源利用现状，研究并设计中国清洁能源综合利用途径，构建清洁能源综合利用优化模型，以期能够为解决中国当前的严重弃能问题，实现中国社会经济的可持续发展等提供有利的依据。

本书共 9 章，第 1 章介绍我国清洁能源发展利用现状，梳理水力、风能、太阳能和天然气等清洁能源的利用现状；第 2 章研究基于需求响应促进清洁能源消纳优化模型，介绍需求响应的基本理论与政策，总结典型国家需求响应实施经验及启示，构造多类型用户参与需求响应效益分析模型及考虑需求响应的清洁能源消纳优化模型；第 3 章研究利用储能系统协助消纳清洁能源优化模型，构造风电场景模拟及削减技术，建立风电储能两阶段调度优化模型及求解算法；第 4 章研究利用电动汽车充放电消纳清洁能源优化模型，分别建立电动汽车节能减排潜力量化模型、电动汽车消纳风电调度优化模型以及电动汽车充电服务模式评价模型。上述内容从清洁能源利用单一路径开展研究，对比分析需求响应、储能系统和电动汽车对清洁能源消纳的优化效应。

进一步，为发挥清洁能源间的优势互补效应，需综合利用风电、太阳能发电、天然气发电、储能和需求响应等多种分布式发电，具体讨论微电网、虚拟电厂和多能互补等清洁能源综合利用模式。第 5 章研究微电网能量协调控制 Agent 模型，介绍微电网的定义特征及运行模式，分析多代理系统（multi-agent system，MAS）视角下微电网的功能需求，构建基于 MAS 的微电网控制协调模型；第 6 章研究虚拟电厂（virtual power plant，VPP）调度运行优化模型，界定虚拟电厂的基本内涵，介绍虚拟电厂的基本特征，并引入鲁棒系数作为风电、光伏发电的不确定性控制工具，建立计及需求响应的虚拟电厂双层调度优化模型。第 7 章研究驱动清洁能源的多能互补运行优化模型，集成风能、太阳能（光伏、光热）、天然气为多能互补系统，该系统包括发电子系统、冷热电联供（combining cooling，heating and power，CCHP）子系统和辅助供热子系统，建立多能互补系统多目标运营优化模型及绩效评估体系。上述内容从清洁能源综合利用路径开展研究，为充分发挥清洁能源互补效应，对比不同综合利用途径下的清洁能源消纳优化模型及其优化效应。

最后，第 8 章和第 9 章分别研究碳排放权交易机制协助清洁能源消纳优化模型以及跨区域消纳清洁能源发电调度优化模型。其中，第 8 章梳理碳排放权交易的基本政策、国际市场和国内交易试点，测算火力发电的碳排放成本，并建立碳排放权交易机制下的清洁能源发电调度优化模型；第 9 章针对清洁能源跨区域消纳问题开展研究，分别构造跨区域能源外送调度优化模型、电力资源跨区域配置效益分配与交易模型。上述内容讨论碳排放权交易机制对清洁能源消纳的优化效应，并探讨区域间协同消纳清洁能源的潜在途径，能够为制定清洁能源发展激励措施提供政策启示和实践依据。

华北电力大学的荣梦蕾、张予燮、赵蕊、李梦露参与本书的部分工作。本书在写作过程中，得到华北电力大学经济与管理学院及北京能源发展研究基地的支持与配合，在此表示衷心的感谢和诚挚的敬意。

本书承蒙国家自然科学基金面上项目“我国减少清洁能源发电弃能的机制设计及其模拟模型研究”（71573084）、北京市社会科学基金青年项目“京津冀园区综合能源体效能协同机制设计及政策分析模型研究”（18GLC058）、北京市社会科学基金特别资助项目“京津冀清洁能源发电协调发展的运营机制与政策分析模型研究”（16JDYJB044）、北京能源发展研究基地项目“京津冀地区产业园区多能互补激励政策及能源互联网发展模式研究”（NYJD20170102）以及国家自然科学基金面上项目“区域电力系统结构演进及其水-能-排耦合研究”（71874053）的资助，特此致谢。

由于作者水平所限，书中难免存在疏漏和不足，敬请读者批评指正。

鞠立伟

2018 年 11 月

# 目　录

# 第1章　我国清洁能源发展利用现状分析

中国经济的飞速发展推动了能源需求的不断提升，但以化石能源为主的能源消费结构却导致经济、能源与环境间的矛盾日益突出。特别是温室效应的不断加剧，使得环境保护和节能减排已成为国际政治博弈的重要舞台。根据中国国家能源局发展规划司相关数据，2016 年中国 $CO_2$ 累计排放量约为 1464 亿 t，超过美国的 1462 亿 t，跃居世界首位。同时，根据中国国家能源局发展规划司 2015 年统计数据，中国煤、石油、天然气已探明剩余储量分别仅能维持 80 年、12 年、30 年左右，这意味着中国正面临严峻的能源供给危机与巨大的环境保护和节能减排压力，加快能源结构调整和强化环境保护已成为中国经济社会可持续发展的重要保障。

## 1.1　概　　述

可再生能源发电，尤其是风能、太阳能和生物质能等清洁能源正成为世界各国优化能源结构的重要替代能源。相比国外发达国家，中国清洁能源开发相对滞后，主要始于 20 世纪 80 年代。但在政府的高度重视下，中国积极开展示范性工程，积累了大量的实施经验，清洁能源发电产业发展迅猛[1]。截至 2017 年底，中国风电、太阳能发电和生物质发电累计装机容量已分别达到 18 800 万 kW、5283 万 kW 和 1345 万 kW，均居世界前列，特别是风电和太阳能发电装机分别超过美国和德国，居于世界首位[2]。根据《电力发展“十三五”规划（2016—2020 年）》，中国风电、光伏发电和生物质发电装机在 2020 年底将分别达到 25 000 万 kW、15 000 万 kW 和 1500 万 kW[3]。可见，加快开发和利用可再生能源发电已成为中国深入调整能源结构的重要战略途径。

然而，受制于需求与供给逆向分布的能源禀赋，中国在规模化发展清洁能源的同时，也面临着能源消纳的巨大挑战。2015 年，中国因弃风、弃光限电造成的电量损失分别达到 339 亿 kW·h 和 48 亿 kW·h，弃风率和弃光率分别超过 10%和 20%[4]。从地域分布来看，弃风和弃光主要分布于“三北”（东北、华北、西北）地区；从时段分布来看，东北和华北地区弃风主要集中在冬季供暖期与后夜低谷时段。中国弃能问题的主要原因包括本地负荷消纳能力不足、风光发电出力随机特征较大以及电力系统智能化程度不够等。为解决中国当前的弃能问题，需充分发挥不同清洁能源间的优势互补作用，利用大型综合能源基地的资源组合优势，协调满足终端用户的冷、热、电、气等多种用能需求，以提高能源系统的综合效率。

据世界能源理事会统计，全球的水力资源理论蕴藏量可达 40 万亿 kW·h/年，除受到地理环境、技术水平以及经济发展等限制外，可利用资源约 16 万亿 kW·h/年[5]。发达国家的水能利用水平已经较为成熟，意大利、挪威、法国、日本及瑞典的水力资源利用率均已经超过了 50%，与发达国家相比较，中国的水力资源利用率则处于较低水平，仅为 20%左右。全球风能资源总量约 10 000 亿 kW，风能利用潜能巨大，对于解决未来全球能源危机和环境危机均具有重要的利用价值[6]。截止到 2016 年，美国的风电装机容量达到了 8187 万 kW，占美国总发电量的比例为 6.92%[7]。德国的陆上风电基本处于饱和状态，德国的海上风电场 Alpha Ventus 是世界上第一家已并网使用的 5MW 及以上的海上风电机组[8]，对我国风电产业的可持续发展具有借鉴意义。中国风能潜在可利用开发量可达 30.5 亿 $km^2$，其中“三北”地区则是风能资源最密集区域，开发利用潜力巨大[9]。

同时，太阳能是最为丰富的可再生能源之一，其中，北非、中东、美国西南部、澳大利亚、南非以及我国西部地区均是资源条件较好的区域[10]。德国一直是太阳能领域开发利用的领导者之一，至 2016 年装机容量就达到了 40.41GW[11]。日本 2016 年全国使用电力中有 4.3%来自光伏发电，比例较 2015 年的 2.7%有显著增长[12]。美国的新增装机在 2012 年出现了一个井喷式的 135%的增长之后增速趋于稳定，直到 2016 年的 79.27%，整体上呈现一个回暖趋势[13]。中国太阳能资源极为丰富，全年太阳辐射量可达 1050～2450kW·h/$m^2$[14]。2017 年上半年，全国新增光伏发电装机容量 2440 万 kW，同比增长 9%。从新增装机分布来看，华东地区新增装机为 825 万 kW，占全国的 33.8%；华中地区新增装机 423 万 kW，占全国的 17.3%[15]。

总体来说，清洁能源发电具有显著的环境友好型的特点，规模化发展清洁能源有利于优化能源结构，也有利于解决中国现阶段能源开发和利用的主要矛盾，即传统能源日渐枯竭与能源需求持续快速增长的矛盾以及以煤炭为主的能源消费结构与环境压力持续增大的矛盾。但在近年来我国强有力政策的支持下，中国可再生能源发电快速发展，风能和太阳能等可再生能源的间歇性与波动性也日益显著，迫切需要提出应对措施。本章梳理水力、风能、太阳能和天然气等清洁能源的利用现状，通过纵向和横向对比清洁能源开发与利用现状，从整体上把握当前清洁能源发电整体状况、清洁能源发展整体趋势及存在的问题，为未来激励清洁能源规模化发展及后续研究提供政策建议和决策工具。

# 1.2　水力资源发展利用现状分析

## 1.2.1　水力资源利用

中国水力资源丰富，总量居世界首位。根据国家 2009 年全国农村水能资源调查评价成果，我国水电技术可开发装机容量约为 6.6 亿 kW，年发电量约 3 万亿 kW·h。中国地形与雨量差异较大，因而形成水力资源在地域分布上的不平衡，水力资源分布呈西部多、东部少的特征。另外，中国位于亚洲大陆的东南部，濒临世界上最大的海洋，具有明显的季风气候特点，因此大多数河流年内、年际径流分布不均，丰、枯季节流量悬殊，需建设调节性能好的水库，对径流进行调节。

水力资源较集中地分布在大江、大河干流，便于建立水电基地，实行战略性集中开发，我国十三大水电基地资源量超过全国的 1/2，基地的建设在水电建设中居重要地位。特别是地处西部的金沙江中下游干流总装机规模为 58 580MW，长江上游干流总装机规模为 33 197MW，长江上游的支流大渡河以及黄河上游、澜沧江、怒江等的装机规模都超过 20 000MW，乌江、南盘江红水河的装机规模也超过 10 000MW。“十二五”时期，我国开工建设了金沙江乌东德、梨园、苏洼龙，大渡河双江口、猴子岩，雅砻江两河口、杨房沟等一批大型和特大型常规水电站，总开工规模达到 5000 万 kW。同时，开工建设了黑龙江荒沟、河北丰宁、山东文登、安徽绩溪、海南琼中、广东深圳等抽水蓄能电站，总开工规模 2090 万 kW，创历史新高。

## 1.2.2　水力发电装机

我国幅员辽阔，水力资源蕴藏丰富。根据中国水力发电工程学会统计数据，中国陆地水力资源储量超过 1 万 kW 的河流约为 3886 条，其中，技术可开发装机容量高于 5.42 亿 kW，年均发电量超过 $2.5\times10^4$ 亿 kW·h，我国的水力资源技术可开发装机容量居世界首位。截至 2016 年底，全国发电装机容量达到 16.5 亿 kW，其中全国火电装机容量为 105 388 万 kW、常规水电装机容量超过 3 亿 kW，发电量为 1.18 万亿 kW·h，占可再生能源发电量的 76%。按照《可再生能源发展“十三五”规划》目标，2020 年水电装机容量为 3.4 亿 kW，发电量将占可再生能源发电量的 66%。2030 年，为实现非化石能源占一次能源消费比例 20%的能源发展战略目标，水电发电量约占可再生能源发电量的 46%。图 1-1 为 2008～2016 年中国发电装机容量构成。

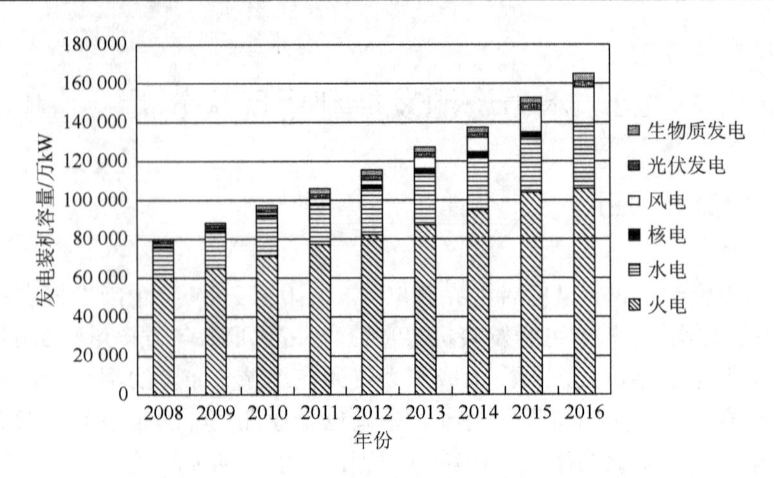


图 1-1　2008～2016 年中国发电装机容量构成

从图 1-1 可以看出，2013 年我国火电装机容量首次下降至 70%以下，而水电则保持相对平稳的占比，表明我国的电力装机结构优化取得了阶段性的成果。水电装机容量中，传统水电装机容量为 28 305 万 kW，占水电总装机容量的 92.8%，抽水蓄能电站装机容量为 2181 万 kW，占水电总装机容量的 7.2%。从地区分布来看，中国水力资源分布相对不均，水力资源主要集中在西南地区。相关数据显示，西南地区（包括四川、重庆、贵州和云南四省市）的技术可开发装机容量约为 4.5 亿 kW，占全国水电可开发容量的 60%以上。2014 年，西南地区水电发电量合计 10 092 亿 kW·h，占全国水电发电量的 95.20%。图 1-2 为 2000～2016 年我国水电装机容量变化情况示意图。

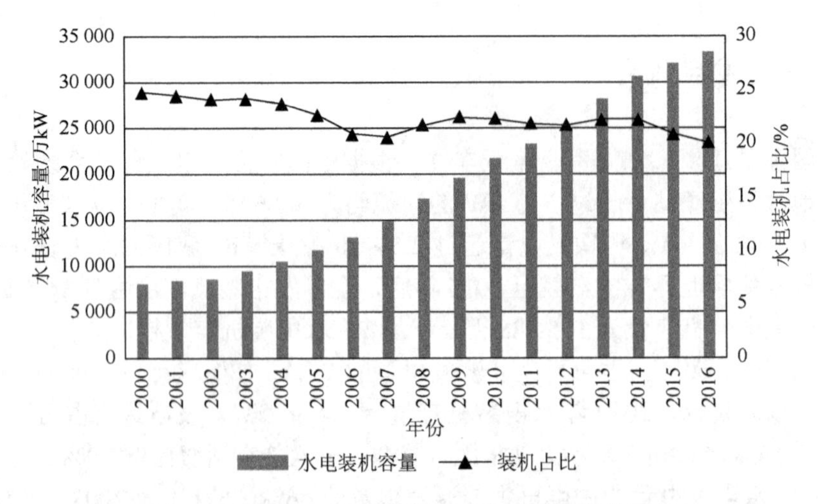


图 1-2　2000～2016 年我国水电装机容量变化情况

从开发程度上看，四川、云南、重庆的水电开发已经接近 65%，在未来 5 年时间里，仍将是水电开发的重点区域。其中，中国西藏地区的水力资源开发利用程度较低，未来具有较大的开发空间，而西部地区技术可开发装机容量高于 6600 万 kW，但仅开发了约 40%的装机容量，未来也具备较为可观的发展空间。华北地区水电技术可开发装机容量为 900 万 kW，已开发比例约为 40%。东北地区水力资源开发比例约为 38%，但技术可开发空间较少，仅为 1760 万 kW；华北、东北地区还有一定的水电开发潜力。除了上述地区，我国中南和华东地区的水力资源开发空间较小，未来的水力资源利用应以增加装机容量为主。

从流域来看，中国水力资源主要集中于金沙江、澜沧江、长江和黄河等区域，总的技术可开发装机容量约为 3.7 亿 kW，截至 2014 年底，以上流域的水电开发规模已达 1.28 亿 kW，约占全国总装机容量的 45%。其中雅鲁藏布江、金沙江等流域是我国未来水电开发的重点。水能作为可再生的清洁能源之一，将成为中国今后电源建设的重点利用能源。水电在中国经历了多个发展阶段，总装机容量从 20 世纪 80 年代的约 1000 万 kW，跃增至 2015 年的 3.19 亿 kW。近几年，受到水电开发成本增加、弃水严重等的影响，投资速度放缓，整体发展进入稳定发展期或成熟期，2016 年我国水电建设投资规模为 612 亿元，同比减少 21.70%。另根据中国水利部发布的数据，2017 年 1～9 月的电源完成投资中，水电完成投资 339 亿元，同比减少 4.1%。截至 2016 年底，全国全口径水电装机容量为 3.3 亿 kW，同比增长 3.9%；2016 年水电新增装机容量 1179 万 kW（含抽水蓄能 366 万 kW）。“十三五”期间计划新增投产水电装机容量 6000 万 kW。

### 1.2.3　水力发电并网

2016 年底，我国水电装机容量历史性地突破 3 亿 kW，发电量为 10 601 亿 kW·h，水电设备平均年利用小时数为 3477h，比 2013 年增长 296h。自 2000 年开始，我国水力发电量的变化趋势基本与装机容量变化趋势相一致，说明我国水电总体并网发电状况良好。2000～2014 年，水电设备年利用小时数基本保持在 3000～3500h，变化幅度较小，2014 年，水电设备利用小时数增长 296h，同比增长 9.3%，创历史增长峰值，主要是因为火电比例下降，水电分摊了部分发电份额。我国水电装机容量突破 3 亿 kW，稳居世界首位。水电装机容量是世界第二位（美国）的 2.8 倍。我国水电开发集中，大型水电站基本均位于西南地区，而我国的负荷中心则位于东部沿海地区，因此我国水电必须依托大规模远距离输电技术进行输送。随着溪洛渡、向家坝和锦屏水电站陆续投产，以及“向上直流”“复奉直流”等特高压直流工程的顺利投产，我国西南地区水电的输送能力进一步加强，预计到 2020 年底，我国西南地区水电外送能力将达到 1 亿 kW。图 1-3 为 2000～2016 年我国水电发电量和水电设备平均年利用小时数变化情况。

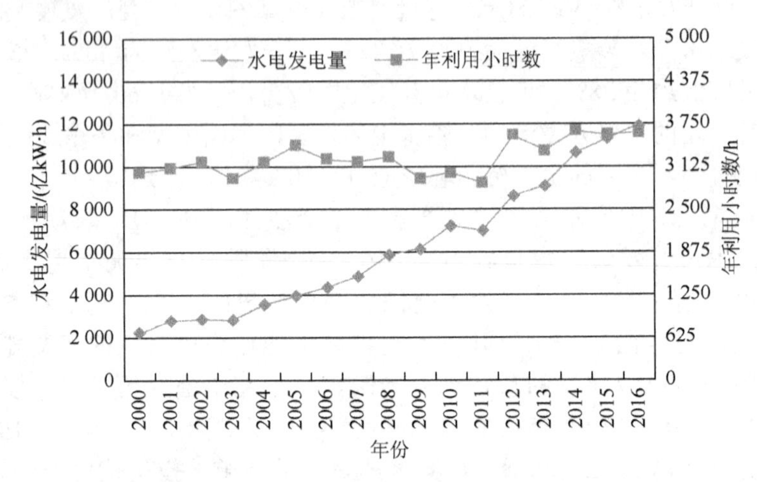


图 1-3 2000～2016 年我国水电发电量和水电设备平均年利用小时数变化情况

伴随着水电集中投产，我国西南地区也出现了严重的弃水现象。四川、云南作为我国水电装机大省，弃水问题十分严重。“十二五”期间，四川水电装机容量年均增长率约为 20%，总体增长呈现先增加后减缓的趋势，2013 年和 2014 年，水电新增装机容量超过 2300 万 kW，水电装机容量年均增长率在 2014 年仅为 3%，2015 年更是出现水电总装机容量递减的现象。截至 2016 年底，四川水电装机容量突破 7000 万 kW，稳居全国第一。同样，在“十二五”期间，云南年平均水电装机容量约为 1000 万 kW，2011～2014 年，水电新增装机容量约为 3000 万 kW。根据相关数据，截至 2016 年底，云南水电装机容量达 5901 万 kW，但由于负荷需求不足，尽管部分火电机组已经调试完毕，但仍旧不能投入运行。表 1-1 为我国主要水电装机省区 2017 年前三季度发电及弃水情况对比。

**表 1-1 我国主要水电装机省区发电及弃水情况**

| 省区 | 上网电量/(亿 kW·h) | 弃水电量/(亿 kW·h) | 水能利用率/% |
|---|---|---|---|
| 四川 | 2333.5 | 123.8 | 88 |
| 广西 | 417 | 44.2 | 90.4 |
| 云南 | 1655 | 240.5 | 87.3 |

由表 1-1 可以看出，四川、云南、广西三省区的水电同时存在不同程度的弃水

现象，2017 年前三季度，上述三省区的弃水电量超过 400 亿 kW·h，按照 0.3 元/(kW·h) 的水电上网电价折算，弃水损失约 120 亿元，造成了极大的浪费。"十三五"期间，我国的电源投资将持续增长，预计到 2020 年，水电装机容量将达到 4.5 亿 kW，与此对应的是水电消纳难和弃水严重的问题。本书根据历年弃水和水电消纳数据，以及相关政策，深入分析了水电弃水的三个主要原因。

（1）水电快速发展与电力需求增长缓慢不匹配。水电规划建设不够合理，导致某些年进行水电机组大规模建设，水电机组增长率超过负荷需求增长率，以四川省为例，"十二五"期间，年均新增水电装机容量超过 1000 万 kW，截至 2016 年底，四川省水电装机容量突破 7000 万 kW，稳居全国第一，但省内负荷和省外负荷需求增长较低，导致机组利用效率较低。

（2）汛期来水量不足，负荷需求低谷时，水电弃水。结合水电机组运行特性，若汛期来水量丰富，水电机组发电能够全天运行，但在负荷低谷时期，为了满足系统供需平衡，水电机组不得不产生弃水，导致水电机组利用效率不高。

（3）水电外送通道建设尚存潜力。由于水电基地与负荷中心呈逆向分布，水电的外送需要依托长距离大容量的特高压工程进行。就目前的情况而言，为了保证电网的安全可靠运行，需要加强电力系统调度运行管理，优化管理资产设备，协调省外市场接受发电负荷，以实现消纳水力资源的目标。

## 1.3　风能资源发展利用现状分析

### 1.3.1　风能资源利用

中国现已成为世界上风能发电规模最大、增长最快的市场。2017 年 2 月 10 日，全球风能理事会发布 2016 年全球风电发展统计数据：2016 年全球市场新增风电装机容量超过 54.6GW，全球累计风电装机容量达到 486.7GW，而中国新增风电装机容量和累计风电装机容量份额均居世界第一。2016 年，全国风电保持健康发展势头，全年新增风电装机容量为 1930 万 kW，累计并网装机容量达到 1.49 亿 kW，占全部发电装机容量的 9%，风电发电量为 2410 亿 kW·h，占全部发电量的 4%。图 1-4 为中国主要风能资源区风电开发潜力。

中国的风能资源主要集中在北部地区、东南沿海地区及附近岛屿。北部地区年风功率密度大多在 200～300W/m$^2$，有的甚至可达 500W/m$^2$ 以上。东南沿海地区年风功率密度在 200W/m$^2$ 以上，风功率密度线平行于海岸线。风能发电在当前全球能源短缺、环境污染严重及对节能减排要求不断增强的背景下，已成为一个快速发展的朝阳行业。2016 年，中国新增风电装机容量为 2337 万 kW，累计装

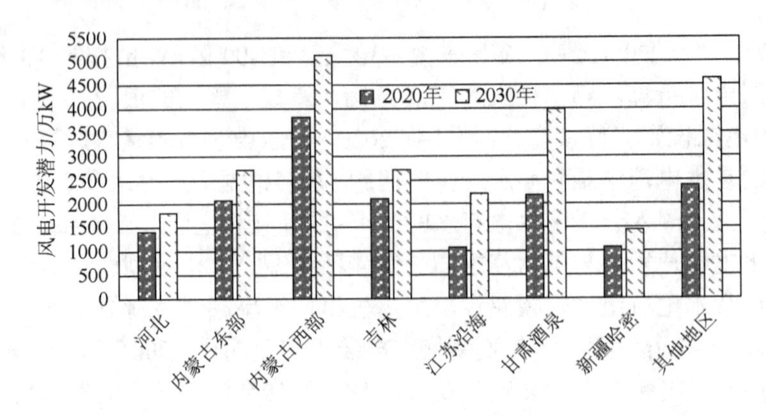


图 1-4　未来中国风电开发潜力

机容量达到 16 873 万 kW。新增装机容量虽然较上一年有一定幅度的下滑，但仍保持较快的增速，与 2014 年基本持平。2016 年，全国风电平均年利用小时数为 1742h，比 2015 年的 1728h 增加了 14h，比 2014 年的 1893h 则下降 151h。若将 2 亿 kW 作为“十三五”期间风电发展的最低目标，2016～2020 年，中国风电每年新增装机容量需达到 2000 万 kW。根据《风电发展“十三五”规划》思路，2016～2020 年中国风电新增装机容量将达 1 亿 kW，其中，“三北”地区大风电基地 5 年内新增装机容量 6000 万 kW，中东部中低风速资源区新增装机容量 3000 万 kW，海上风电新增装机容量 1000 万 kW。

### 1.3.2　风力发电装机

“三北”地区以及东部沿海地区是我国风能资源主要集中的地区。2011 年风能资源勘察与评价数据显示，我国风能资源总开发潜力超过 25 亿 kW。其中陆地 50m 高度 3 级以上（风功率密度大于等于 $300W/m^2$）的风能资源潜在开发量大约为 23.8 亿 kW；近海 5～25m 水深区域 50m 高 3 级以上的风能资源潜在开发量大约为 2 亿 kW。中国风能资源总的技术可开发装机容量为 7 亿～12 亿 kW。其中，陆地实际可开发装机容量达 6 亿～10 亿 kW，近海风电可开发装机容量约为 1.5 亿 kW。内蒙古的东部和西部、河北坝上、江苏沿海和吉林西部等地区均是我国风能资源丰富的地区，上述地区的风能资源占全国陆地风能资源的 77.7%。我国风力发电资源丰富，但相比欧美国家来说，我国风力发电技术研究起步较晚，风电产业主要经历了四个发展阶段。

（1）初始研究阶段。从 20 世纪 50 年代开始，我国开展了风电技术的研究工作，但由于技术水平较低，我国风电未能实现发电并网。

（2）离网式发展阶段。自 20 世纪 60 年代开始，我国陆续建立了离网式小型风力发电机，开始了风力发电技术的深入研究，主要用于解决农村地区和偏远地区的电力供应问题，保障了偏远地区的用电需求。

（3）试点与示范阶段。自 20 世纪 80 年代开始，我国总结了离网式发展阶段的试点经验，开始研究大型风力发电机，并于 1986 年在山东省建立了马兰风电场，这意味着中国风电商业化模式逐步开启。1994 年，中国新疆达坂城建成了总装机容量约为 10.1MW 的风电场，这意味着我国开启了首个千万千瓦级风电场的建设运行。

（4）规模发展阶段，自 20 世纪 90 年代开始，为了促进风电的快速发展，我国政府逐步颁布了风电发展扶持激励政策，推动了风电行业的发展，风电装机容量不断增加，并网电量不断提高。

在国家发展和改革委员会（简称国家发展改革委）和国家能源局政策的支持与指导下，结合我国风力发电资源相对集中的特点，我国以“三北”资源区为主要基地，进行基地式大规模发展。在内蒙古东部、吉林、甘肃、新疆、河北、内蒙古西部、江苏、山东建立 8 个千万千瓦级风电大基地。截至 2016 年底，我国风电装机容量达千万千瓦级以上的地区有 4 个，分别是内蒙古、甘肃、河北和新疆，10 个省区风电装机容量均达 500 万 kW 以上。图 1-5 为 2016 年我国主要风电开发省区的装机容量情况。

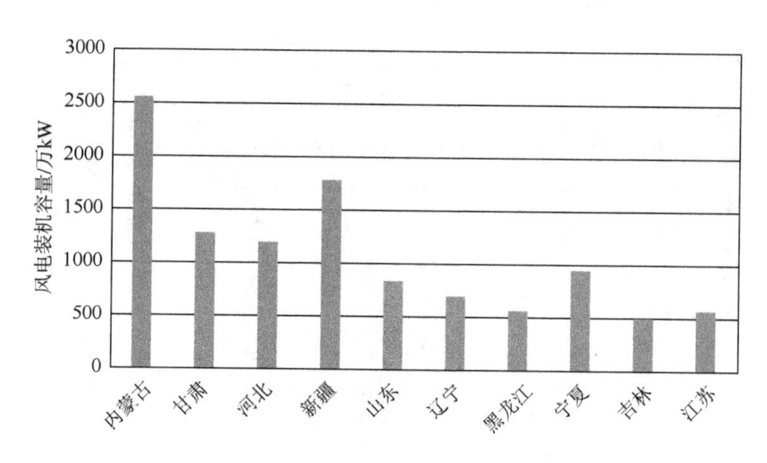


图 1-5　2016 年我国主要风电开发省区装机容量

由图 1-5 可以看出，内蒙古风电装机容量排第一，达 2557 万 kW，甘肃和河北风电装机容量相当，约 1200 万 kW。综合考虑风电基地资源条件、开发条件、跨区电网建设规划及输送能力研究情况，根据相关规划，我国拟在 2020 年前建设完成规模达到 12 000 万 kW 的风电基地，在 2030 年该规模将达到 20 900 万 kW。表 1-2 为我国主要风电基地未来开发规模。

表 1-2 我国主要风电基地未来开发规模

| 风电基地 | 2020 年装机容量/万 kW | 2030 年装机容量/万 kW |
| --- | --- | --- |
| 甘肃酒泉 | 2000 | 3200 |
| 新疆哈密 | 1000 | 2000 |
| 河北坝上 | 1600 | 1800 |
| 内蒙古西部 | 2700 | 4000 |
| 内蒙古东部 | 1200 | 2700 |
| 吉林 | 1000 | 2700 |
| 江苏沿海 | 1000 | 2000 |
| 山东沿海 | 1500 | 2500 |

### 1.3.3 风力发电并网

截至 2016 年底，我国风电并网装机容量为 14 864 万 kW，占全国发电装机总量的 62%，年发电量为 2410 亿 kW·h，占全国总发电量的 4.1%。图 1-6 为 2008～2016 年我国风电并网装机容量及增速。

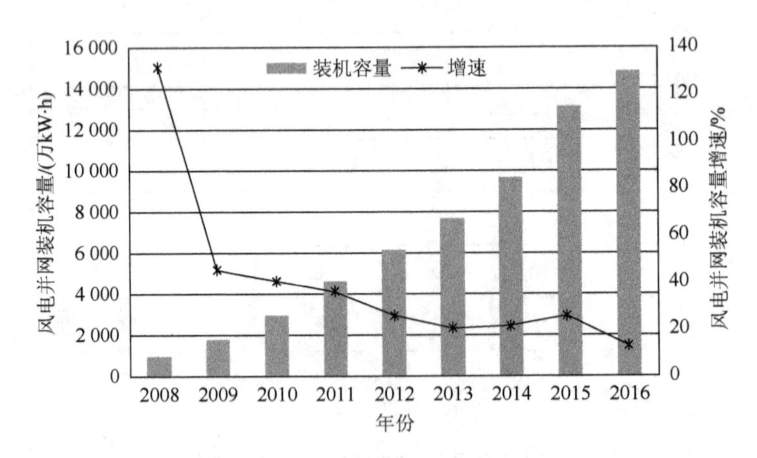


图 1-6 2008～2016 年风电并网装机容量及增速

自 2003 年起，我国风电并网装机容量增速逐年提高，到 2008 年增速已达 131.74%，而 2009 年以后，增速明显放缓，2016 年风电装机容量增速下降至 12%，基本与风电发展规模相一致，这意味着我国风电已经进入了稳定发展的模式。尽管我国风电并网装机容量基本能够匹配风电发展规模，但仍然存在并网装机容量远低于累计装机容量的问题，表 1-3 为风力发电并网装机容量数据。

**表 1-3　风力发电并网装机容量数据**

| 年份 | 累计装机容量/万 kW | 并网装机容量/万 kW | 并网发电比例/% |
| --- | --- | --- | --- |
| 2007 | 584.8 | 419 | 71.65 |
| 2008 | 1 200.2 | 971 | 80.90 |
| 2009 | 2 580.5 | 1 767 | 68.48 |
| 2010 | 4 473.4 | 2 958 | 66.12 |
| 2011 | 6 236.4 | 4 623 | 74.13 |
| 2012 | 7 532.4 | 6 300 | 83.64 |
| 2013 | 9 141.3 | 7 716 | 84.41 |
| 2014 | 11 460.9 | 9 637 | 84.09 |
| 2015 | 14 536 | 12 830 | 88.26 |
| 2016 | 16 873 | 14 864 | 88.09 |

由表 1-3 可以看出，虽然我国风电累计装机容量在持续增长，并网装机容量也在增长，但是年平均并网发电比例仍然在 80%左右，仍然有约 20%的装机设备闲置，无法并网发电，造成了巨大的资源浪费。风电从上网发电到最终被电力用户消纳的整个过程涉及能源转化、传输、配置、销售和结算等多个环节，各环节的运行是否畅通是技术、经济和政策等因素共同影响的结果，任何一个环节或影响因素都可能阻碍风电并网投产或导致预期效益的偏差。就目前我国的情况来看，随着风电装机容量的不断扩大，装机容量高速增长所引发的问题暴露出来，尤其在影响系统运行稳定和风电消纳方面最为明显。

（1）风电出力波动对系统安全稳定运行的影响。当前调度机构主要通过控制和利用供应侧资源来应对风电出力波动对电力系统安全稳定运行的影响。由于电力系统在进行发电调度时未能考虑用户侧不确定性的影响，这种状态下制定的调度计划存在两个问题。

第一，在风电并网装机容量较高的地区，如果电力需求偏紧，有限的供应侧资源不能够应对来风严重不足情形，导致系统可靠性受到了较大的挑战。第二，我国的电源结构仍然以煤电为主，大规模的风电并网需要大量燃煤机组和燃气机组提供辅助服务，致使系统运行成本增加，影响系统经济性。

（2）风力发电电源建设与电网建设不协调。电网作为经济社会发展的重要基础设施和资源优化配置的重要载体，在促进风电发展过程中具有不可替代的重要作用。近年来我国风电装机容量大幅度增长，而相应的电网配套工程建设不同步，导致风电消纳问题尤为突出。

我国风能资源的特点决定了风电规模化开发需要走“建设大基地、融入大电网”的发展道路。在规划建设的千万千瓦级风电基地中，难以用于满足本地负荷，更多的是依赖跨区域输送电能，以期能够实现全国范围内的能源资源优化配置。这就要求风电建设与配套电网工程建设相协调，确保风电及时送出。

（3）风电就地消纳不足造成弃风现象严重。大规模风电并网将增加电力系统运行难度，同时，我国的风能资源禀赋和电源结构进一步增大了风电并网消纳的难度。在我国风能资源丰富的“三北”资源区和东部沿海地区，电源结构多以燃煤机组为主，缺少能够灵活调节的燃气机组和抽水蓄能机组，风电出力受系统调峰影响严重，进而影响风电消纳。另外，风电电源建设与配套电网工程不同步也导致风电外送通道受阻，本地难以消纳。对于我国弃风现象比较严重的地区，如甘肃，其风电资源的利用效果更差。对 2016 年我国风电产业监测数据进行分析，吉林、新疆、甘肃和内蒙古作为我国风电装机大省，平均弃风率均超过或接近 20%，形势仍较为严峻，风力发电资源浪费严重，这种现象的主要原因在于当地吸纳能力不足，而同时电力外送配套设备跟不上。表 1-4 为 2016 年我国部分地区风电情况。

**表 1-4　2016 年我国部分地区风电情况**

| 地区 | 累计并网装机容量/万 kW | 利用小时数/h | 弃风率/% |
|---|---|---|---|
| 新疆 | 1776 | 1290 | 38 |
| 吉林 | 505 | 1333 | 30 |
| 甘肃 | 1277 | 1088 | 43 |
| 内蒙古 | 2557 | 1830 | 21 |

# 1.4　太阳能资源发展利用现状分析

## 1.4.1　太阳能发电装机

我国太阳能资源十分丰富，据粗略估算，我国陆地表面每年接收的太阳辐射能相当于 4.9 万亿 tce，约等于上万个三峡工程的年发电量总和。我国太阳能资源中约 70%分布在西藏、青海、新疆中南部、内蒙古中西部、甘肃、宁夏、四川西部、山西、陕西北部等地区。从开发潜力上看，我国沙化土地面积为 173.11 万 $km^2$，占国土面积的 18.03%，主要分布在光照资源丰富的西北地区。按照利用沙化土地面积的 5%计算，太阳能发电装机容量可达 34.6 亿 kW，年发电量为 4.8 万亿 kW·h。因此在我国发展太阳能发电具有良好的土地、太阳能资源等自然条件。我国的太阳能发电经过多年的探索，从 2009 年开始进入快速发展时期，规模持续扩大。截至 2016 年底，我国太阳能发电装机容量达到 7742 万 kW，同比增长 82%，其中光伏发电为 7740.6 万 kW。全年太阳能发电量为 662 亿 kW·h，同比增长 72%。

1. 光伏发电

截至 2016 年底，我国光伏发电并网装机容量达 77.42GW，全年新增光伏发电并网装机容量为 32.34GW。分地区来看，我国光伏发电主要集中在甘肃、新疆、青海、内蒙古、江苏等地区，截至 2016 年底，青海光伏发电累计装机容量达 517 万 kW，江苏分布式光伏发电累计装机容量达 85 万 kW。我国的光伏发电主要集中在西北地区，以甘肃、青海、内蒙古为主，而分布式光伏发电的发展主要集中在东部沿海较为发达的地区，以江苏、浙江、山东三省为主。图 1-7 为 2011～2016 年我国光伏发电装机容量及增长率示意图。

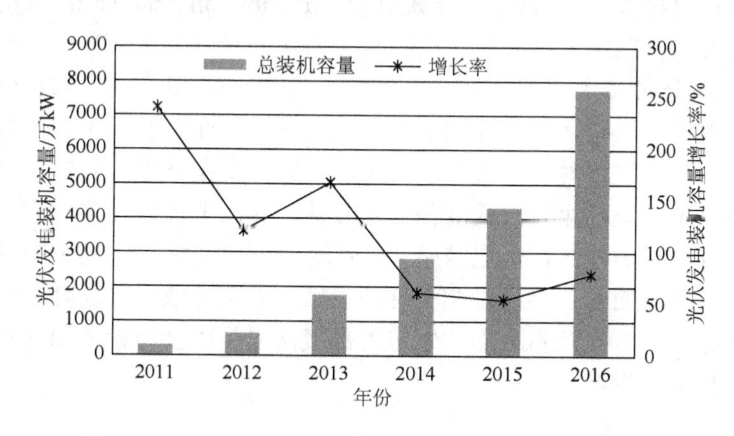


图 1-7　2011～2016 年中国光伏发电装机容量及增长率

2. 光热发电

我国的光热发电尚处于商业化应用前期阶段。目前还没有实际可连续运行的商业化光热电站，但是已经有一些系统集成示范工程投入运行。截至 2016 年底，我国已经建成实验示范型光热发电系统 8 座，装机容量约为 2.83 万 kW；拟建光热发电系统 20 座，装机容量为 134.9 万 kW，主要集中在新疆、甘肃、河北、内蒙古地区。2014 年 4 月，国家能源局召开专家讨论会，确定了光热示范工程将采用集热模式，并考虑光热项目规模效益及汽轮机相关技术特点，规定示范工程按照单机容量 50MW 以上等级建设，并对不同光热发电技术的储热容量提出了要求。随着 2014～2016 年我国一批商业化光热示范项目的建成，光热发电系统进入规模发展阶段。

### 1.4.2　太阳能发电并网

根据国家能源局 2017 年 1 月 16 日发布的《全国电力工业统计数据》，中国 2016 年新增的光伏并网装机容量达 34.24GW，较 2015 年增加了 81.6%；累计光伏并网装机容量也达到 77.42GW。太阳能发电快速发展同样需要配套的并网管理方案，2013 年 8 月，国家能源局发布《光伏电站项目管理暂行办法》，对光伏电站项目管理进行规范。一是实行光伏电站年度计划管理。国家能源局将每年下达各地光伏电站建设年度实施方案。二是实行光伏电站备案管理。光伏项目应符合国家光伏发电发展规划和下达的本地区年度指导性规模指标与年度实施方案，已落实接入电网条件、未列入备案的项目不享受可再生能源资金补贴。

为推动分布式光伏发电的应用，2013 年 7 月，国家发展改革委印发《分布式发电管理暂行办法》，对光伏等分布式电源（distribution generation，DG）提出了相关的管理要求。国家能源局在 2013 年 11 月颁布了《分布式光伏发电项目管理暂行办法》，对分布式光伏发电项目建设条件、计量与结算方式和项目建设规模均作出了明确的要求，包括：对需要资金补贴的分布式光伏发电项目实行总量平衡和年度指导规模管理；对分布式光伏发电项目实行备案管理，具体备案管理办法由地方政府制定；电网企业应建立简捷高效的并网服务体系，为分布式光伏发电提供便捷、及时、高效的接入电网服务，针对接入 35kV 以下的分布式光伏发电项目，电网企业应简化程序办理相关并网手续。电网企业保障配套电网与光伏发电项目同步建成投产，负责分布式发电外部接网设施以及由接入引起的公共电网改造部分的投资建设。

## 1.5　天然气资源发展利用现状分析

### 1.5.1　天然气资源利用

我国天然气产业起步较晚，1950～1990 年消费总量较低，进入 21 世纪，中国天然气产业发展迅猛。2004 年，西气东输一线管道建成并正式投入商业运营，标志着中国的天然气市场进入了快速发展期。2005～2013 年，天然气的绝对消费量年均增长 148 亿 $m^3$，年均增速为 17.1%；2013～2015 年，受国内经济进入新常态、可替代能源价格低廉等因素影响，中国的天然气市场处于快速发展期的波动阶段，绝对消费量年均增长有所下滑。2016 年中国天然气产量为 1368.3 亿 $m^3$，同比增长 2.2%；2017 年 1～7 月中国天然气产量为 858.1 亿 $m^3$，同比增长 8.8%。图 1-8 为 2010～2016 年我国天然气产量及增长率。

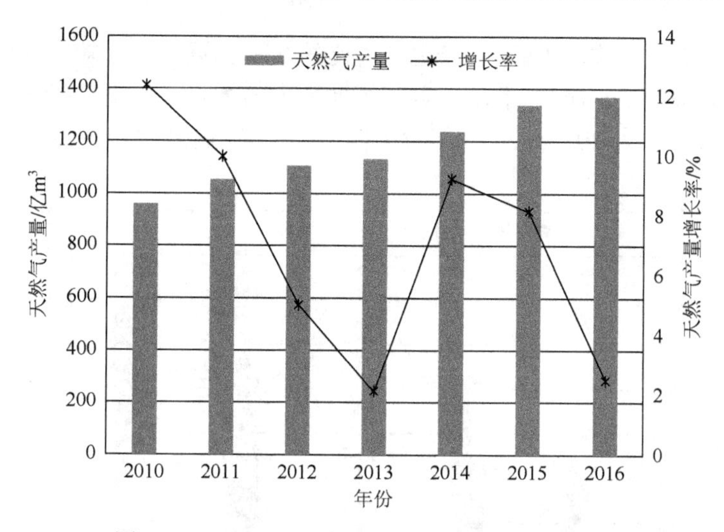


图 1-8　2010～2016 年我国天然气产量及增长率

相对于传统化石能源，天然气在环保型、可利用周期等方面拥有优势。作为一种优质、高效、清洁的低碳能源，天然气可与核能及可再生能源等其他低排放能源形成良性互补，是能源供应清洁化的最现实选择。加快天然气产业发展，提高天然气在一次能源消费中的比例，对我国意义重大。从全球来看，《巴黎协定》和联合国 2030 年可持续发展议程为全球加速低碳发展进程与发展清洁能源明确了目标和时间表，我国也于 2016 年 12 月以来相继出台《能源发展“十三五”规划》《天然气发展“十三五”规划》等多项国家层面政策规划，推动天然气的消费利用。中国天然气消费需求增长十分强劲，特别是随着大气污染防治工作全面推进，多地用气需求超常规增长，2017 年天然气消费量同比增长 15.3%，明显高于产量增速，天然气供应紧张，冬季供暖期用气高峰时段保供形势严峻。为确保居民及公用用气安全，部分地区的燃机发电受到供气限制。为保障天然气市场供应，理顺天然气价格。2013 年国家上调了非居民用天然气价格。目前全国仍未形成统一的燃机发电价格机制，部分燃机发电企业因发电成本明显上涨而地方补贴不到位出现持续亏损。

### 1.5.2　天然气发电装机

进入 21 世纪，我国天然气发电快速发展，截至 2016 年底，燃气发电装机容量为 7008 万 kW，占全国发电装机容量的 3.4%。我国天然气发电主要分布在长江三角洲、东南沿海等经济发达地区，京津地区及中南地区也有部分燃气电厂。此外，西部地区的油气田周围有少量自备燃气电厂。广东、福建及海南三省燃气电厂装机容量达 1750 万 kW，占全国燃气发电总装机容量的 25%，江苏、浙江和上海三省燃气电厂占比约 32%，京津地区占比约 23%。近年来，随着我国雾霾天气环境压力不断加大，山西、宁夏、重庆等地区也陆续有燃气电厂投产，其分布将更加广泛。图 1-9 为 2012～2016 年我国燃气发电装机容量及增长率。

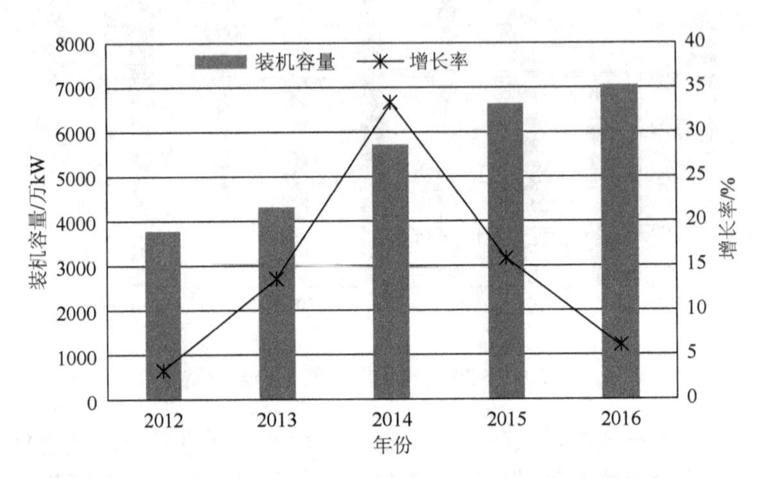


图 1-9　2012～2016 年我国燃气发电装机容量及增长率

据前瞻产业研究院发布的《2017—2022 年中国分布式能源行业市场前景与投资战略规划分析报告》预计，到 2020 年我国集中式天然气发电装机容量超过 6000 万 kW，占电源总装机容量的比例约 2.6%，“十三五”时期新增装机容量为 1000 万 kW。

### 1.5.3　天然气发电并网

集中式天然气发电对于保障能源安全、优化能源结构、提高能源利用效率、保护生态环境、满足电力系统调峰要求、提高电网运行的安全性、实现国民经济的可持续发展具有重要的保障和促进作用，所以在电力系统中必不可少。同时结合天然气气源对外依存度高、电价不具有竞争力等实际，提出适度发展集中式天然气发电的指导思想，近年来我国集中式天然气发电量也不断增加，2016 年达到 1837 亿 kW·h。天然气分布式能源（distributed energy resource，DER）是指利用天然气为燃料，通过 CCHP 等方式实现能源的梯级利用，综合能源利用效率在 70%以上，并在负荷中心就近实现现代能源供应方式。与传统的集中式能源系统相比，天然气分布式能源具有节省输配电投资、提高能源利用效率、实现对天然气和电力双重“削峰填谷”、设备启停灵活、提高系统供能的可靠性和安全性、节能环保等优势。

目前我国天然气分布式能源发展仍处于起步阶段，国内已建和在建的天然气分布式 CCHP 项目有 50 多个，总装机容量约 600 万 kW，主要集中在特大城市。由于各种因素，已建成的 50 多个天然气分布式能源项目有过半数正常运行，取得了一定的经济、社会和环保效益，部分项目因并网、效益或技术等问题处于停顿状态。天然气分布式能源的客户群一般是用电价格较高的工商业用户，这类项目的发展一定程度上挤占了电网企业的优质客户。国家电网公司虽然于 2010 年出台了《分布式电源接入电网技术规定》，但对天然气分布式能源项目并网缺乏执行力，尚无配套和落实措施。图 1-10 为 2012～2017 年天然气发电量及增长率。

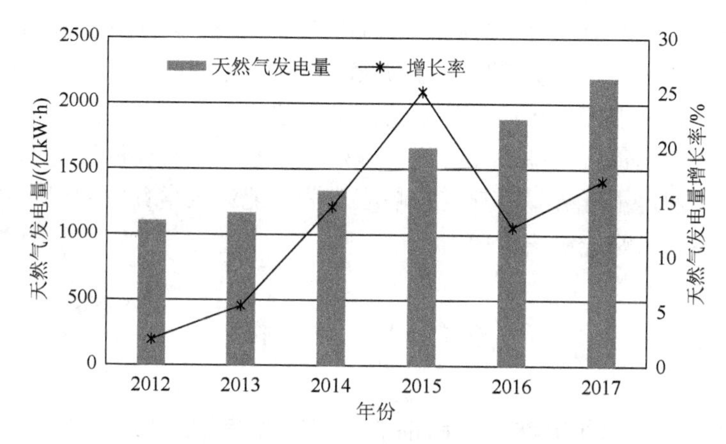


图 1-10　2012～2017 年天然气发电量及增长率

## 1.6 本 章 小 结

经济的快速发展带动了能源需求的急剧增加，温室效应的不断加剧推动中国加快调整目前以化石能源为主的能源结构，推进清洁能源的开发和利用进程。相应地，中国清洁能源装机容量已居世界前列，特别是风电和太阳能发电，但需求与供给逆向分布的禀赋给系统消纳清洁能源带来了严峻的挑战。本章以我国清洁能源发电现状为主线，分别对我国水力资源、风能资源和太阳能资源以及天然气资源利用现状进行了分析，纵向和横向对比了清洁能源发电现状，对当前清洁能源发电整体状况、清洁能源发展整体趋势及存在问题有了一定认识，未来应重点发挥不同清洁能源间的优势互补作用，强化开展清洁能源组合消纳优化模式。总体来说，本章研究内容为提出清洁能源规模化发展的应对途径以及后续研究奠定了基础。

# 第2章　基于需求响应促进清洁能源消纳优化模型

本章根据不同类型用户的用电特性，首先分别讨论电动汽车用户、商业用户、工业用户和居民用户参与需求响应的策略，即是否参与价格型需求响应（price-based demand response，PBDR）和激励型需求响应（incentive-based demand response，IBDR）。其次建立不同类型用户参与需求响应的效益分析模型，分别讨论不同类型用户参与PBDR和IBDR的经济效益。最后建立计及多类型用户参与需求响应协助清洁能源消纳优化模型，并讨论不确定性因素对清洁能源发电调度的影响。上述研究深入探讨不同类型用户需求响应对清洁能源发电并网的优化效应，为制定需求响应实施策略提供决策依据。

## 2.1　概　　述

节能发电调度政策的深入实施推动了中国清洁能源发电装机容量的快速增加。但受制于清洁能源发电出力随机特性，其发电并网电量与装机容量未能实现同步增长，这使得中国弃能问题日益严峻，尤其是“三北”地区的弃风率已超过20%[16]。为实现清洁能源的大规模并网，系统需提前为清洁能源发电提供备用服务，主要包括常规火电机组、抽水蓄能电站和储能系统等，地区环境约束与资源特性限制了火电机组和抽水蓄能电站的适用性，这使得如何借助用户侧分布式资源，特别是需求响应为清洁能源发电并网提供备用具有重要的作用[17]。因此，深入开展克服清洁能源发电随机特性，特别是借助需求响应引导用户理性用电，削减负荷峰谷差，为清洁能源发电并网提供更大的容量空间，对于解决中国当前弃能问题有着重要的意义。

一般来说，清洁能源发电随机性问题可从发电侧建立随机调度优化模型和用户侧引入需求响应平滑用电负荷曲线两个方面开展研究。就随机调度优化模型而言，随机机会约束[18]、条件风险价值[19]和可信性理论[20]等理论与方法用于建立考虑随机特性的调度优化模型，文献[21]采用双电池储能系统来补偿风电可用功率和调度计划间的差值，进而优化时前调度模型。文献[22]借助储能系统为风电并网提供备用服务，为降低风电随机性对系统产生的影响提供了新途径，但储能系统的技术成本较高，距规模化应用仍需一段时间。就需求响应而言，文献[23]总结国内外开展的需求响应研究与实践，对电力市场下的需求响应进行了归类研究，包括基于价格和基于激励的需求响应分类。文献[24]定义了需求响应的基本概念，将需求响应划分为 PBDR 和 IBDR，进一步，文献[25]讨论了能源互联网环境下需求响应的实施机制。文献[26]引入了正、负旋转备用约束，以应对风电功率预测误差给系统调度带来的影响，并在目标函数中计及了常规火电机组的阀点效应带来的能耗成本。文献[27]建立了需求响应参与下系统调度优化模型。上述研究成果已较深入地研究了需求响应参与清洁能源集成优化利用，但相比实际应用仍有较大的不足，例如，文献[19]、文献[21]～文献[23]提出了不确定性模拟方法，但未能充分考虑不同类型决策者风险态度的差异对调度结果的影响。尽管文献[28]考虑了决策者的风险态度，但所应用的条件风险价值方法在实践过程中具有较大的难度。文献[24]～文献[27]深入对比了需求响应参与前后的用户负荷曲线，量化了需求响应对清洁能源发电并网的促进作用，但未能对比不同用户参与需求响应的特性。

基于上述分析，本章将电能终端用户划分为工业用户、电动汽车用户、居民用户和商业用户，讨论不同类型用户参与需求响应的优化策略和构建不同类型用户参与需求响应的收益函数。同时，为了克服清洁能源发电的随机特性，应用鲁棒随机优化理论建立多类型用户参与需求响应协助清洁能源消纳优化模型，并选择 IEEE 36 节点 10 机系统作为模拟系统进行算例仿真，以验证所提模型的有效性和适用性，以期为多类型用户参与需求响应促进清洁能源发电并网提供决策依据。

## 2.2　需求响应的基本理论与政策

在分析需求响应清洁能源利用的作用机理前，需对需求响应的基本理论作以概述和了解。本节主要概述需求响应的基本理论，包括需求响应的基本含义、需求响应的措施分类、需求响应的相关政策和需求响应的作用途径四个部分，为开展后续研究奠定理论基础。

### 2.2.1　需求响应的基本含义

需求响应的概念主要是在美国电力市场化改革后，针对如何利用需求侧管理提高系统可靠性和运行效应而提出的。传统需求侧管理是指通过影响电力用户的用能需求分布，实现降低电力负荷和延缓电源建设、输配电网扩容的活动。需求侧管理的主要措施有永久性负荷需求降低措施（能源效率提高）和临时性用能调节措施（短时间节能，如调整空调温度、关闭电灯等）。在中国，起初电力需求侧管理主要是由电网企业开展负荷管理和有序用电等行政措施，20 世纪 90 年代，外延更丰富的需求侧管理概念引入，2010年《电力需求侧管理办法》出台，明确要求电网企业需将节约年度电力电量作为调节目标。

需求响应（demand response，DR）是近年来电力需求侧管理中的一个新概念，主要是指电力公司、系统运营商和终端用户根据价格信号与其他激励措施响应系统需求，在固定时段内调整用电负荷的行为。传统需求侧管理措施能够从整体上降低电网负荷需求，需求响应则能在负荷高峰时间或特殊时段内降低电网负荷需求。需求响应包括不可调度需求响应资源和可调度需求响应资源两大类，前者不能够完全按照系统需求进行调配，例如，居民用电负荷时段比较固定，难以转移，系统只能深入挖掘其响应深度，无法拓展其响应宽度；后者具有较大的灵活性，能够根据负荷需求进行调度，例如，工业用户负荷可根据实时电价情况改变生产计划，转移用电时段。

需求响应的快速发展源于21世纪初的加利福尼亚州电力危机，各国电力市场建设者陆续开展了需求响应的实践。其中，国际能源署（International Energy Agency，IEA）针对需求侧管理设定了13个研究项目，其中，“需求侧竞价机制”和“需求侧响应项目”是与需求响应直接相关的两个项目。前者主要是基于当前需求侧竞价机制，针对目前发展的优劣势，以提高电力供应效率为目标，深入挖掘需求侧竞价完善方案。后者主要由美国能源部于2003年提出并牵头，共计15个国家参与研究，旨在设计和完善需求响应的目标、业务流程与实施过程等内容，以促进需求响应资源能够深入融合到各国电力市场运营中，建立需求侧资源价值评估方法和搭建相关的技术框架与信息支撑平台。

国内外关于需求响应的概念提出了多个版本，从广义上来说，需求响应主要是指电力市场中终端用户响应市场价格信号和相关激励措施，调整自身电力消费模式。从狭义上来看，角度的不同衍生了多种定义。从资源角度来看，需求响应定义为一种能够用于削减高峰时段负荷需求或装机容量的资源；从能力角度来看，需求响应可以定义为能够保证负荷供需平衡，提高电网运行可靠性和电网应急的能力；从行为角度来看，需求响应主要是指终端用户响应价格信号和激励措施，调整用电时段分布，优化用电分布的行为。综合以上分析，本章兼顾广义和狭义需求响应概念，认为需求响应是通过技术、经济、行政和法律等相关手段与措施，激励用户响应系统调度，调整用电行为，优化用电需求分布，实现电力资源优化配置和电力系统安全可靠经济运行的主动协作行为。

### 2.2.2 需求响应的措施分类

根据需求响应的作用机理可将需求响应划分为PBDR和IBDR。PBDR主要是通过制定多元化电力价格影响用户用电时段分布，优化调整用电行为。PBDR

通过向用户传达反映生产成本的价格信号，影响用户的用电负荷需求和用电时段分布，实现电力资源的优化配置。IBDR 主要是通过激励补贴措施刺激用户响应系统调度，调整用电负荷的行为，并给予用户事前约定的负荷调整补贴。IBDR 通过向市场参与者释放补贴价格信号，选择与能够接收信号的参与者签订合约，完成负荷调整的目标，并按照成交量和补贴价格结算交易费用。PBDR 和 IBDR 的措施分类如图 2-1 所示。

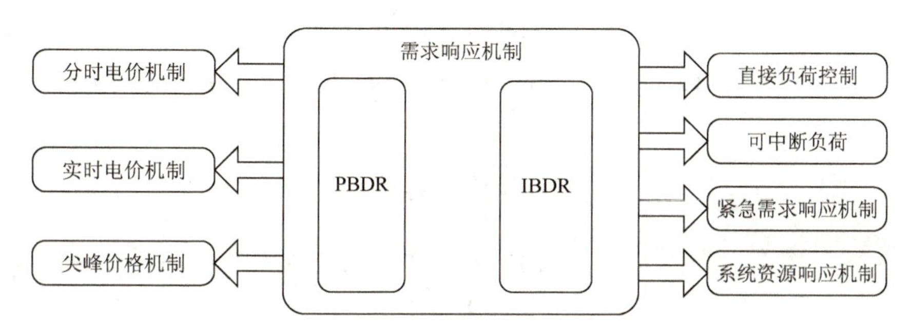


图 2-1　需求响应措施分类

PBDR 主要包括分时电价（time-of-use，TOU）机制、实时电价（real-time pricing，RTP）机制、尖峰价格（critical peak pricing，CPP）机制。

（1）分时电价机制，主要是将每天负荷需求划分为峰时段负荷、谷时段负荷和平时段负荷，并制定相应的电价。不同时间段的电价水平不同，但时间段内价格水平是固定的。

（2）实时电价机制，主要是根据电能采购价格制定零售价格，是一种随时间变化的零售价格机制。在一定程度上，可将分时电价机制看作实时电价机制的特例。

（3）尖峰价格机制，主要是在负荷需求极高的时段，由电力公司给予较高的电价补偿，用于避免负荷供小于求的风险。但尖峰时段通常设定很短，常见的为某天中的几个小时和某年中的几天。

一般来说，PBDR 主要是通过制定分时电价，激励电价敏感性用户改变用电行为，主要参与系统负荷调节，最大化平缓负荷需求曲线。根据经济学需求原理，PBDR 主要利用需求弹性系数来描述，电力需求和电力价格间的弹性关系描述如下：

$$e_{st} = \frac{\Delta L_s / L_s^0}{\Delta P_t / P_t^0} \begin{cases} e_{st} < 0, & s = t \\ e_{st} \geqslant 0, & s \neq t \end{cases} \tag{2-1}$$

式中，$s$ 和 $t$ 为时刻，$s, t = 1, 2, \cdots, T$；$L_s^0$ 和 $P_t^0$ 分别为 PBDR 实施前时刻 $s$ 的用电负荷和时刻 $t$ 的用电价格；$\Delta L_s$ 和 $\Delta P_t$ 分别为 PBDR 实施后时刻 $s$ 的负荷变动量和时刻 $t$ 的价格变动量。用户参与 PBDR 后负荷需求变动量计算如下：

$$\begin{bmatrix} \Delta L_1 / L_1^0 \\ \Delta L_2 / L_2^0 \\ \vdots \\ \Delta L_{24} / L_{24}^0 \end{bmatrix} = \begin{bmatrix} e_{1,1} & \cdots & e_{1,24} \\ e_{2,1} & \cdots & e_{2,24} \\ \vdots & & \vdots \\ e_{24,1} & \cdots & e_{24,24} \end{bmatrix} \begin{bmatrix} \Delta P_1 / P_1^0 \\ \Delta P_2 / P_2^0 \\ \vdots \\ \Delta P_{24} / P_{24}^0 \end{bmatrix} \tag{2-2}$$

为了计算用户参与 PBDR 后的负荷需求 $L_t$，首先定义用户电能消费价值 $V(L_t)$，则用户电能消费净价值为

$$\pi = V(L_t) - L_t P_t \tag{2-3}$$

其次，对式（2-3）求关于 $L_t$ 的一阶导数和二阶导数，并设定导数值为零，可得

$$\frac{\partial V(L_t)}{\partial L_t} = P_t \tag{2-4}$$

$$\frac{\partial V^2(L_t)}{\partial (L_t)} = \frac{\partial P_t}{\partial L_t} \tag{2-5}$$

再次，若确定原始负荷需求 $L_t^0$ 后，对用户电能消费价值 $V(L_t)$ 进行泰勒展开，可得泰勒展开后的用户电能消费价值：

$$V(L_t) = V(L_t^0) + \frac{\partial V(L_t)}{\partial L_t}(L_t - L_t^0) + \frac{1}{2}\frac{\partial V^2(L_t)}{\partial (L_t)}(L_t - L_t^0)^2 \tag{2-6}$$

此时，将式（2-3）和式（2-4）代入式（2-6）中，可得化简后的用户电能消费价值：

$$V(L_t) = V(L_t^0) + P_t^0(L_t - L_t^0) \times \left[1 + \frac{1}{2}\frac{(L_t - L_t^0)^2}{e_{tt} L_t^0}\right] \tag{2-7}$$

对式（2-7）求关于 $L_t$ 的一阶导数，结合式（2-4）可得

$$L_t = L_t^0 \times \left[1 + e_{tt}\frac{(P_t - P_t^0)}{P_t^0}\right] \tag{2-8}$$

式（2-8）计算了考虑时刻 $t$ 自弹性影响后的负荷需求，为了考虑交叉弹性下负荷需求，修正式（2-8）可得

$$L_t = L_t^0 \times \left[1 + \sum_{\substack{t=1 \\ s\neq t}}^{24} e_{st}\frac{(P_t - P_t^0)}{P_t^0}\right] \tag{2-9}$$

最后，结合式（2-8）和式（2-9）可以得到最终的 PBDR 模型，具体见式（2-10）：

$$L_t = L_t^0 \times \left[1 + e_{tt}\frac{(P_t - P_t^0)}{P_t^0} + \sum_{\substack{t=1 \\ s\neq t}}^{24} e_{st}\frac{(P_t - P_t^0)}{P_t^0}\right] \tag{2-10}$$

IBDR 主要包括直接负荷控制（direct load control，DLC）、可中断负荷（interruptible load，IL）、紧急需求响应（emergency demand response，EDR）机制和系统资源响应机制等。其中，系统资源响应机制具体包括需求侧竞标/回购（demand side bidding/buy-back，DSB）计划及容量市场规划（capacity service program，CSP）。

（1）直接负荷控制，主要是指电力公司通过事先与用户签订相关合约，允许电力公司对用户用电设备进行直接控制，当电力供给紧张时，电力公司切断该设备供电，并给予用户经济补偿。

（2）可中断负荷，主要是指用户接收系统需求响应信号后，主动中断电能消费，这部分电量看作可中断负荷。

（3）紧急需求响应机制，主要是指当系统安全稳定运行受到较大威胁时，用户协助系统调度，降低用电负荷以获取相应的经济收益。

（4）需求侧竞标/回购计划，主要是指当电能市场的备用电价格较高时，用户将削减电量，与电力公司按照招投标的形式完成交易。这部分负荷也称可中断负荷。

（5）容量市场规划，主要是指用户通过响应系统调度，降低用电负荷，将该部分负荷作为系统“负备用容量”，用户能够获得相应的经济报酬。

IBDR 主要由调度中心直接控制，通过与用户签订事前协议，当发生响应需求时，要求用户按照协议内容执行操作，并给予用户约定的补偿费用。一般来说，IBDR 主要由需求响应供应商（demand response provider，DRP）提供。由于需求响应供应价格决定 DRP 的需求响应供应收入，DRP 通常会根据市场价格波动情况，分步骤参与 IBDR。在不同的需求响应供应价格时，DRP 会提供不同的需求响应服务，最终形成分步需求响应价格曲线。图 2-2 为分步智能需求响应价格需求曲线。

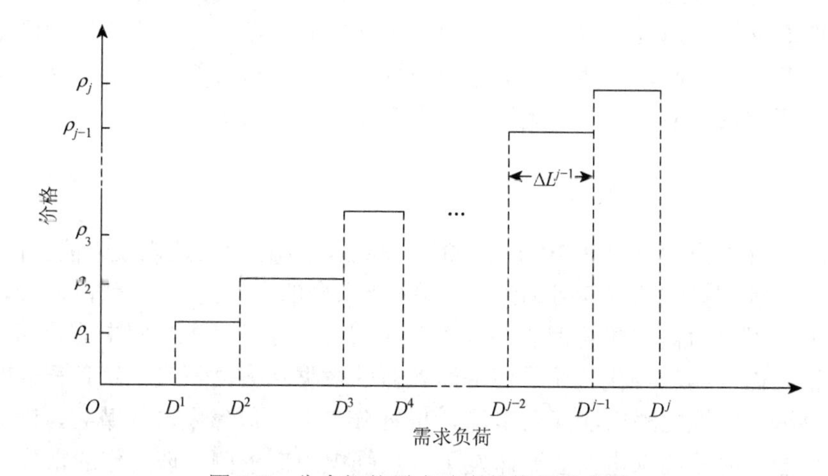


图 2-2　分步智能需求响应价格需求曲线

根据图 2-2，设定第 $i$ 个 DRP 在步骤 $j$ 最少可提供需求响应 $D_i^{j,\min}$ 和最大可开发需求响应 $D_i^{j,\max}$ 。DRP 可参与能源市场调度和备用市场调度，式（2-11）～式（2-13）描述了 DRP 参与能源市场的负荷削减关系：

$$D_i^{j,\min} \leqslant \Delta L_{it}^j \leqslant D_i^j, \quad j=1 \tag{2-11}$$

$$0 \leqslant \Delta L_{it}^j \leqslant (D_i^j - D_i^{j-1}), \quad j=2,3,\cdots,J \tag{2-12}$$

$$\Delta L_{it}^E = \sum_{j=1}^{J} \Delta L_{it}^j \tag{2-13}$$

式中，$\Delta L_{it}^j$ 为第 $i$ 个 DRP 在时刻 $t$ 步骤 $j$ 实际提供的负荷削减量；$D_i^j$ 为第 $i$ 个 DRP 在步骤 $j$ 可提供的负荷削减量；$\Delta L_{it}^E$ 为第 $i$ 个 DRP 在时刻 $t$ 累计提供的负荷削减量。然后，考虑 DRP 参与备用市场调度，设定 $\Delta L_{it}^{R,\mathrm{up}}$ 和 $\Delta L_{it}^{R,\mathrm{dn}}$ 分别为第 $i$ 个 DRP 在时刻 $t$ 参与的上下备用调度量，则能源市场和备用市场需求响应供应量应满足如下约束关系：

$$\Delta L_{it}^E + \Delta L_{it}^{R,\mathrm{dn}} \leqslant D_i^{\max} \tag{2-14}$$

$$\Delta L_{it}^E - \Delta L_{it}^{R,\mathrm{up}} \geqslant D_i^{\min} \tag{2-15}$$

式中，$D_i^{\min}$ 和 $D_i^{\max}$ 为第 $i$ 个 DRP 在能源市场与备用市场最小和最大负荷削减量。

### 2.2.3 需求响应的相关政策

需求响应的引入能够有效提升系统可靠性和经济性，尤其是缓解大规模清洁能源给系统安全稳定运行带来的压力。为了推广需求响应深入实践，中国政府结合国际需求侧管理经验和国内需求侧管理的研究成果，陆续出台了一系列的需求侧管理配套文件，对开展电力需求侧管理工作有着重要的指导意义。中国电力需求侧管理配套文件政策主要可以划分为引导型需求响应政策、激励型需求响应政策和电价型需求响应政策三个大类，各类型政策内容如下。

1. 引导型需求响应政策

需求侧管理概念最早在 20 世纪 90 年代引入中国，但实践规模未能全面展开。最早涉及需求侧管理的政策可追溯到 2000 年出台的《节约用电管理办法》，首次提出开展考虑电力需求侧管理的综合资源计划。但由于需求响应未能全面展开，可用于量化需求响应替代传统供应资源效益的数据和方法不足，这使得《节约用电管理办法》所提内涵未能深入实施。2004 年 5 月，国家发展改革委、国家电力监管委员会（简称国家电监会）印发了《加强电力需求侧管理工作的指导意见》，要求加强规划管理、负荷管理和节电管理等需求侧管理工作，全面开展需求侧管理宣传与培训工作，充分激励电网企业、发电集团和终端用户参与需求侧管理工作。

《加强电力需求侧管理工作的指导意见》的提出有效地推进了中国需求侧管理工作的深入开展。2010年，国家发展改革委等六部门发布了《电力需求侧管理办法》，要求以提高电力资源利用效率为目标，通过改变用电方式、实现合理科学用电和有序用电等措施，积极开展需求侧管理。这是中国需求侧管理的一个重要政策里程碑，它不仅重申了电网公司在实施需求侧管理中的作用，也首次要求主要电网企业实现年度电力电量节约指标。进一步，为了能够更加合理科学地管理用电限制，国家发展改革委于2011年4月发布了《有序用电管理办法》，要求在对终端用户进行有序用电管理时，应优先考虑错峰和避峰方案，同时鼓励建立完善的可中断电价和可靠性电价，优化负荷控制系统，适当补偿满足前提条件的中断负荷用户。2015年3月，中共中央和国务院联合下发了期待已久的电力部门改革指导性文件——《关于进一步深化电力体制改革的若干意见》，规定“从实施国家安全战略全局出发，积极开展电力需求侧管理和能效管理……”将作为电力部门改革的基本原则之一。此外，要求将电力需求侧管理作为确保电力供需平衡的主要手段，积极开展电力需求侧管理和能效管理，通过运用现代信息技术、培育电能服务、实施需求响应等，促进供需平衡和节能减排。

上述引导型需求响应政策的出台为我国深入开展电力需求侧管理工作提供了指导依据，促进电网企业、发电企业和终端用户参与电力需求侧管理，实现用户积极配合电网调峰运行，满足电网要求的需求响应行为。这对于系统借助需求侧资源协调发电调度和提升系统安全稳定运行有着重要的指导作用，特别是在负荷供需关系紧张时段，电力需求侧管理工作的实践价值能够得到更好的体现。

#### 2. 激励型需求响应政策

激励型需求响应政策主要是通过事先与用户签订电力负荷调整协议，主要包括可中断负荷和直接负荷控制两种类型。2002～2005年，中国整体电力负荷呈现供不应求的态势，为了保证系统的稳定运行，部分地区借助电力负荷管理系统开展可中断负荷试点工作。可中断负荷实际上就是需求响应的一种工作模式，近年来，在台湾、江苏、河北、福建和上海等地均陆续开展了相应的实践工作，取得了显著的成效。表2-1为我国部分地区可中断负荷需求响应实践情况。

**表2-1　可中断负荷需求响应实践情况**

| 地区 | 实践情况 |
|---|---|
| 上海 | 补偿标准：日前通知0.3元/(kW·h)，本日内0.5h以上通知0.8元/(kW·h)，随时（提前0.5h）通知2元/(kW·h) |
| 江苏、河北、福建 | 补偿电价与提前通知无关，补偿标准1元/(kW·h) |

续表

| 地区 | 实践情况 |
| --- | --- |
| 浙江、江西 | 根据中断时间减免容量电费或给予容量补贴 |
| 台湾 | 可中断负荷电价政策丰富，根据中断的月份、方式以及提前通知的时间，给予不同程度的基本电费折扣 |

上海市从2004年开展可中断电价的实践，由于可中断负荷通知时间决定了中断负荷价值，上海市设计了考虑不同通知时间的可中断负荷补偿标准；对于事先签订负荷调整、日前通知避峰的用户来说，可中断负荷补偿标准为0.3元/(kW·h)；对于日内提前0.5h以上通过拉闸限定的用户来说，可中断负荷补偿标准为0.8元/(kW·h)；若装有负荷控制装置，能够实现0.5h以内通知的用户，给予的可中断负荷补偿标准为2元/(kW·h)。

江苏省在2002年开展可中断负荷的实践工作，对于负荷供应紧张地区的部分企业实行可中断避峰措施。河北省限定可中断负荷企业的用电容量需高于2万kW2MW。福建省可中断负荷实践工作与江苏省类似，江苏、河北和福建三省的可中断负荷补偿标准均为1元/(kW·h)。

江西省在2014年出台了《江西省实施可中断负荷补偿试点工作方案》，明确了用电容量高于1万kV·A、用电负荷可实时监测、产品符合国家产业政策，能够在要求时间提供可中断负荷的企业，可中断负荷补偿标准为1元/(kW·h)。浙江省的可中断负荷补偿方式与江西省类似，均是通过中断时间和容量给予电费减免与容量补贴。

### 3. 电价型需求响应政策

目前，中国主要的电价型需求响应政策有分时电价政策、尖峰电价政策和阶梯电价政策。分时电价政策是指用户在不同的用电时间，单位电量所需缴纳的费用不同。尖峰电价政策是以分时电价为基础，为了缓解尖峰负荷导致电力供应紧张的问题，以削减用户用电负荷为目标，上调用电价格。阶梯电价政策主要是针对居民用户，按照电力消费量划分为不同梯级，各梯级制定不同的电价水平。居民用电电价随着用电量的增加呈现梯级增长趋势。

《电力需求侧管理办法》明确提出了推动并完善峰谷分时电价制度，鼓励谷时段蓄能机制建设，中国各省区市已根据实际情况制定了符合前提约束的分时电价政策。作为主要的需求侧管理和动态电价实施的试点省份之一，江苏省深入开展了电力需求侧管理和电力需求响应实施工作，深入实施分时电价政策，提升企业用电峰谷比至5∶1，建立针对使用蓄冰制冷、电热锅炉的用户两段制电价，拓展分时电价涉及用户范围，首次将居民用户纳入分时电价政策中，实施“先分时、后阶梯”的峰谷电价和阶梯电价并行电价制度。

整体来看，中国需求响应工作开展的主要目标是缓解用电紧缺，以有序用电为主要措施，规模化实施峰谷分时电价和阶梯电价，但电价型需求响应政策和激励型需求响应政策仍有待于继续完善。未来，随着我国经济增长方式的不断转变，可中断负荷、尖峰电价等多种需求响应工作应当深入开展。

### 2.2.4　需求响应的作用途径

需求响应实施的作用途径主要包括转变刚性负荷为柔性负荷、提升电力系统经济可靠性和促进分布式能源优化利用三个方面。

1. 转变刚性负荷为柔性负荷

需求响应能够通过价格手段和激励手段来引导用户响应系统调度需求，调整与优化用户用电行为，将传统意义上的不可控的电力负荷转变为可控的柔性负荷。这就意味着电力负荷具有弹性，既具有增减特性又具有可转移特性。需求响应的重要作用是将刚性负荷转变为柔性负荷，此时，系统可根据实际的可再生能源发电出力情况，优化调整用户的电能消费行为，实现可再生能源发电曲线与用户负荷需求同步变化，最大化降低可再生能源的备用容量，节约备用电源建设投资。

需求响应作用的核心目标是根据可再生能源可发电出力，控制用户电能消费需求量。同时，充分利用负荷可转移的特性，优化调整终端用户的用电行为，根据不同时段负荷供需情况，改变终端用户电能消费量，削减高峰时段负荷需求，增加低谷时段负荷需求，降低负荷曲线的峰谷差，最大化平缓终端用户的用电负荷曲线，降低系统调峰容量和整体备用容量需求。负荷曲线的平缓化对于优化利用可再生能源发电并网有着重要的促进作用。

2. 提升电力系统经济可靠性

需求响应能够激励电能终端用户响应系统调度需求，实现发电侧和用电侧联动优化的目标。可再生能源的规模化并网将给系统安全稳定运行产生较大的冲击，需求响应引入后，当可再生能源发电出力发生骤减时，系统可根据事前约定好的需求响应协议，要求用户削减用电负荷来满足系统的供需平衡，并给予用户约定好的经济报酬。随着需求响应项目的不断丰富和电力市场的不断完善，未来系统可充分利用需求响应资源，满足系统的调峰容量和备用容量需求，保证系统的安全稳定运行。需求响应是对电力用户日常用电负荷的主动动态调整，使用户的用电行为在确定的电力平衡预警级别中尽量趋向期望用电负荷，进而整个电力系统的平衡在一个相对确定的可控范围内，因此，电力系统各个部门可针对不同的电力平衡预警级别，合理地安排错峰、避峰资源，使整个电力系统运行的可靠性进一步增强。

电力供需实时平衡是系统运行的基本前提，若用户负荷需求波动较大，则非可控的可再生能源难以实现规模化并网的目标，必须需要更多的备用电源来维护系统的稳定运行，造成人力、物力和财力等多方面的资源浪费。需求响应能够激励用户响应系统调度，平缓用户负荷需求曲线，减少发电侧备用电源建设，提高传统发电机组的利用效率，促进可再生能源的发电并网，提高系统运行的经济特性。一般来说，为了维持负荷供需平衡，系统需要根据负荷需求和可再生能源输出功率，动态调整常规发电机组的输出功率，在极短时间内增加和减少机组发电出力（称为上旋转备用和下旋转备用）。常规发电机组输出功率的快速调整降低了机组发电利用效率，导致机组发电成本较高，这将直接降低电力系统运行的经济性。需求响应引入后，可降低用电负荷峰谷差，较好地利用可再生能源，保证较快的可调节响应力，逐步降低传统火电机组备用出力，实现系统的经济运行。

3. 促进分布式能源优化利用

分布式能源主要是指分布在用户端的能源综合利用系统，充分利用多重能源，能源输送和利用呈现分片布置，有利于降低长距离能源传输损耗，提高能源利用的安全性和灵活性。然而，由于分布式能源以风电、光伏发电为主，分布式能源系统输出功率呈现较大的不确定性，且输出功率与负荷需求逆向分布，导致分布式能源难以规模化利用，造成了分布式能源发电利用率极低。图 2-3 为需求响应对分布式能源作用途径。

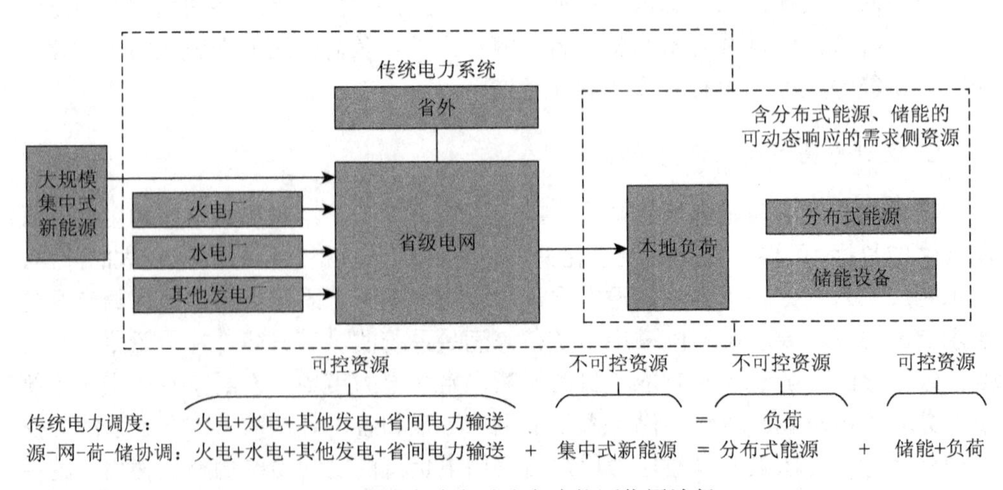


图 2-3　需求响应对分布式能源作用途径

一般来说，需求响应对分布式能源的作用机理是通过综合利用需求响应手段，集成可控负荷资源为虚拟发电机组，协调常规水火电机组实现负荷供需平衡，实现充分利用分布式能源和其他可再生能源的目标，促进资源跨区域优化配置，优化升级能源结构和电源结构，满足节能减排目标约束。需求响应，尤其是在与其他需求侧措施（如电动汽车智能充电）相结合时，可以成为分布式能源系统的一个组成部分，将电源-电网-负荷-储能（源-网-荷-储）进行协调调度，有效配合分布式能源系统输出功率的不确定性，最大限度地拟合分布式能源出力曲线，促进分布式能源的发电并网。

# 2.3　典型国家需求响应实施经验及启示

需求响应在各国家的实施受制于自身国情要求，呈现不同的发展特色。例如，美国是最早提出和实施需求响应的国家，其理论研究和实施都代表了国际前沿水平。法国在需求响应的立法、保障机制制定中具有突出的代表性。日本在福岛核事故之后，明显加快了需求响应计划的推行。本节着重梳理美国、法国、日本和其他国家需求响应实施现状与主要内容，分析需求响应的具体措施机制以及实施效果。结合中国需求响应的发展现状，给出国外需求响应实施经验对中国的启示，为建立完善的需求响应机制提供参考依据。

## 2.3.1　国外需求响应实施现状

### 1. 美国需求响应实施现状

美国是世界上最早开始实施需求响应的国家之一，提出了基于智能电网建设和相对完善电力市场机制下的电力需求响应概念。随着时间推移，美国能源格局变得日益复杂和动态化，从可再生能源到分布式技术的发展，到电网基础设施老化，再到清洁能源的高速发展和减排目标的提高，这些因素形成了一个充满挑战和竞争的环境，电力企业必须以符合成本效益及环保的方式确保满足能源需求，这推动了美国电力需求响应的快速发展，主要包括四个阶段，具体如表 2-2 所示。

**表 2-2　美国需求响应发展时间表**

| 时间 | 发展经历 |
| --- | --- |
| 2003 年 | 在美国加利福尼亚州连锁停电事故中，需求响应的有效利用在事故后的电力恢复过程中起到了积极的作用，使得美国政府更加重视需求侧资源的利用 |
| 2005 年 | 美国总统布什签署了旨在鼓励石油和天然气生产的《能源政策法案》（Energy Policy Act，EPACT），该法案明确规定了将对实施需求响应给予大力支持 |

续表

| 时间 | 发展经历 |
| --- | --- |
| 2006 年 | 美国能源部于 2006 年 2 月向美国国会提交了需求响应的研究报告，详细阐述了实施需求响应的效益和相关建议 |
| 2006 年至今 | 美国联邦能源管理委员会（Federal Energy Regulatory Commission，FERC）每年会向社会发布美国需求响应的年度报告，系统地分析了需求响应的实施背景、现状以及需求响应对电力系统的影响 |

为了推动需求响应工作的顺利开展，从 1992 年起，美国政府陆续出台了一系列的需求响应发展扶持性政策，这些政策使需求响应资源可以与发电资源竞争，参与批发市场，并提供各种各样的服务，包括能源、容量和辅助服务。完善的扶持性政策对于美国需求响应项目的成功至关重要。表 2-3 为美国需求响应发展扶持性政策。

**表 2-3 美国需求响应发展扶持性政策**

| 年份 | 名称 | 内容 |
| --- | --- | --- |
| 1992 | 《1992 年能源政策法案》 | 允许在能源效率和需求侧管理上的电力投资与传统供应侧投资"至少有同样的盈利水平"，电力公司将需求响应作为具有成本效益的首选资源，并使需求响应参与批发市场 |
| 1996 | 联邦能源管理委员会第 888 号令 | 解除电力和发电批发市场与输电服务的绑定，使能源客户可以在批发市场上安排和备用地区电网容量，为需求响应参与批发市场的竞争铺平了道路 |
| 2005 | 《2005 年能源政策法案》 | 鼓励计时制定价及需求响应的其他形式，要求配置必要技术，消除进入能源、容量和辅助服务市场阻碍，使同一地区电力单位的所有组成部分获益，将需求响应纳入国策 |
| 2007 | 《能源独立与安全法案》 | 指示联邦能源管理委员会对国家需求响应潜力做出评估，对总的可实现潜力进行评估，找出障碍，制定政策建议 |
| 2009 | 联邦能源管理委员会第 719 号令 | 允许需求响应在批发市场上直接竞价，有助于提高电力批发市场的竞争力 |
| 2011 | 联邦能源管理委员会第 755 号令 | 确认需求响应在平衡能源供需中可成为一种具有成本效益的选项，替代发电资源，并要求进行相应的补偿，为以能源市场价格补偿需求响应扫清了障碍 |

注：美国电力市场有许多州和区域性市场，电力批发市场的发展和需求响应政策的水平各有不同，本节着重于全国性政策

美国需求响应运作模式主要有中介机构主导、政府主导和电力公司主导三种运作模式，不同运作模式分别应用于特定的领域，保障了美国需求响应工作的顺利开展，具体运作模式内容如下。

（1）中介机构主导的运作模式，主要由非政府非营利性机构运作，一般为节能投资的中介服务机构，直接管理系统效益收费（system benefit cost，SBC），负

责需求响应项目的计划、资金分配和评估验收等工作。中介服务机构需与州政府电力监管部门签订监管和定期审计监察协议。

（2）政府主导的运作模式，主要由州政府设定无需政府拨款的非营利性准政府机构来负责需求响应项目的运作管理，政府电力监管部门负责审批项目的计划和系统效益收费的支出。

（3）电力公司主导的运作模式，美国大多数州主要由电力公司作为需求响应的实施主体，通过制定相关法律法规保证其运作机制，利用系统效益收费等方式筹集需求响应资金。

由于需求响应项目的盈利前景良好，以美国加利福尼亚州系统运营商（California System Operator，CAISO）、新英格兰系统运营商（New England System Operator，ISO-NE）、纽约系统运营商（New York System Operator，NYISO）、PJM（Pennsylvania-New Jersey-Maryland）为代表的7个系统（区域）运营商及众多电力公司均积极开展了基于市场运作的需求响应项目，具体如表2-4所示。

**表2-4 美国需求响应措施和机制实施情况**

| 项目 | PBDR | IBDR |
|---|---|---|
| NYISO | 日前需求侧响应计划（day ahead demand response program，DADRP） | 紧急需求响应计划（emergency demand response program，EDRP）、需求侧辅助服务计划 |
| PJM | 无 | 需求响应资源参与同步备用以及调频服务计划 |
| ISO-NE | 实时电价响应（real-time price program，RPR）计划 | 无 |
| 海湾电力公司 | 电费节省选择项目 | 无 |

根据美国需求响应实施实际情况来看，相比PBDR，IBDR的实施效果更好，这是由于电能终端用户对PBDR措施敏感度不高，更愿意参与负荷控制相关的需求响应项目。美国多个电力公司均组织实施了直接负荷控制规划，具有较高的用户参与率，例如，美国佛罗里达州的公共电力公司已经与超过130万终端用户签订了直接负荷控制规划协议。2010年，美国参与直接负荷控制规划的用户达到560万户，直接降低高峰负荷9000MW，削峰填谷作用显著。

2. 法国需求响应实施现状

法国能源资源相对缺乏导致其国内面临着严重的能源危机，尤其在20世纪70年代，法国能源紧缺对国内经济政治产生了严重的影响。为了缓解能源紧缺影响，法国政府将能源结构逐渐转变至以核电为主，但由于核电调峰能力较差，系统应急能力不足，加大了电网调峰难度。为了提升系统安全可靠性，法国政府加快了电力需求响应项目的开展力度，尤其是对电价制度作出了较多的强制性规定。

相比美国需求响应项目实施机制，法国在需求响应的立法、保障机制制定中具有突出的代表性。表 2-5 为法国电价类别。

**表 2-5　法国电价类别**

| 电价类别 | 内容 |
|---|---|
| 高峰日减荷电价 | 每天有 18h 的峰时段，每年有 22 个高峰日，具体时段划分根据实际情况待定，但是电力公司至少需要提前 0.5h 将划定的时段通知给用户，一些冶金工业用户和化工行业用户已经选择了这种电价，一些使用双能源加热系统和希望更多地利用低谷电的用户也选择了这种电价 |
| 工业用户可调电价 | 将一年划分为三个时段，可变的低负荷季节、可变的平均负荷季节和可变的冬季负荷，电价最高的时段出现在冬季，一些使用两种能源的工业用户和具有一定调荷能力的用户选择了这种电价 |
| 居民用户日类型电价 | 将一年划分为 22 个红色高峰日、43 个白色中间日与 300 个蓝色低谷日，在不同类型日提供差别电价。同时，每一种类型日也要区分高峰和低谷时段，这种电价对于提高社会整体效益具有很重要的意义，因为它很好地实现了移峰填谷、提高负荷率、优化负荷曲线的目的 |

虽然法国电价也受电力市场供需关系的影响，但电价制定权仍归属法国政府。法国通过完善的法律形式，固定了国内电价结构和电价水平，主要包括绿色电价（适用于工业用户）、黄色电价（适用于第三产业用户）和蓝色电价（适用于居民用户）三类，这三类电价都以实时电价、峰谷分时电价和季节性电价为基础。法国电价形式能够根据负荷供需情况，充分调动用户调峰用电行为，改善用电负荷曲线，削峰填谷作用明显。同时，法国政府还制定了高峰日减荷电价、工业用户可调电价和居民用户日类型电价，作为上述电价机制的补充。

3. 日本需求响应实施现状

日本属于典型的能源进口型国家，国内能源资源严重匮乏。近年来，日本高峰负荷由冬季逐步转移至夏季，峰负荷逐年递增，导致负荷率不断降低。为了满足峰负荷的用电需求，日本在发电设备和输配电设备上投资规模越来越大，给电力公司带来了巨大的经济压力。为了缓解设备投资规模和速度，日本政府实施了一系列的需求响应措施，并通过提升核电利用效率和实施强制性节能节电措施来应对国内电力供给压力。在福岛核事故后，日本政府强制性关闭了部分核电机组，导致日本电荒现象逐渐显现，电力供需矛盾十分尖锐。这迫使日本政府和电力企业关注需求响应机制，借助用户侧需求响应机制，削减和转移部分用户的用电需求，降低电力供给压力，需求响应已成为日本平衡服务市场的一种重要资源。

日本有实施需求响应先天的技术优势，日本国内智能电网的研究和建设一直处于世界领先地位，目前已经有超过 200 万块智能电表投入使用，与此同时在东京、横滨、京都以及北九州由政府提议建设的智能社区项目正在有条不紊地实施。依托于这些智能硬件设施的建设发展，日本的动态电价政策得到了快速有效的实施。日本国内普遍实施的需求响应措施主要为针对工业用户的负荷调整合同，合同分为四类：储热负荷转移合同（工业用户储热移峰合同）、负荷管理合同（夏休合同、夏季工作日调整合同、高峰调整合同）、可中断供电合同（瞬时调整合同、紧急调整合同）、全年负荷调整合同（分段计时调整合同、负荷曲线调整合同）。对于电力公司来说，通过与工业用户（大用户）签订上述合同达到削峰填谷的目的；对于电力用户来说，上述合同所提供的电价优惠可以使其获得一定的经济补偿，弥补用电方式改变造成的经济损失。

4. 其他国家需求响应实施现状

除美国、法国和日本外，其他发达国家也逐渐尝试开展需求响应项目，开展成果比较显著的国家有英国、加拿大和意大利，主要的需求响应措施包括可中断负荷协议、峰谷分时电价两类。表2-6为其他国家需求响应实施状况。

**表2-6　其他国家需求响应实施状况**

| 国家 | 需求响应措施 | 项目要求 |
| --- | --- | --- |
| 英国 | 大工业用户：峰谷分时电价、可中断负荷协议<br>小型用户：时变电价费率 | 要安装新型含有通信和远控功能的测量装置；鼓励蓄热式电加热系统，提高夜间基荷总量 |
| 加拿大 | 自愿减负荷计划<br>（可中断负荷计划） | 计划的参与者在系统供电紧张的情况下根据系统控制中心调度指令的要求，自愿减少其用电需求 |
| 意大利 | 可中断负荷计划 | 用户须按照预先约定的削减负荷水平来参与需求响应，否则将接受相应的惩罚 |

可以看到，英国、加拿大和意大利三个国家实施需求响应的主要措施为可中断负荷计划，这与美国需求响应实施效果基本一致，即IBDR的实施效果要优于PBDR。相比电价的改变，用户更愿意接受直接负荷控制，并获得相应的补贴。但电力市场是需求响应能够有效实施的基础和平台，无论电价政策还是需求响应资源参与容量或者辅助服务，都需要依托较为完善的电力市场。因此，需求响应的深入开展需要配套建设和完善电力市场机制，充分利用市场供需关系，反映和传递价格信号，建立良好的信号传递和反馈机制。同时，由于需求响应措施的实施会改变电网企业、发电企业和终端用户的成本收益，在需求响应推广阶段可以通过补贴的形式进行实践。但当需求响应规模比较成熟后，应该尝试建立完善的需求响应成本效益分摊与补偿机制，这是实施需求响应的重要保障。

### 2.3.2　中国需求响应实施现状

进入21世纪，能源问题已成为决定中国经济长久持续发展的核心，潜在的能源危机促使中国加快发展可再生能源优化利用的进程。但大规模可再生能源的发电并网导致电力系统面临着诸多的不确定性因素，给其安全稳定运行带来了较大的挑战。为了塑造柔性电力系统，需求响应的研究与应用受到了中国政府越来越多的关注。目前，中国需求响应项目仍处于起步阶段。广义的需求侧管理概念在20世纪90年代首次引入中国，但并未能全面实施开展。最早的需求响应相关政策可追溯到2000年出台的《节约用电管理办法》及《加强电力需求侧管理工作的指导意见》，它们有效地推动了需求响应项目的发展。直至2010年《电力需求侧管理办法》的发布，标志着中国需求响应正式作为一个整体概念，纳入国家发展战略。2011年，全国性的《有序用电管理办法》的发布意味着中国开启了全国性实施需求响应项目的步伐。

1. 中国需求响应发展历程

中国最早期的需求侧管理试点项目是倡导能效电厂，即利用价格作为杠杆来引导用户削减部分峰值时段负荷需求。能效电厂的开展有效地缓解了21世纪初期电力供应紧缺的问题，通过实现“负瓦”来抵消峰值需求的能效电厂（虚拟电厂）形式提供了一种可广泛接受的方案，在广东、江苏和河北等地取得了较大的成功。同时，为了削减极端峰值负荷，降低不必要的电力设备投资，提高设备利用效率，中国部分省份（江苏、河北）尝试开展了可中断电价表的试点项目，有效地降低了极端峰值负荷（以江苏为例，降低峰值负荷100MW，非峰值负荷40MW）。以此为基础，国家发展改革委规定从2003年起实施价格杠杆，对大工业用户实施分时电价，并在尖峰时段执行尖峰电价。同时，国务院也强调了需求响应项目的重要性，要求加强用电管理，综合采用错峰、切断负荷及利用定价机制和分时电价等措施，削减负荷需求的峰谷差，保障电力系统的安全稳定运行。《电力需求侧管理办法》明确了需求侧管理资金主要源自城市公用事业附加费、对用电密集型行业实施差别电价产生的收入、由中央和省政府共同出资的节能减排基金。

2. 中国需求响应试点现状

鉴于中国现阶段电力行业的市场环境和政策机制，需求响应工作仍处于试点阶段。2012年7月3日，财政部以及国家发展改革委联合印发《电力需求侧管理城市综合试点工作中央财政奖励资金管理暂行办法》，其中，奖励资金支持范围包括建设电能服务管理平台、实施能效电厂、推广移峰填谷技术，开展电力需求侧响应和相关科学研究、宣传培训、审核评估等。同年确定北京市、江苏省苏州市、河北省唐山市和广东省佛山市为首批试点城市。试点城市可采用更为灵活的需求响应政策，例如，对钢铁企业等大用户实行可中断负荷电费补贴，对实行需求侧管理示范项目及能效电厂项目给予冲抵电费的政策支持。同时，充分利用分时电价、差别电价政策，促进削峰填谷，实现电力动态平衡。其中，实施尖峰电价与可中断电价是深入开展电力需求响应的标志性措施。表 2-7 为 2012 年国家发展改革委确定的四个试点城市的需求侧管理试点方案。

**表 2-7　国家发展改革委需求侧管理试点方案**

| 城市 | 2015 年负荷削减目标/MW | | | 目标终端用户 |
| --- | --- | --- | --- | --- |
| | 总计负荷降低 | 永久性降低 | 临时性降低 | |
| 北京 | 800 | 650 | 150 | 商业建筑、工业、市政设施 |
| 苏州 | 1000 | 800 | 200 | 工业、市政设施 |
| 佛山 | 450 | 360 | 90 | 工业、市政设施 |
| 唐山 | –400 | — | — | 工业 |

注：负荷削减目标为国家发展改革委于 2012 年确定，所要求目标均如期实现；唐山市由于负荷需求增长较快，难以产生“正”削减负荷，故限定其负荷最高增长不能超过 400MW

资料来源：北京市发展和改革委员会、苏州市人民政府、佛山市电力需求侧管理平台、国家发展改革委

上述四个城市正在积极动员终端用户和第三方服务商参与需求侧管理工作，在实时需求响应层面均取得了长足的发展。2014 年，上海市推出了中国第一个大规模电力需求响应城市试点项目，并邀请国内外专家、电网企业、科研机构和第三方服务商共同制定并实施需求响应试点项目，这充分表明了需求响应在提高电力系统效率方面的巨大潜力。上海市需求响应试点项目累计吸引了 33 栋商业和公共建筑及 31 个工业客户，其中，共有 27 个商业和公共建筑客户以及 7 个工业客户对 2014 年夏季需求响应事件作出回应，实现了 10%的平均峰值需求降幅，这极大程度上激励了上海深入探索和开展需求响应扶持政策，保证了需求响应的持续发展。

### 3. 中国需求响应实践障碍

随着中国需求响应试点项目的逐步开展及相关政策的逐步完善，需求响应成效逐渐显现，但中国电力需求侧管理和需求响应项目的规模仍旧较小。经过深入分析，需求响应发展的制约因素主要包括电价政策不够完善、资金支持不够充足和实施框架不够健全三个方面，具体分析如下。

（1）电价政策不够完善。目前，我国仅在部分省份推行了分时电价、尖峰电价等 PBDR 项目及可中断负荷等 IBDR 项目。我国的电价体系不仅从地域性上尚处于试点阶段，而且相比于发达国家，电价体系的丰富程度也有较大差距，还不能满足需求响应项目实施的电价机制保障要求。

（2）资金支持不够充足。中国最初的需求侧管理试点资金来源于供电折扣、电力扩容费和超额用电罚款。但这些资金来源在 2002 年中断，当时供电公司为扩

大电力市场取消了超额用电罚款规定。2010年《电力需求侧管理办法》通过批准新的电力需求侧管理资金渠道来解决这一问题，但实际资金来源还有待于省级政府和电网企业来落实。因此，只有少数几个省区，如河北、宁夏、江西、山西、湖北和福建等批准了省级需求侧管理资金，而电网企业的电力需求侧管理成本核算及成本回收机制尚未建立。

（3）实施框架不够健全。中国现阶段仍未建立一个用于开发电力需求响应和其他灵活资源价值的完整框架结构，必要的项目实施协调机制未能形成，导致电力需求响应不能够参与其他发电形式的竞争。特别地，需求响应仍未视为平衡辅助服务，相应的补偿方案未能体现需求响应的快速爬坡和负荷跟踪能力的价值。这就无法保证电力用户在参与需求响应项目过程中的利益，不能够保证用户参与需求响应的行为有效性。

### 2.3.3　需求响应实施经验启示

尽管存在障碍，但随着中国对空气质量、气候变化和电力改革日益重视，中国的监管环境为开展需求响应计划创造了有利的氛围。2014年11月4日，国家发展改革委要求深圳开展输配电价改革试点，给深圳的电网企业设置了总收入上限，并确定了计算准许收入的公式，从根本上将电网企业的收入与销售分离开来，为电网企业积极实施需求侧管理消除了关键障碍。为促进电力需求侧管理，国家发展改革委和财政部开发了国家电力需求侧管理平台及《国家电力需求侧管理平台管理规定（试行，2014）》，这为广泛的利益相关方拥有实时数据访问和可视化能力打开了大门。电网企业建立了附属节能服务公司提供需求侧管理服务，实现了电力需求侧管理目标，缓解电力市场潜在萎缩的负面影响。2015年3月，中共中央和国务院联合下发了期待已久的电力部门改革指导性文件——《关于进一步深化电力体制改革的若干意见》，明确提出将开展电力需求侧管理和能效管理作为电力部门改革的基本原则之一，将电力需求侧管理作为确保电力供需平衡的主要手段。结合国外发达国家需求响应实施经验，未来中国需求响应工作的开展可从以下几个方面进行改进。

（1）完善需求响应实施框架结构。中国电力需求响应的规模化开展需要基于完整的框架结构，能够保证需求响应的稳固发展。完善的需求响应实施框架主要包括三部分内容，即运作机制、效益回收机制和效益评估机制。需求响应运作机制能够理顺政府、电网企业、发电企业和终端用户间的利益关系与作用机理，保证需求响应工作的顺利开展。合理的效益回收机制能够保证用户参与需求响应的基本收益，提高用户的参与程度，合理制定经济效益激励机制是实施需求侧响应机制的重要手段。完善的需求响应效益评估机制能够量化分析需求响应所带来的系统效益、用户效益和社会效益，有利于改善当前需求响应评估以电网企业为主的缺陷，统筹考虑各方面效益，推动需求响应项目的规模化开展和实施。

（2）丰富需求响应实施电价体系。中国现阶段设计需求响应的电价机制仍旧不够丰富和完善。峰谷分时电价的峰谷差价较大，相关的保障性政策不足，导致电价对负荷的调节作用十分明显。各类需求响应资源的形成归根结底有赖于完善的电价体系，完善的电价体系能够起到引导用户主动改变用电模式的作用。未来应着重开展关于需求响应电价机制的研究，政府和电网企业应积极对需求响应电价机制进行不断完善，制定涉及需求响应电价机制实施的保障性措施，保证需求响应工作的规模化开展。

（3）加快智能电网技术研发力度。需求响应项目的实施需要依赖于智能电网技术的不断提升。日本由于智能电网技术比较发达，需求响应推广速度和成效都要明显优于其他国家。例如，日本之所以能够快速地推动分时电价政策在国内的实施，除了合理的电价政策，与智能电表在其国内的迅速投入使用是密切相关的。我国应在推行峰谷分时电价政策的同时加快与之配套的智能电表的使用，提高我国用户中智能电表的渗透率。与此同时，还要加大需求响应实施相关的技术研发及推广力度，如高效的信息交互系统以及智能负荷控制系统等软硬件设施。

（4）出台需求响应实施激励政策。电力市场是需求响应能够有效实施的基础和平台，无论电价政策还是需求响应资源参与容量或者辅助服务，都需要依托较为完善的电力市场。首先，只有随着电力市场建设完善，基于市场信号的电价体制才能更好地反映电力供需的实际情况，更好地引导用户合理改变用电行为。其次，当需求响应资源参与容量市场以及辅助服务市场时，参与方通过市场交易获取利益，才能够有效地解决需求响应的效益回收以及利益划分问题，这样需求响应的参与主体以及政府或者电网公司可控的需求响应资源才能丰富起来。

## 2.4　多类型用户参与需求响应效益分析模型

根据不同类型用户参与需求响应策略分析情况，本节分别测算各类型用户参与需求响应的效益，主要包括 PBDR 效益、IBDR 效益，形成各类型用户参与需求响应效益。

### 2.4.1　用户需求响应效益分析

1. 需求响应成本效益

需求响应实施的可行性主要取决于需求响应成本和效益的相对关系，在进行成本效益测算时，可从系统效益和整体效益两个角度展开评估。系统效益主要针对电力企业效益的需求响应项目，整体效益主要针对电力企业效益、用户效益和社会效益的需求响应项目。图 2-4 为需求响应项目实施成本效益分析示意图。

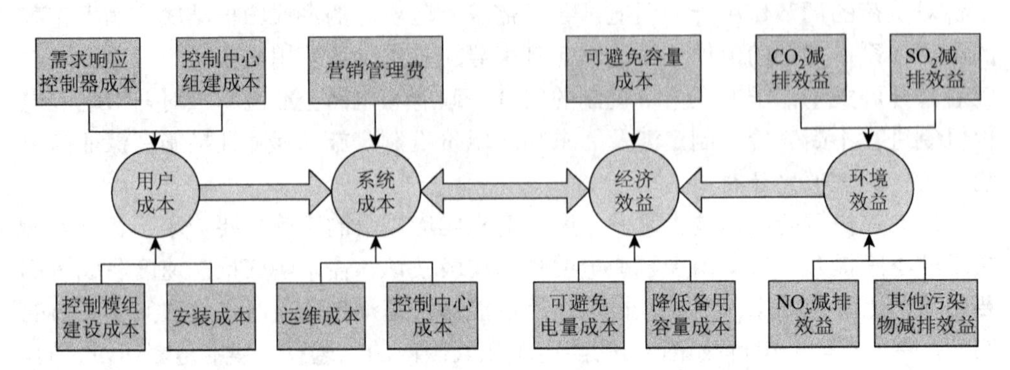


图 2-4　需求响应项目实施成本效益分析示意图

需求响应成本主要包括用户成本和系统成本。用户成本主要是指为支撑需求响应而产生的设备安装成本及相关费用，主要包括需求响应控制器成本、控制中心组建成本、控制模组建设成本及安装成本。系统成本主要包括营销管理费、运维成本（相关需求响应设备运维成本）、控制中心成本（用于实施需求响应而组建的控制中心成本主要由用户数量决定）。

需求响应效益主要包括经济效益和环境效益两个方面，经济效益主要包括可避免容量成本、可避免电量成本和降低备用容量成本。环境效益主要包括 $CO_2$ 减排效益、$SO_2$ 减排效益、$NO_x$ 减排效益和其他污染物减排效益。

2. 需求响应成本测算

需求响应成本主要包括用户成本和系统成本两部分，设定需求响应用户总数 $N$（户），用户参与率 $r$（%），尖峰减少容量 $P_t$，一年内的节能时间 $t$（h），则可以计算用户可避免电量，具体如下：

$$\Delta E_{\mathrm{C}} = P_t \times t \tag{2-16}$$

1）用户成本

用户成本主要由用户数量、控制设备和通信设备购置成本、安装成本以及控制中心组建成本四部分构成，具体计算如下：

$$C_{\mathrm{u}} = C_1 \times N + C_2 \times N + C_3 \times N + C_4 \times M \tag{2-17}$$

式中，$C_1$ 为单个控制设备成本；$C_2$ 为单个通信设备（接收器、传输器）成本；$C_3$ 为安装成本；$C_4$ 为控制中心组建成本，包括控制中心硬件和软件系统成本与建设安装工程费用。一般情况下，$C_1$、$C_2$、$C_3$根据一户一设备计算，而$C_4$根据地区内控制中心的单元数来确定。

2）系统成本

系统成本主要是指营销管理费和运维成本两部分，具体计算如下：

$$C_{\mathrm{M}} = P_t \times \mu \tag{2-18}$$

$$C_{\mathrm{OM}} = \Delta E_{\mathrm{C}t} \times \alpha + P_t \times \beta \times 15\% \tag{2-19}$$

式中，$C_{\mathrm{M}}$和$C_{\mathrm{OM}}$分别为营销管理费和运维成本；$\Delta E_{\mathrm{C}t}$为用户在时刻$t$的可避免电量；$\mu$为单位容量营销管理费率；$\alpha$为用户电价补贴水平；$\beta$为容量电价水平。

根据式（2-17）～式（2-19）可以计算需求响应实施的总成本$C_{\mathrm{total}}$，具体计算如下：

$$C_{\mathrm{total}} = C_{\mathrm{u}} + C_{\mathrm{M}} + C_{\mathrm{OM}} \tag{2-20}$$

3. 需求响应效益测算

需求响应效益主要包括经济效益和环境效益两部分，经济效益包括可避免容量成本、可避免电量成本以及降低备用容量成本；环境效益主要是指 $CO_2$、$SO_2$等污染气体的减排效益。在进行需求响应效益测算时，需要综合考虑经济效益和环境效益，量化分析两部分效益后，才能把握需求响应实施的整体效益，具体计算方式如下。

1）经济效益

$$R_{\mathrm{ec}} = C_{\mathrm{P}} + C_{\mathrm{E}} + \Delta R_{\mathrm{C}} \tag{2-21}$$

式中，$C_{\mathrm{P}}$和$C_{\mathrm{E}}$分别为可避免容量成本和可避免电量成本；$\Delta R_{\mathrm{C}}$为降低备用容量成本，具体计算如下：

$$C_{\mathrm{P}} = P_t \times \theta \tag{2-22}$$

$$C_{\mathrm{E}} = \Delta E_{\mathrm{C}} \times \omega \tag{2-23}$$

$$\Delta R_{\mathrm{C}} = \Delta E_{\mathrm{C}} \times \mathrm{LOLP} \times (\mathrm{VOLL} - \mathrm{SMP}) \tag{2-24}$$

式中，$\theta$为可避免容量成本的折算因子；$\omega$为可避免电量成本的折算因子；LOLP为电力系统失负荷概率；VOLL为系统失负荷价值；SMP为系统边际价格。

2）环境效益

环境效益主要指$CO_2$、$SO_2$等污染气体的减排量与减排价值的乘积：

$$R_{\mathrm{en}} = N_{\mathrm{CO_2}} \times V_{\mathrm{CO_2}} + N_{\mathrm{SO_2}} \times V_{\mathrm{SO_2}} + N_{\mathrm{NO}_x} \times V_{\mathrm{NO}_x} \tag{2-25}$$

式中，$N_{\mathrm{CO_2}}$、$N_{\mathrm{SO_2}}$、$N_{\mathrm{NO}_x}$为$CO_2$、$SO_2$、$NO_x$的减排量；$V_{\mathrm{CO_2}}$、$V_{\mathrm{SO_2}}$、$V_{\mathrm{NO}_x}$为$CO_2$、$SO_2$、$NO_x$的减排价值。

根据式（2-21）和式（2-25）可计算需求响应的总效益$R_{\mathrm{total}}$，具体如下：

$$R_{total} = R_{ec} + R_{en} \tag{2-26}$$

进一步，根据式（2-20）和式（2-26）可以计算需求响应实施的净效益，具体如下：

$$\Delta R = R_{total} - C_{total} \tag{2-27}$$

当需求响应净效益 $\Delta R \geqslant 0$ 时，需求响应效益高于成本，此时需求响应项目具有实施可行性，反之，表明需求响应项目不具备实施可行性。

### 2.4.2　多类型用户需求响应策略

根据终端用户用电性质将电能用户划分为居民用户、商业用户、工业用户和电动汽车用户，本节主要讨论不同类型用户参与需求响应策略，为测算不同类型用户参与需求响应效益奠定基础。

1. 电动汽车用户参与需求响应策略

电动汽车用户通过安置储能装置，能够实现充电和放电功能特性，衔接发电侧和用户侧协同促进清洁能源发电调度优化。根据能源和驱动系统的不同，电动汽车可划分为纯电动汽车（pure electric vehicle，PEV）、可入网电动汽车（plug-in hybrid electric vehicle，PHEV）及燃料电池电动汽车（fuel cell electric vehicle，FCEV）。PEV 完全依靠电能驱动，主要通过安装储能装备实现。PHEV 采用混合系统，即同时安装燃油系统和储能系统，来实现混合能源驱动。FCEV 主要以清洁燃料为原材料进行发电驱动汽车行驶。尽管 PEV 受制于储能系统容量，不能大规模普及，但随着电池技术的逐渐成熟，仍代表着未来的发展方向。

本书着重分析电动汽车对清洁能源发电并网的优化效应，故选取电动汽车作为讨论对象。由于电动汽车具备充放电特性，在负荷高峰时段，可选择放电作为发电侧电源，在低谷时段，可选择充电作为负荷。灵活的充放电特性决定了电动汽车用户能够更好地参与需求响应项目，因此，电动汽车用户可同时参与 PBDR 和 IBDR。电动汽车参与 PBDR 主要是根据实时用电价格，优化调整充电时段和放电时段，最大化自身充放电效益。电动汽车用户参与 IBDR 主要是事前与电力调度中心签订协议，当系统产生响应需求时，按照系统要求，电动汽车用户进行充电或放电，并给予电动汽车用户协议规定的补偿内容。

2. 商业用户参与需求响应策略

商业用户主要包括商场、办公楼和酒店等类型用户，不同类型用户因其运营方式和服务功能不同，负荷需求分布存在较大的差别，具体来说：商场和办公楼的负荷需求主要集中在白天，负荷曲线峰谷差较大，负荷率较低，其高峰负荷与电网高峰负荷分布基本一致。商场负荷需求主要源自空调负荷和照明负荷，办公楼负荷需求除空调负荷和照明负荷外，还包括动力负荷及热水供给负荷两类。酒店负荷分布于全天各个时段，负荷曲线平缓程度最高，负荷率较高。

商业用户由于用电时段和负荷需求相对固定，难以产生负荷转移效应，只能增减用电负荷需求，因此，商业用户通常只能参与 IBDR，即通过事前与电力系统签订协议，在系统产生响应需求时，根据系统要求调整用电行为，获取参与需求响应效益。当商业用户减少用电负荷参与需求响应时，其效益还包括减少的用电成本。

### 3. 工业用户参与需求响应策略

工业用户是中国电能消耗的主要用户，其电能消费占电能消费的比例超过70%。其中，以钢铁、煤炭、石油和化工为代表的九大重点高耗能企业的用电量占总工业用电的比例超过 60%。但由于技术、管理和工艺等方面因素的影响，工业用户的电能利用效率较低，单位能耗水平要高于国外先进标准的 40%以上，因此，对工业用户开展需求响应项目，能够充分挖掘工业用户的节能潜力，提高电能利用效率，降低电能消耗成本，有利于提升企业运营效益，这使得工业用户是需求响应实施的主要对象。

在现阶段电力市场环境下，受制于多方面因素的影响，分散式小用户难以主动参与电力需求响应。工业用户用电负荷量较大，用电负荷分布比较规律，且用电时段可调整，这使得工业用户能够很好地参与电力需求响应项目。工业用户能够通过调整和削减用电负荷，参与 PBDR 和 IBDR。工业用户参与 PBDR 时，主要是根据实时电价，调整生产计划，选择在夜间低谷电价时段进行生产。工业用户参与 IBDR 时，会核算需求响应效益和节约的用电成本是否高于正常生产产品所得效益，当前者高于后者时，工业用户会参与 IBDR。

### 4. 居民用户参与需求响应策略

不同于商业用户和工业用户，居民用户的电能消耗以必需用电为主，且用电时段比较固定，难以发生用电时段转移。传统上，居民用电的用电负荷主要源自冰箱、空调、照明、厨用、热水器等，这些用电负荷难以转移到其他时段进行使用，只能通过减少用电或者小部分错峰用电形式来实现需求响应。

尽管居民用户个体用电量较少，但由于居民总数十分庞大，居民用户总用电量也较大，深入挖掘居民用户的节能潜力，对于实现节能减排目标有着重要的意义。居民用户用电时段难以转移和增加，因此居民用户一般只能参与 IBDR，且主要通过减少用电量的方式来实现，居民用户需求响应效益主要包括 IBDR 效益和节约用电成本两部分。表 2-8 为不同类型用户参与需求响应策略情况。

**表 2-8　不同类型用户参与需求响应策略情况**

| 类型 | PBDR | IBDR |
|---|---|---|
| 电动汽车用户 | 是 | 是 |
| 商业用户 | 否 | 是 |
| 工业用户 | 是 | 是 |
| 居民用户 | 否 | 是 |

### 2.4.3　多类型用户参与需求响应效益

1. 电动汽车参与需求响应效益测算

本书选择电动汽车作为讨论对象，并假设电动汽车安装储能装置和可入网装置，能够根据接入电网响应系统调度需求，即 PHEV。PHEV 既能够根据实时电价决定充放电行为，又可以响应系统调度需求，临时性进行充电或放电，故 PHEV 可同时参与 PBDR 和 IBDR，具体效益测算如下。

1）参与 PBDR 效益

$$\pi_a^{\mathrm{PB}}=\sum_{t=1}^{24}(P_{at,\mathrm{c}}L_{at,\mathrm{c}}^0-P_{at,\mathrm{d}}L_{at,\mathrm{d}}^0)-\sum_{t=1}^{24}(P'_{at,\mathrm{c}}L_{at,\mathrm{c}}-P'_{at,\mathrm{d}}L_{at,\mathrm{d}}) \tag{2-28}$$

式中，$\pi_a^{\mathrm{PB}}$ 为电动汽车用户 $a$ 参与 PBDR 效益；$P_{at,\mathrm{c}}$、$P_{at,\mathrm{d}}$ 分别为 PBDR 前电动汽车用户 $a$ 在时刻 $t$ 的充放电价格；$L_{at,\mathrm{c}}^0$ 和 $L_{at,\mathrm{d}}^0$ 分别为 PBDR 前电动汽车用户 $a$ 在时刻 $t$ 的充放电负荷；$P'_{at,\mathrm{c}}$ 和 $P'_{at,\mathrm{d}}$ 分别为 PBDR 后电动汽车用户 $a$ 在时刻 $t$ 的充放电价格；$L_{at,\mathrm{c}}$ 和 $L_{at,\mathrm{d}}$ 分别为 PBDR 后电动汽车用户 $a$ 在时刻 $t$ 的充放电负荷，具体可由式（2-29）计算：

$$L_{at}=L_{at}^0\left[1+e_{a,tt}\frac{(P_{at}-P_{at}^0)}{P_{at}^0}+\sum_{t=1,\,s\neq t}^{24}e_{a,st}\frac{(P_{at}-P_{at}^0)}{P_{at}^0}\right] \tag{2-29}$$

式中，$L_{at}^0$ 和 $L_{at}$ 分别为电动汽车用户 $a$ 参与 PBDR 前后时刻 $t$ 的出力；$P_{at}^0$ 和 $P_{at}$ 分别为电动汽车用户 $a$ 参与 PBDR 前后时刻 $t$ 的出力价格。电动汽车参与 PBDR 后的用电负荷可根据式（2-30）计算：

$$L_{at}=\sum_{t=1}^{24}L_{at,\mathrm{c}}+\sum_{t=1}^{24}L_{at,\mathrm{d}} \tag{2-30}$$

2）参与 IBDR 效益

$$\pi_a^{\mathrm{IB}}=\sum_{t=1}^{24}(1-\tau)P_{at}^{\mathrm{u}}\Delta L_{at}^{\mathrm{u}}+\sum_{t=1}^{24}\delta P_{at}^{\mathrm{d}}\Delta L_{at}^{\mathrm{d}} \tag{2-31}$$

式中，$\pi_a^{\mathrm{IB}}$ 为电动汽车用户 $a$ 参与 IBDR 效益；$\Delta L_{at}^{\mathrm{u}}$ 和 $\Delta L_{at}^{\mathrm{d}}$ 分别为电动汽车用户 $a$ 在时刻 $t$ 响应系统需求提供的上下旋转备用容量；$P_{at}^{\mathrm{u}}$ 和 $P_{at}^{\mathrm{d}}$ 分别为电动汽车用户 $a$ 在时刻 $t$ 响应系统需求提供的上下旋转备用容量。

### 2. 商业用户参与需求响应效益测算

商业用户用电时段相对固定，难以发生负荷转移，在响应系统调度需求时，一般只能通过增加或减少用电负荷完成。因此，商业用户往往只能参与 IBDR，主要需求响应效益包括参与 IBDR 效益和节约用电成本两部分，具体计算如下。

1）参与 IBDR 效益

$$\pi_b^{\mathrm{IB}}=\sum_{t=1}^{24}(1-\tau)P_{bt}^{\mathrm{u}}\Delta L_{bt}^{\mathrm{u}}+\sum_{s=1,s\neq t}^{24}\delta P_{bs}^{\mathrm{d}}\Delta L_{bs}^{\mathrm{d}} \tag{2-32}$$

式中，$\pi_b^{\mathrm{IB}}$ 为商业用户 $b$ 参与 IBDR 效益；$\Delta L_{bs}^{\mathrm{d}}$ 为商业用户 $b$ 参与 IBDR 在时刻 $s$ 提供的下旋转备用容量；$\Delta L_{bt}^{\mathrm{u}}$ 为商业用户 $b$ 参与 IBDR 在时刻 $t$ 提供的上旋转备用容量；$P_{bt}^{\mathrm{u}}$ 和 $P_{bs}^{\mathrm{d}}$ 分别为商业用户参与 IBDR 后在时刻 $t$ 和时刻 $s$ 参与上下旋转备用价格。

2）节约用电成本

$$\pi_b^{\mathrm{R}}=\sum_{t=1}^{24}P_{bt}\Delta L_{bt}^{\mathrm{d}}+\sum_{s=1,s\neq t}^{24}P_{bs}\Delta L_{bs}^{\mathrm{u}} \tag{2-33}$$

式中，$\pi_b^{\mathrm{R}}$ 为商业用户 $b$ 参与 IBDR 后节约的用电成本，主要由减少用电量和用电价格决定；$P_{bs}$ 和 $P_{bt}$ 分别为商业用户 $b$ 参与 IBDR 后在时刻 $s$ 和时刻 $t$ 的单位电量用电成本，即用电价格。

### 3. 工业用户参与需求响应效益测算

工业用户用电时段相对灵活，用电负荷容量较大，在保证生产需求的前提下，工业用户可根据实时用电价格改变生产计划，在电价较低时段进行生产，降低电能消耗成本。同时，工业用户可以通过事前与系统签订协议，当补偿价格高于生产利润时，工业用户会响应系统调度需求。因此，工业用户参与需求响应效益主要包括 PBDR 效益和 IBDR 效益两部分，具体计算如下。

1）参与 PBDR 效益

$$\pi_i^{\mathrm{PB}} = \sum_{t=1}^{24} (P_{it}^0 L_{it}^0 - P_{it} L_{it}) \tag{2-34}$$

$$L_{it} = L_{it}^0 \left[ 1 + e_{i,tt} \frac{(P_{it} - P_{it}^0)}{P_{it}^0} + \sum_{t=1,\, s\neq t}^{24} e_{i,st} \frac{(P_{it} - P_{it}^0)}{P_{it}^0} \right] \tag{2-35}$$

式中，$\pi_i^{\mathrm{PB}}$ 为工业用户 $i$ 参与 PBDR 效益；$P_{it}^0$ 和 $P_{it}$ 分别为工业用户 $i$ 参与 PBDR 前后在时刻 $t$ 的用电价格；$L_{it}^0$ 和 $L_{it}$ 分别为工业用户 $i$ 参与 PBDR 前后在时刻 $t$ 的用电负荷。

2）参与 IBDR 效益

$$\pi_i^{\mathrm{IB}} = \sum_{t=1}^{24} \delta P_{it}^{\mathrm{d}} \Delta L_{it}^{\mathrm{d}} + \sum_{s=1, s\neq t}^{24} (1-\tau) P_{is}^{\mathrm{u}} \Delta L_{is}^{\mathrm{u}} \tag{2-36}$$

式中，$\pi_i^{\mathrm{IB}}$ 为工业用户 $i$ 参与 IBDR 效益；$\Delta L_{is}^{\mathrm{u}}$ 和 $\Delta L_{it}^{\mathrm{d}}$ 分别为工业用户 $i$ 参与 IBDR 在时刻 $s$ 和时刻 $t$ 提供的上下旋转备用容量；$P_{is}^{\mathrm{u}}$ 和 $P_{it}^{\mathrm{d}}$ 分别为工业用户 $i$ 参与 IBDR 在时刻 $s$ 和时刻 $t$ 的上下旋转备用价格。

#### 4. 居民用户参与需求响应效益测算

居民用户用电时段非常固定，且生活用电以必需用电为主，难以转移用电时段，如照明负荷、空调负荷和冰箱负荷，但居民用户能够通过减少用电负荷来响应系统调度需求。尽管居民用户个体负荷较低，但由于居民用户总数较多，居民用户参与需求响应的空间整体较大，其主要需求响应效益如下：

$$\pi_r^{\mathrm{IB}} = \sum_{t=1}^{24} P_{rt}^{\mathrm{d}} \Delta L_{rt}^{\mathrm{d}} + \sum_{t=1}^{24} P_{rt} \Delta L_{rt}^{\mathrm{d}} \tag{2-37}$$

式中，$\pi_r^{\mathrm{IB}}$ 为居民用户 $r$ 参与 IBDR 效益；$\Delta L_{rt}^{\mathrm{d}}$ 为居民用户 $r$ 参与 IBDR 在时刻 $t$ 提供的下旋转备用容量；$P_{rt}^{\mathrm{d}}$ 和 $P_{rt}$ 为居民用户 $r$ 参与 IBDR 在时刻 $t$ 的下旋转备用价格以及实时用电价格。

## 2.5　考虑需求响应的清洁能源消纳优化模型

清洁能源发电具有较好的经济特性和环境友好特性，受到世界各国的广泛重视，但受制于发电出力随机特性的影响，大规模清洁能源并网给系统安全运行带来了严重的冲击。为了克服清洁能源发电出力随机性问题，本节引入多类型用户需求响应，平缓用电负荷曲线，提升清洁能源发电空间，同时，借助鲁棒随机优化理论，为决策者提供灵活的风险控制工具，维持收益和风险间的动态平衡关系。

### 2.5.1　清洁能源发电调度优化模型

清洁能源发电分为可控型清洁能源发电和不可控型清洁能源发电两种类型。可控型清洁能源发电能够快速调整发电出力，匹配系统调度需求；但不可控型清洁能源发电则难以及时调整发电出力，且发电出力波动性较大，如风电和光伏发电。多类型用户参与需求响应的目的主要是获取需求响应效益，主要包括 PBDR 效益、IBDR 效益和节约用电成本三个部分，本节以多类型用户需求响应效益最大化为目标，具体目标函数如下：

$$\max \quad \pi = \sum_{a=1}^{A}(\pi_a^{\mathrm{PB}} + \pi_a^{\mathrm{IB}}) + \sum_{b=1}^{B}(\pi_b^{\mathrm{PB}} + \pi_b^{\mathrm{IB}}) + \sum_{i=1}^{I}(\pi_i^{\mathrm{PB}} + \pi_i^{\mathrm{IB}}) + \sum_{r=1}^{R}\pi_r^{\mathrm{IB}} \tag{2-38}$$

式中，$A$、$I$、$B$ 和 $R$ 分别为电动汽车用户、工业用户、商业用户和居民用户的总户数。为了分析需求响应对清洁能源发电调度的影响，本节主要讨论以风光为代表的不可控型清洁能源发电与需求响应间的联动优化效应，同时，选择火电机组作为常规发电机组满足负荷供给和调峰备用需求。在考虑多类型需求响应的清洁能源发电调度优化模型中，主要的约束条件有负荷供需平衡约束、火电机组运行约束、系统备用约束和用户需求响应约束等。其中，电动汽车用户主要通过储能装置进行充放电行为，故电动汽车用户还需考虑储能装置的运行约束，具体约束条件表述如下。

1. 负荷供需平衡约束

若不考虑用户需求影响，则负荷供需平衡约束主要取决于用户实际用电负荷和电源发电出力间的相互关系，具体如下：

$$\sum_{f=1}^{F} g_{ft} u_{ft}(1-\varphi_f) + \sum_{w=1}^{W} g_{wt}(1-\varphi_w) + \sum_{s=1}^{S} g_{st}(1-\varphi_s) + L_{at,\mathrm{d}}^{0} = L_t \tag{2-39}$$

$$L_t = L_{at,\mathrm{c}}^{0} + L_{it}^{0} + L_{bt}^{0} + L_{rt}^{0} \tag{2-40}$$

若考虑用户需求响应，用户会调整自身用电行为，改变用电负荷分布，则负荷供需平衡约束如下：

$$\begin{aligned}&\sum_{f=1}^{F} g_{ft} u_{ft}(1-\varphi_f) + \sum_{w=1}^{W} g_{wt}(1-\varphi_w) + \sum_{s=1}^{S} g_{st}(1-\varphi_s) + (L_{at,\mathrm{d}}^{0} + \Delta L_{at}^{\mathrm{dn}} + \Delta L_{bt}^{\mathrm{dn}} \\ &+ \Delta L_{it}^{\mathrm{dn}} + \Delta L_{rt}^{\mathrm{dn}}) = L_t + \Delta L_{at}^{\mathrm{up}} + \Delta L_{bt}^{\mathrm{up}} + \Delta L_{it}^{\mathrm{up}}\end{aligned} \tag{2-41}$$

式中，$g_{ft}$、$g_{wt}$ 和 $g_{st}$ 分别为火电机组、风电机组和光伏发电机组在时刻 $t$ 的发电出力；$\varphi_f$、$\varphi_w$ 和 $\varphi_s$ 分别为火电机组、风电机组和光伏发电机组厂用电率；$F$、$W$

和 $S$ 分别为火电机组、风电机组和光伏发电机组总数；$u_{ft}$ 为火电机组运行状态，0-1 变量，1 为机组被调用，0 为机组未被调用。

2. 火电机组运行约束

火电机组运行约束主要包括发电出力约束、爬坡约束和启停约束等，具体约束条件如下：

$$u_{if} g_{f,\min} \leqslant g_{ft} \leqslant u_{ft} g_{f,\max} \tag{2-42}$$

$$|g_{ft} - g_{f,t-1}| \leqslant \Delta g_f \tag{2-43}$$

$$(T_{f,t-1}^{\text{on}} - M_i^{\text{on}})(u_{ft} - u_{f,t-1}) \leqslant 0 \tag{2-44}$$

$$(T_{f,t-1}^{\text{off}} - M_i^{\text{off}})(u_{f,t-1} - u_{ft}) \leqslant 0 \tag{2-45}$$

式中，$g_{f,\min}$ 和 $g_{f,\max}$ 分别为第 $f$ 个火电机组的发电出力下限和上限；$T_{f,t-1}^{\text{on}}$ 和 $T_{f,t-1}^{\text{off}}$ 分别为第 $f$ 个火电机组在时刻 $t$–1 的持续运行时间和持续停机时间；$M_i^{\text{on}}$ 和 $M_i^{\text{off}}$ 分别为第 $f$ 个火电机组的最短运行时间和最短停机时间。

3. 系统备用约束

由于清洁能源发电机组出力具有随性特性，为了保证系统安全稳定运行，需要事先预留固定装机容量，以满足系统备用需求，具体约束条件如下：

$$\sum_{f=1}^{F} u_{ft}(g_f^{\max} - g_{ft}) + \Delta L_{at}^{\text{up}} + \Delta L_{bt}^{\text{up}} \geqslant R_0 + R_w^{(1)}(g_{wt}) + R_s^{(1)}(g_{st}) + R^{(1)}(L_{at,\text{d}}) \tag{2-46}$$

$$\sum_{f=1}^{F} u_{ft}(g_{ft} - g_f^{\min}) + \Delta L_{it}^{\text{dn}} + \Delta L_{bt}^{\text{dn}} + \Delta L_{rt}^{\text{dn}} \geqslant R_w^{(2)}(g_{wt}) + R_s^{(2)}(g_{st}) + R^{(2)}(L_{at,\text{d}}) \tag{2-47}$$

式中，$R_0$ 为系统初始旋转备用；$R_w^{(1)}(g_{wt})$、$R_s^{(1)}(g_{st})$ 和 $R^{(1)}(L_{at,\text{d}})$ 分别为风电、光伏发电和电动汽车接入系统所需增加的上旋转备用容量；$R_w^{(2)}(g_{wt})$、$R_s^{(2)}(g_{st})$ 和 $R^{(2)}(L_{at,\text{d}})$ 分别为风电、光伏发电和电动汽车接入系统所需增加的下旋转备用容量。

4. 用户需求响应约束

用户需求响应约束主要包括负荷削减总量约束、负荷削减极限约束、负荷削减波动约束以及需求响应效益约束，具体约束条件如下：

$$L_{ot}^{\min} \leqslant L_{ot} - L_{ot}^{0} \leqslant L_{ot}^{\max} \tag{2-48}$$

$$0 \leqslant \Delta L_{ot}^{\text{up}} \leqslant L_{ot}^{\text{up-max}} z_{ot} \tag{2-49}$$

$$0 \leqslant \Delta L_{ot}^{\text{dn}} \leqslant L_{ot}^{\text{dn-max}} y_{ot} \tag{2-50}$$

式中，$o$ 为用户类型，主要包括电动汽车用户、工业用户、商业用户和居民用户四类；$L_{ot}^{\max}$ 和 $L_{ot}^{\min}$ 分别为第 $o$ 个用户参与需求响应后在时刻 $t$ 的削减总量上下限；$z_{ot}$ 和 $y_{ot}$ 分别为在时刻 $t$ 第 $o$ 个用户参与需求响应状态，0-1 变量，1 为用户参与需求响应状态，0 为不参与状态；$L_{ot}^{\text{up-max}}$ 和 $L_{ot}^{\text{dn-max}}$ 分别为第 $o$ 个用户参与需求响应后在时刻 $t$ 的负荷削减上下限约束。

$$\Delta L_{ot}^{\text{up-min}} \leqslant \Delta L_{ot}^{\text{up}} - \Delta L_{o,t-1}^{\text{up}} \leqslant \Delta L_{ot}^{\text{up-max}} \tag{2-51}$$

$$\Delta L_{ot}^{\text{dn-min}} \leqslant \Delta L_{ot}^{\text{dn}} - \Delta L_{o,t-1}^{\text{dn}} \leqslant \Delta L_{ot}^{\text{dn-max}} \tag{2-52}$$

式中，$\Delta L_{ot}^{\text{up-max}}$ 和 $\Delta L_{ot}^{\text{up-min}}$ 分别为第 $o$ 个用户在时刻 $t$ 参与上行备用量上下限；$\Delta L_{ot}^{\text{dn-max}}$ 和 $\Delta L_{ot}^{\text{dn-min}}$ 分别为第 $o$ 个用户在时刻 $t$ 参与下行备用量上下限。为激励用户参与需求响应，用户需求响应效益应为正值，具体约束条件如下：

$$\sum_{t=1}^{24}[L_{at,\text{d}}P_{at,\text{d}} - L_{at,\text{c}}P_{at,\text{c}} + \Delta L_{at}^{\text{up}}(1-\tau)P_{at}^{\text{up}}] - \sum_{t=1}^{24}[L_{at,\text{d}}^{0}P_{at,\text{d}}^{0} - L_{at,\text{c}}^{0}P_{at,\text{c}}^{0}] \geqslant 0 \tag{2-53}$$

$$\sum_{t=1}^{24}[P_{bt}\Delta L_{bt}^{\text{dn}} + \delta P_{bt}^{\text{dn}}\Delta L_{bt}^{\text{dn}} + (1-\tau)P_{bt}^{\text{up}}\Delta L_{bt}^{\text{up}}] - \sum_{s=1,s\neq t}^{24} P_{bs}\Delta L_{bs}^{\text{up}} \geqslant 0 \tag{2-54}$$

$$\sum_{t=1}^{24}[L_{it}^{0}P_{it}^{0} - L_{it}P_{it} + \delta P_{it}^{\text{dn}}\Delta L_{it}^{\text{dn}} + (1-\tau)P_{it}^{\text{up}}\Delta L_{it}^{\text{up}}] \geqslant 0 \tag{2-55}$$

### 2.5.2　清洁能源发电随机调度优化模型

由于风电和光伏发电出力具有随机特性，现实情况下难以准确预测和模拟，但能够根据预测结果刻画风电和光伏发电出力不确定性，即

$$\tilde{g}_{Et} = g_{Et} + \eta_t\rho_t g_{Et},\quad \eta_t \in [-1,1] \tag{2-56}$$

式中，$E=\{w,s\}$ 为风电和光伏发电集合，称为不可控型清洁能源发电；$g_{Et}$ 为不可控型清洁能源发电出力预测结果；$\rho_t$ 为预测误差系数；$\eta_t$ 为误差方向系数。为了使得考虑不确定性情况下模型仍存在可行解，引入系统净负荷量 $H_t$（负荷需求总量减去常规火电机组发电出力），即

$$H_t = \sum_{f=1}^{F} g_{ft}u_{ft}(1-\psi_f) + L_{at,\text{d}} + \Delta L_{it}^{\text{dn}} + \Delta L_{bt}^{\text{dn}} + \Delta L_{rt}^{\text{dn}} - (L_t + \Delta L_{at}^{\text{up}} + \Delta L_{bt}^{\text{up}} + \Delta L_{it}^{\text{up}}) \tag{2-57}$$

根据式（2-57）可知，$H_t$ 包括风电出力和光伏发电出力两部分，进一步修改式（2-57）可以得到

$$-\left[\sum_{w=1}^{W}\tilde{g}_{wt}(1-\varphi_w) + \sum_{s=1}^{S}\tilde{g}_{st}(1-\varphi_s)\right] \leqslant H_t \tag{2-58}$$

此时，将式（2-56）代入式（2-58）中，经化简可得

$$-\left[\sum_{w=1}^{W} g_{wt}(1-\varphi_w)+\sum_{s=1}^{S} g_{st}(1-\varphi_s)+\sum_{w=1}^{W}\sum_{s=1}^{S}\eta_t\rho_t(g_{wt}+g_{st})\right]\leqslant H_t \tag{2-59}$$

由式（2-59）可以看到，风电和光伏发电的不确定性越大，式（2-59）的不等式条件越严格，为了保证风电和光伏发电在达到预测边界时，该约束条件仍能够满足约束，对其进行进一步加强，设定风电和光伏发电的总出力为 $E_t=\sum_{w=1}^{W} g_{wt}(1-\varphi_w)+\sum_{s=1}^{S} g_{st}(1-\varphi_s)$，并令 $\theta_t\geqslant\left|\sum_{w=1}^{W}\tilde{g}_{wt}(1-\varphi_w)+\sum_{s=1}^{S}\tilde{g}_{st}(1-\varphi_s)\right|$，则可以得到

$$-E_t-\eta_t\rho_t E_t\leqslant -E_t+\rho_t|E_t|\leqslant -E_t+\rho_t\theta_t\leqslant H_t \tag{2-60}$$

应用式（2-60）能够得到最严格约束下的清洁能源随机调度优化模型，该模型能够直接控制不确定性对优化模型产生的影响，具体模型如下：

$$\max\quad \pi$$
$$\text{s.t.}\begin{cases}\text{式（2-42）～式（2-55）}\\ \text{式（2-60）}\\ -\theta_t\leqslant E_t\leqslant\theta_t,\quad \forall t\\ \theta_t\geqslant 0,\quad \forall t\end{cases} \tag{2-61}$$

但在实际运行中，风电和光伏发电预测偏差往往不会达到最大概率误差，故需对式（2-61）进行修正，本节引入具有自由调节性能的鲁棒系数 $\varGamma$，设各时段风电和光伏发电总出力至多偏离预测值 $\varGamma\rho_t\left[\sum_{w=1}^{W}\tilde{g}_{wt}(1-\varphi_w)+\sum_{s=1}^{S}\tilde{g}_{st}(1-\varphi_s)\right]$，则式（2-61）可以修正为

$$\max\quad \pi$$
$$\text{s.t.}\begin{cases}\text{式（2-42）～式（2-55）}\\ \text{式（2-60）}\\ -E_t+\varGamma\rho_t\theta_t\leqslant H_t,\quad \forall t\\ -\theta_t\leqslant E_t\leqslant\theta_t,\quad \forall t\\ \theta_t\geqslant 0,\quad \forall t\\ \varGamma\in[0,1]\end{cases} \tag{2-62}$$

根据式（2-62）能够形成考虑需求响应的清洁能源随机调度优化模型，并且鲁棒系数的引入为克服风电和光伏发电不确定方面提供了有效的决策调节工具，能够兼顾清洁能源发电的收益和风险，取得全局最优解。

### 2.5.3　清洁能源调度模拟场景设定

为了深入分析PBDR和IBDR对清洁能源发电调度的影响，同时讨论鲁棒随机优化理论在克服风电和光伏发电不确定性问题的适用性，本节构建四种模拟仿真情景，具体如下。

情景1：基本情景。该情景主要作为对比情景，不考虑需求响应，仅分析鲁棒随机优化理论在克服风电和光伏发电不确定性方面的适用性，对鲁棒系数$\Gamma$和预测误差系数$\rho$进行敏感性分析。

情景2：PBDR情景。该情景主要讨论PBDR对清洁能源发电调度的影响。参照文献[16]划分负荷曲线峰谷时段，并设定各时段内的各时刻点弹性值相同，其中，电动汽车用户和工业用户的电力价格需求弹性参照文献[22]设定。表2-9为不同类型用户需求响应前后用电价格。

表2-9　不同类型用户需求响应前后用电价格［单位：元/（MW·h）］

| 用户类型 | 需求响应实施前电价 | 需求响应实施后电价 | | |
|---|---|---|---|---|
| | | 谷时段 | 平时段 | 峰时段 |
| 电动汽车用户 | 420 | 420 | 420 | 540 |
| 商业用户 | 840 | 840 | 840 | 1025 |
| 工业用户 | 1150 | 1150 | 1150 | 1500 |
| 居民用户 | 450 | 450 | 450 | 680 |

情景3：IBDR情景。该情景主要讨论IBDR对清洁能源发电调度的影响。用户参与IBDR主要通过提供上下行备用来实现，设定各类型用户上行备用价格为50%的实时用电价格，商业用户下行备用补偿为1.2倍的实时用电价格，其他类型用户下行备用补偿为1.15倍的实时用电价格。为了避免用户过度参与需求响应导致峰谷倒挂现象的发生，设定用户提供备用服务导致的负荷波动幅度不得超过原始负荷的±20%。

情景4：综合情景。该情景综合考虑PBDR和IBDR对清洁能源发电调度的影响，以分析PBDR和IBDR两者是否存在联动优化效应。该情景下两种类型需求响应参数设置与情景1～情景3相同。

### 2.5.4　实例分析

1. 基础数据

本节重点讨论不同类型用户需求响应在克服清洁能源发电随机性方面的有

效性和适用性。作为主要的清洁能源发电，风电和光伏发电具有较强的随机特性，但光伏发电主要集中在日间负荷高峰时段，难以用于分析需求响应对夜间低谷时段的负荷填谷效应。在日间负荷高峰时段，风电和光伏发电的随机特性同质，需求响应对其提升效应也类似。因此，本节为便于分析，重点讨论不同类型用户参与需求响应对风电并网的优化效应。为对所提模型进行算例分析，选择 IEEE 36 节点 10 机系统并接入装机容量为 650MW 的风电场作为模拟仿真系统。其中，参照文献[25]设置火电机组运行参数，图 2-5 为典型负荷日不同类型用户负荷需求。

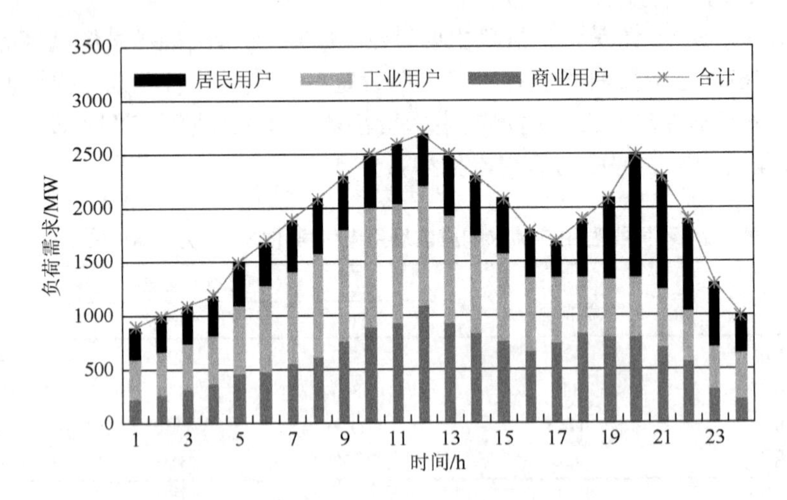


图 2-5　典型负荷日不同类型用户负荷需求

进一步，选择 50 000 辆电动汽车参与系统调度，单台电动汽车的额定充放电功率约为 1.8kW，最大充放电功率不超过 2.4kW，充放电损耗率为 4%，蓄电池初始蓄能和额定蓄能分别为 0 和 10.8kW·h。借助文献[29]所提出的场景模拟和削减方法，得到 10 组典型风电出力场景，选择功率波动幅度最大的场景 10（534.3MW）和概率最大的场景 6（28.2%）作为仿真情景，分别用于验证所提鲁棒随机优化理论在克服风电出力随机特性方面的有效性和需求响应对清洁能源消纳的优化效应。图 2-6 为风电出力场景。

2. 算例结果

应用 GAMS 软件借助 CPLEX 求解器对四种仿真情景下的模型进行求解，得到不同情景下的模型优化结果，以对比分析不同类型用户参与需求响应的效益，确定最优的需求响应实施策略。

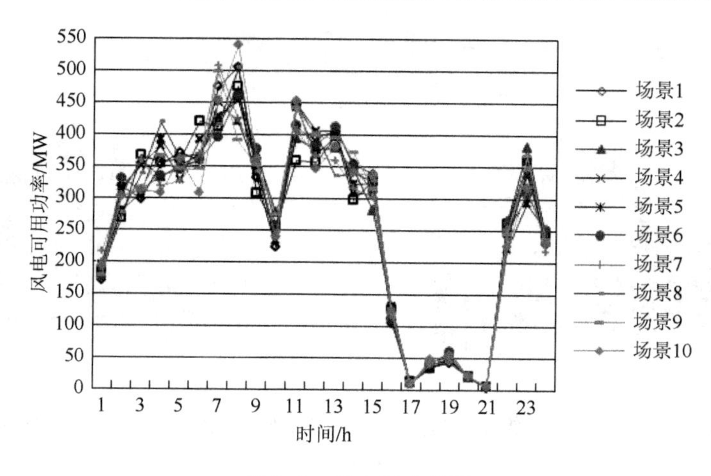


图 2-6　风电出力场景

1）情景 1，基本情景调度优化结果

该情景主要用于分析鲁棒随机优化理论在克服风电输出功率随机性方面的适用性。设定鲁棒系数 $\Gamma$ 为 0 和 0.5，风电预测误差系数 $\rho$ 为 0.1，风电出力场景 10 作为仿真情景。表 2-10 为鲁棒系数为 0 和 0.5 时系统机组出力方案。

**表 2-10　鲁棒系数为 0 或 0.5 时系统机组出力方案**（单位：MW·h）

| $\Gamma$ | 1# | 2# | 3# | 4# | 5# | 6# | 7# | 10# | 风电 |
|---|---|---|---|---|---|---|---|---|---|
| 0 | 14 400 | 11 521 | 7 715 | 4 126 | 3 074 | 673 | 350 | 60 | 5 333 |
| 0.5 | 14 400 | 10 788 | 7 623 | 4 335 | 3 016 | 933 | 500 | 190 | 5 208 |

对比鲁棒系数为 0，当鲁棒系数为 0.5 时，由于考虑风的随机性，系统调度方案发生变化，风电并网电量由 5333MW·h 降低至 5208MW·h，弃风电量由 941MW·h 增加至 1067MW·h。这说明若不考虑风电随机特性，系统会根据其预测电量安排调度方案，虽然并网电量可能会有所增加，但相应地需要承担较大的风险。鲁棒系数的引入能够反映决策者的风险态度，其值越大，决策者风险承受能力越低。因此，为了最小化运营风险，系统会降低风电并网电量。图 2-7 和图 2-8 分别表示鲁棒系数为 0 与 0.5 时的机组出力方案。

对比鲁棒系数为 0，当鲁棒系数变为 0.5 后，火电机组在峰时段（11：00～13：00、19：00～21：00）出力增加，主要用于满足负荷需求，相应地为风电提供的备用容量有所降低，系统为了降低随机性带来的风险，会降低风电并网电量。为了分析预测误差系数和鲁棒系数对风电并网的影响，对预测误差系数和鲁棒系数进行敏感性分析，图 2-9 为不同鲁棒系数和预测误差系数下风电并网电量。

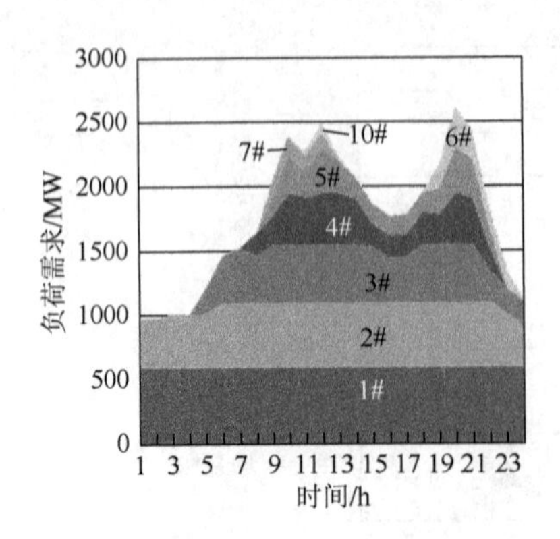


图 2-7　鲁棒系数为 0 时的机组出力方案

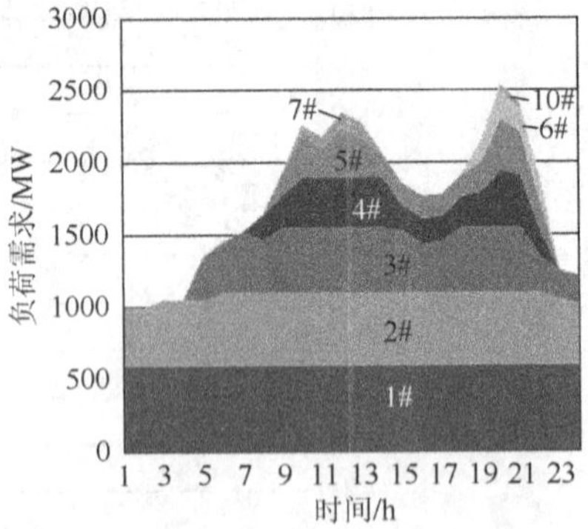

图 2-8　鲁棒系数为 0.5 时的机组出力方案

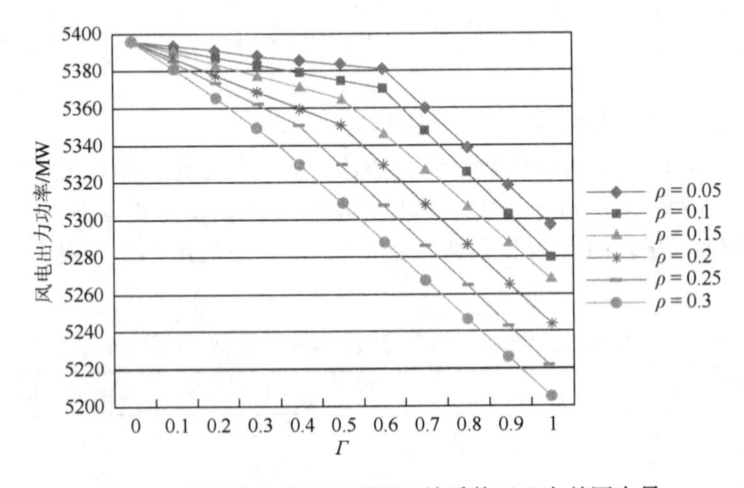


图 2-9　不同鲁棒系数和预测误差系数下风电并网电量

根据图 2-9 可以看到，随着鲁棒系数的增加，风电并网电量逐步降低，这说明风电出力与能够体现决策者风险态度的鲁棒系数呈现负相关的关系。此外，预测误差系数越大，风电出力随鲁棒系数增加而降低的幅度越大，这也说明当预测误差系数较大时，较小的鲁棒系数波动将会对系统调度优化结果产生较大的影响。反之，当预测误差系数较小时，鲁棒系数的变化对系统调度优化结果的影响较小，相应地，决策者承担的风险水平也较低。

2）情景 2，PBDR 情景调度优化结果

该情景主要用于分析 PBDR 对平缓用户负荷需求曲线和促进系统风电消纳能力的优化效应，设定鲁棒系数 $\Gamma$ 和预测误差系数 $\rho$ 与情景 1 相同，选择风电出力场景 6 作为仿真情景，得到系统调度优化结果。图 2-10 为 PBDR 前后的用户负荷需求曲线。

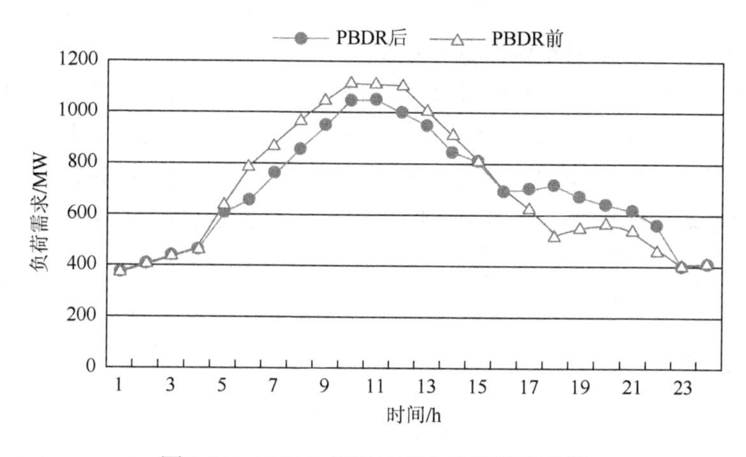


图 2-10　PBDR 前后的用户负荷需求曲线

根据图 2-10 对比 PBDR 前后用户负荷需求曲线。引入 PBDR 后，部分工业用户用电负荷需求分布发生变动。在 5:00～16:00 时段，用户负荷需求降低 885.65MW·h。在 17：00～22：00 时段，用户负荷需求增加 571.80MW·h。因此，PBDR 能够激励用户转移部分高峰时段用电负荷需求至低谷时段。此外，商业用户和居民用户未能参加 PBDR，总的用电负荷曲线相对 PBDR 引入前更加平缓。图 2-11 和图 2-12 分别表示 PBDR 前后火电机组出力安排。

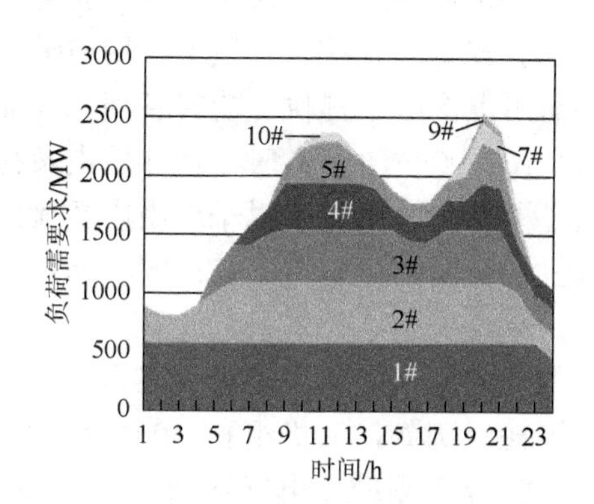


图 2-11　PBDR 前火电机组出力安排

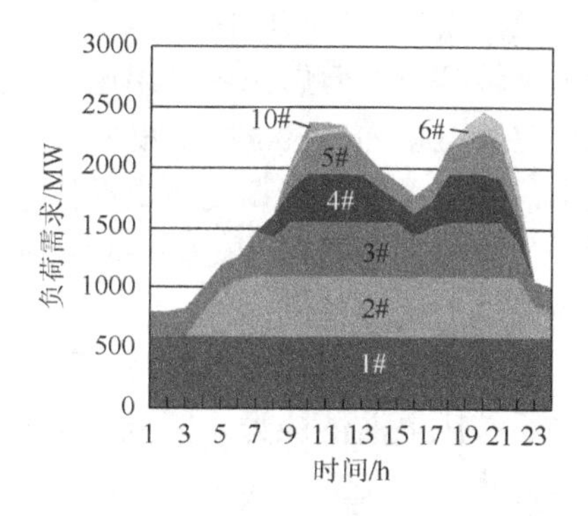


图 2-12　PBDR 后火电机组出力安排

PBDR 的引入能够增加风电并网电量，降低系统发电平均煤耗。对比 PBDR 前系统调度优化结果，风电出力由 5644MW·h 增加至 5794MW·h。系统发电煤耗由 13 126tce 降低至 12 975tce。此外，PBDR 的引入也能够优化火电机组出力结构，7#机组和 9#机组调度周期内未进行发电，而 2#机组～5#机组发电量有所增加，6#机组为风力发电提供更多的备用服务。

3）情景 3，IBDR 情景调度优化结果

该情景主要用于分析 IBDR 对系统风电消纳能力的影响，为了保证商业用户和工业用户的基本用电需求，设定商业用户和工业用户参与上下旋转备用服务的数量相同，同样，以风电出力场景 6 作为仿真情景。图 2-13 和图 2-14 分别表示 IBDR 后系统调用的上下旋转备用容量和情景 3 下火电机组出力结构。

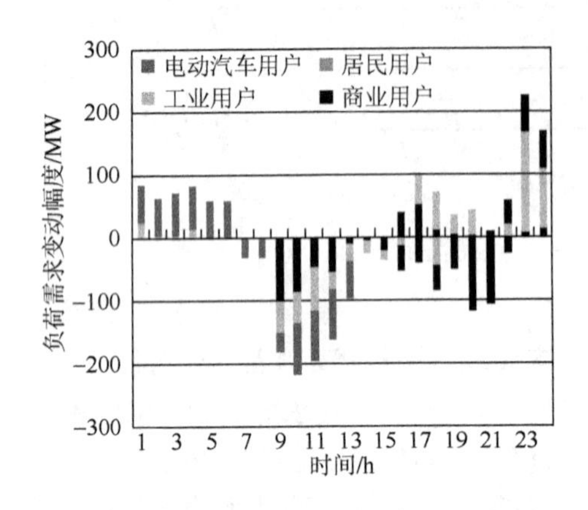


图 2-13 IBDR 后系统调用上下旋转备用容量

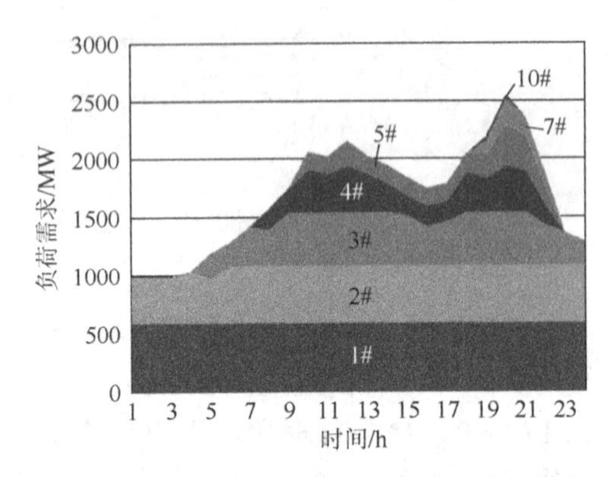


图 2-14 情景 3 下火电机组出力结构

根据图 2-13 可知，各类用户均可通过参与 IBDR 向系统提供备用服务获得相应的经济效益，即在峰时段减少用电量提供下旋转备用或在谷时段增加用电量提供上旋转备用，但居民用户用电需求属于必需用电，故不提供上旋转备用。商业用户在 9：00～15：00 时段减少负荷需求，在 16：00～18：00 时段增加用电负荷需求，参与系统备用调度。电动汽车用户通过调整充放电时段以平缓用电负荷曲线。工业用户主要在 9：00～16：00 时段提供下旋转备用，在 17：00～24：00 时段提供上旋转备用。

根据图 2-14 可知，相比情景 2，IBDR 的引入能够优化火电机组出力结构，增加系统风电消纳能力，降低火电机组发电煤耗。例如，9#机组和 10#机组的发电出力降低。在情景 3 中，弃风电量为 501.5MW·h，系统发电煤耗为 12 821tce。IBDR 后峰荷和谷荷分别为 2433MW 和 1714MW，情景 2 峰荷和谷荷分别为 2595MW 和 1788MW。因此，IBDR 的削峰效应（削减峰时段负荷）要明显优于 PBDR。

4）情景 4，综合情景调度优化结果

该情景主要用于分析 PBDR 和 IBDR 的协同优化效应以及对系统风电消纳能力的影响。该情景系统运行参数与情景 2 相同，图 2-15 和图 2-16 分别为需求响应后用电负荷需求曲线以及情景 4 下火电机组出力结构。

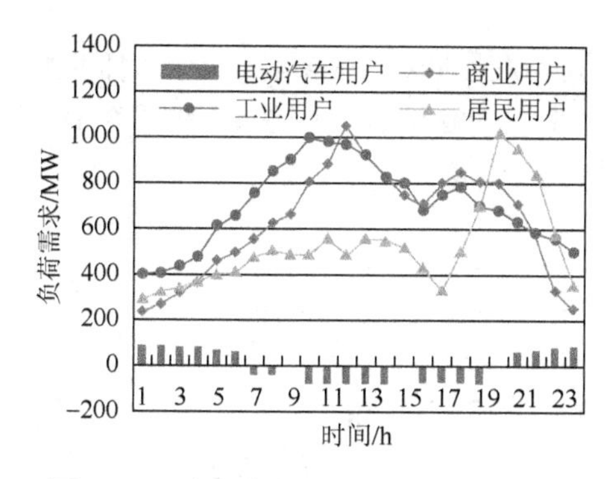


图 2-15　需求响应后用电负荷需求曲线

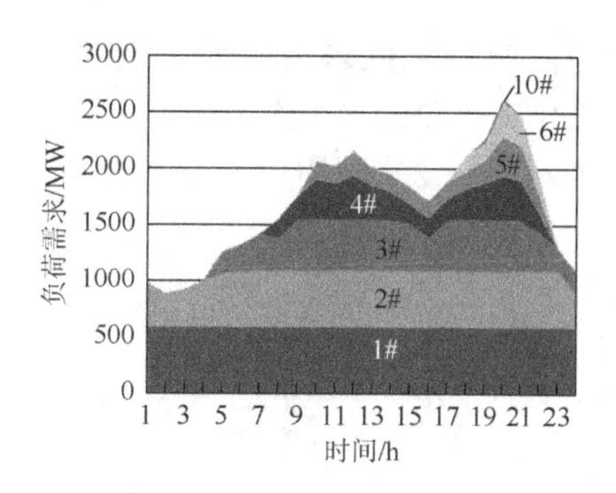


图 2-16　情景 4 下火电机组出力结构

对比情景 1，IBDR 和 PBDR 能够优化负荷需求曲线，激励用户优化用电行为，调整用电需求分布。系统总的负荷需求降低至 5757.17MW·h，其中，包括峰时段降低 730.53MW·h、平时段降低 319MW·h 和谷时段降低 124.24MW·h。对比情景 2 和情景 3，同时引入 PBDR 和 IBDR 能够最大限度地提升系统风电消纳能力，降低系统发电煤耗。系统总的发电煤耗为 12 753tce，弃风电量为 319.56MW·h，相比情景 1，系统发电煤耗和弃风电量分别降低 373tce 和 167MW·h。可见，同时引入 PBDR 和 IBDR 能够实现最优化火电机组出力结构与系统最优化运营。

3. 结果分析

为了对比分析 IBDR 和 PBDR 对系统风电消纳能力的提升作用，本节收集整理需求响应前后的系统运行优化结果，包括风电出力结构、火电出力结构、用户负荷曲线和电力消耗分布。表 2-11 为四种情景下系统调度结果。

**表 2-11　四种情景下系统调度结果**

| 情景 | 煤耗/tce | | 并网电量/(MW·h) | | 弃风率/% | 负荷分布/(MW·h) | | | 峰谷比 |
|---|---|---|---|---|---|---|---|---|---|
| | 发电 | 启停 | 风电 | 火电 | | 谷 | 平 | 峰 | |
| 情景 1 | 13 126 | 135 | 5 644 | 42 194 | 10.03 | 9 900 | 14 900 | 23 500 | 9.00 |
| 情景 2 | 12 975 | 127 | 5 794 | 41 920 | 8.14 | 10 210 | 13 362 | 23 406 | 2.70 |
| 情景 3 | 12 821 | 118 | 5 960 | 41 457 | 5.08 | 9 972 | 11 118 | 23 389 | 2.75 |
| 情景 4 | 12 753 | 109 | 6 082 | 40 734 | 9.32 | 10 291 | 11 242 | 22 849 | 2.46 |

首先，对比四种系统调度优化结果，IBDR 和 PBDR 能够优化系统电源结构与提升风电并网电量，降低火电机组发电成本和启停成本。就负荷分布来看，PBDR 能够转移峰时段电力需求，但其削峰效应没有 IBDR 明显。例如，PBDR 和 IBDR 后的峰荷分别为 2595MW 和 2480MW。另外，IBDR 的填谷效应没有 PBDR

明显，例如，IBDR 和 PBDR 后的谷荷分别为 900MW 和 960MW。因此，同时引入 IBDR 和 PBDR 能够充分实现负荷需求曲线的削峰填谷。图 2-17 和图 2-18 分别表示四种情景下用户电力需求曲线和风电并网电量。

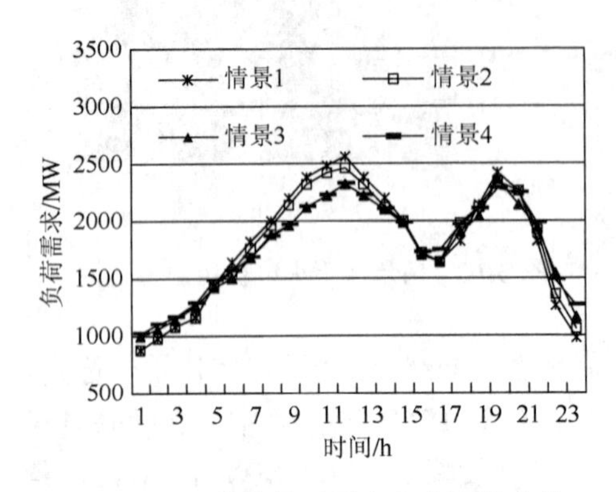


图 2-17　四种情景下用户电力需求曲线

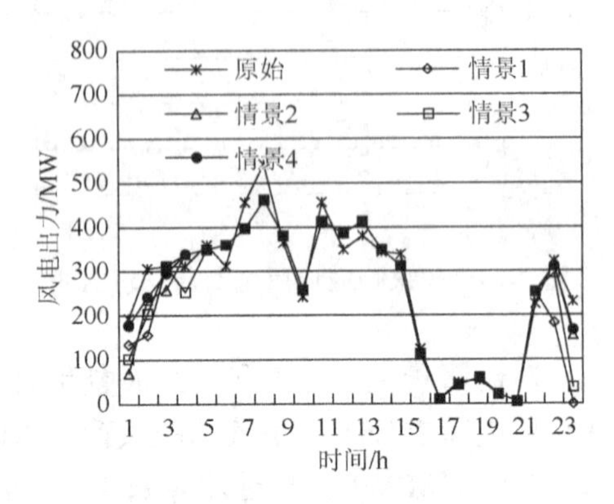


图 2-18　四种情景下风电并网电量

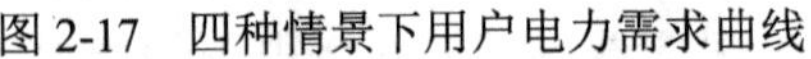

其次，就风电并网电量来说，IBDR 和 PBDR 的引入能够提升系统风电消纳能力。由于 IBDR 的填谷效应没有 PBDR 明显，PBDR 能够更好地促进风电并网。同时引入 IBDR 和 PBDR 后，风电并网电量达到最大。四种情景下的弃风电量分别为 629.34MW·h、510.75MW·h、318.75MW·h 和 208.32MW·h。就火电机组出力结构来说，IBDR 和 PBDR 的引入能够优化火电机组出力结构。对比情景 1，9#机组为被调用发电，10#机组发电出力明显降低，这意味着火电机组的启停成本也相应减少。就总发电量来说，需求响应的引入能够降低火电出力，但 PBDR 负荷削减能力没有 IBDR 明显，需求响应能够增加大容量机组发电出力，降低小容量机组发电出力。当同时引入 IBDR 和 PBDR 后，负荷削减效应和机组出力结构达到最优。表 2-12 为四种情景下火电机组出力结构。

**表 2-12　四种情景下火电机组出力结构**（单位：MW·h）

| 机组 | 情景 1 | 情景 2 | 情景 3 | 情景 4 |
|---|---|---|---|---|
| 1# | 14 400 | 14 400 | 14 400 | 14 400 |
| 2# | 10 311 | 10 521 | 11 539 | 11 206 |
| 3# | 7 525 | 8 032 | 7 657 | 8 084 |
| 4# | 5 125 | 4 352 | 4 206 | 4 252 |
| 5# | 3 126 | 3 105 | 2 215 | 2 015 |
| 6# | 0 | 520 | 0 | 516 |
| 7# | 521 | 0 | 623 | 0 |

续表

| 机组 | 情景 1 | 情景 2 | 情景 3 | 情景 4 |
|---|---|---|---|---|
| 9# | 210 | 0 | 0 | 0 |
| 10# | 363 | 73 | 60 | 60 |
| 总出力 | 41 581 | 41 003 | 40 700 | 40 533 |

最后，对比不同类型用户需求响应用户结构，为了最大化需求响应效益，四类用户会结合自身实际情况选择参加 PBDR 或 IBDR。居民用户由于电力消费属于必需用电，难以改变用电时段分布，故只能通过节电措施减少电能消耗获得 IBDR 效益。对比工业用户，商业用户难以直接大规模转移用电需求，一般只能部分参与 PBDR，而工业用户能够同时参与 PBDR 和 IBDR，也就意味着工业用户的负荷转移潜力最佳。电动汽车用户具有灵活的用电特性，能够同时参与 PBDR 和 IBDR，然而受制于并网规模的影响，其需求响应效益没有工业用户和商业用户明显。表 2-13 表示四种情景下不同类型用户的需求响应优化结果。

**表 2-13　四种情景下不同类型用户的需求响应优化结果**

| 类型 | PBDR 负荷/MW | | | IBDR 负荷/MW | | 需求响应后负荷变动/MW | | | 效益/元 | |
|---|---|---|---|---|---|---|---|---|---|---|
| | 峰 | 平 | 谷 | 上旋转 | 下旋转 | 峰 | 平 | 谷 | PBDR | IBDR |
| 电动汽车用户 | −108 | 42 | 95 | 43 | −54 | −450 | −202 | 650 | 8 265 | 4 123 |
| 工业用户 | −483 | 120 | 608 | 430 | −103 | 8 459 | 4 422 | 3 978 | 33 300 | 10 440 |
| 商业用户 | −186 | 108 | 120 | 52 | −205 | 8 073 | 4 145 | 2 805 | 29 325 | 41 225 |
| 居民用户 | 0 | 0 | 0 | 0 | −130 | 6 316 | 2 675 | 3 508 | 0 | 17 550 |

## 2.6　本 章 小 结

电能终端用户主要包括工业用户、商业用户和居民用户，在居民用户中，电动汽车用户由于具备充电和放电特性，衔接发电侧和用电侧，属于比较特殊的用户类型。因此，本章将电能终端用户划分为工业用户、商业用户、居民用户和电动汽车用户四类。首先，本章根据不同类型用户的用电特性，分别讨论了电动汽车用户、商业用户、工业用户和居民用户参与需求响应的策略，即是否参与 PBDR 和 IBDR。其次，本章建立了不同类型用户参与需求响应效益分析模型，分别讨论了不同类型用户参与 PBDR 和 IBDR 的经济效益。最后，本章建立了计及需求响应的清洁能源消纳优化模型，并对所提模型进行了实例分析。结果表明：鲁棒随机优化理论能够用于克服清洁能源输出功率不确定性对系统运行的影响，PBDR 具有较好的填谷效应，IBDR 具有较好的削峰效应。同时引入 PBDR 和 IBDR 后，系统运行结果达到最优。不同类型用户参与需求响应策略不同，为充分利用需求响应效益，需根据实际情况，组合不同类型用户参与系统调度。上述研究深入探讨了不同类型用户需求响应对清洁能源发电并网的优化效应，为制定需求响应实施策略提供了决策依据。

# 第3章　利用储能系统协助消纳清洁能源优化模型

风能和太阳能是当前我国最受关注且可开发利用形式最高的两种清洁能源，由于风电和光伏发电具有间歇性与波动性等特点，一旦大规模并网后，不仅对于电网的安全稳定运行和可靠供给带来极大的冲击，同时对于发电计划的制订、发电实时调度以及各种火电等可靠电源的备用安排均产生极大的挑战。储能技术能有效降低风光等清洁能源由于其自身出力特性对电网稳定运行所造成的影响，保障大规模风电及光伏电力方便可靠地并入常规电网。

## 3.1　概　　述

大规模风电并网需要借助发电侧与用户侧协同合作来实现。在发电侧，通过选用优质的备用服务电源，协调系统发电调度，而环境容量和资源分布特性使储能系统逐渐成为首选备用服务[30]。在用户侧，实施需求响应，引导用户理性用电，转移用电时段，优化负荷需求分布[31]。开展需求响应参与下风电储能系统联合调度优化的研究有利于提升系统风电消纳能力。

关于需求响应下风电储能系统联合调度优化问题的研究，主要可归纳为风电不确定性分析、调度模型建立和求解算法构建三个方面。文献[32]进行陕西省电网运营风险分析、评估及管控机制研究。文献[33]借助小波-BP（back propagation）神经网络和粒子群-神经网络构建了风电功率预测方法。文献[34]通过一组风电出力场景及其发生概率来描述风电出力，结合投资组合管理中的均值-半绝对离差模型，提出一种利用半绝对离差计量运行成本风险的经济调度模型。文献[35]借助蒙特卡罗和LHS（Latin hypercube sampling）方法生成大量风电场景并提出了场景削减策略；上述文献单一地应用风电功率预测和模拟方法，未考虑两种方法的协同优化效应。就调度模型建立而言，文献[36]针对大规模间歇式电源的不确定性，引入模糊理论，将间歇式电源出力和负荷用模糊参数表示，对传统确定性机组组合模型进行改进，将确定性的系统约束改为模糊参数下的系统约束，并基于可信性理论形成了模糊机会约束，建立含多模糊参数的模糊机会约束机组组合数学模型。文献[37]结合可信性理论和模糊机会约束规划，考虑风电预测误差的模糊性，研究了模糊置信水平下的动态经济调度问题。文献[23]提出了需求响应的基本概念，构建了需求响应机制下系统日前调度优化模型及调度策略。文献[38]根据不同需求侧管理项目特点给出合适的规划方案，方案的制订包括潜力评估模型、筛选模型和规划模型三个不同阶段。文献[39]综合考虑系统发电机组及储能单元约束，建立了风电储能系统联合运行静态模型。文献[40]引入峰谷分时电价，建立了风电、储能与需求响应联合调度优化模型。文献[36]～[39]单一讨论了需求响应与风电、储能系统与风电的调度问题，文献[23]中讨论了风电、储能与需求响应三者的调度优化问题，但未考虑风电不确定性的问题。就求解算法而言，文献[41]建立了综合考虑火电机组运行成本、污染气体排放成本、风电运行成本、备用成本的多目标动态经济调度模型，并引入正、负旋转备用约束来应对风电波动性对调度带来的影响。文献[42]从粒子群优化算法的原理和机组组合问题的特点出发，提出了一种适合机组启停优化问题求解的改进的离散二进制粒子群优化算法。文献[43]运用自适应启发式算法求解了风电储能系统联合运行优化问题。相比传统求解算法参数难以确定、约束条件不易转化而导致寻优程度不高的问题，启发式算法能获得较优的解集，但当个体极值的选取不符合多目标规划原则时，算法易陷入局部极值点，算法的搜索能力受限。

基于上述分析，储能系统具有充放电特性，能够有效地降低风光等清洁能源的不确定性对电网的冲击、提升风电的利用率，同时起到削峰填谷的作用，具有极大的应用潜力。本章通过储能系统协助消纳风电优化模型与风电储能两阶段调度优化模型构建储能系统协助消纳清洁能源优化模型，分析需求响应和储能系统对系统消纳风电能力的提升效果，以保障大规模风电可靠地并入常规电网。

## 3.2 储能系统输出功率模型

### 3.2.1 储能系统发展进程

大规模储能系统的投资与建设须综合考虑储能技术成熟度、建设成本、运营效益、地理环境等因素。考虑到储能产业内部各能源技术的发展状况以及储能产业外部所处的中国能源发展战略规划与电力工业的现状，中国大规模储能技术的应用、研究与开发将集中在协调可再生能源系统、提高电网可靠性以及电网辅助服务三个层面。表 3-1 为中国主要储能示范工程。

**表 3-1 中国主要储能示范工程**

| 年份 | 项目 | 储能类型 | 规模 | 位置 |
|---|---|---|---|---|
| 2008 | “太阳能光伏发电液流储能电池储电”联合供电系统 | VRB | 5kW/50kW·h | 西藏 |
| 2010 | 钠硫电池储能电站 | Na-S | 100kW/800kW·h | 上海 |

续表

| 年份 | 项目 | 储能类型 | 规模 | 位置 |
|---|---|---|---|---|
| 2011 | 张北风光储输项目 | Li-Ion + VRB | 14MW/63MW·h（Li-Ion）<br>2MW/8MW·h（VRB） | 河北 |
| 2011 | 宝清电池储能电站 | Li-Ion | 3MW/12MW·h | 深圳 |
| 2011 | 塘坊储能型风电场 | Li-Ion | 5MW/10MW·h | 辽宁 |

从国外示范研究来看，为稳定新能源电力供给并提供均匀的功率输出，需要配备大约占新能源发电容量 20%的并有 6～8h 存储时间的电池储能系统。那么中国 2020 年在发电侧能源管理方面的大规模储能系统需求为 34GW，相应的储能为 204GW·h。

### 3.2.2　储能系统运行模型

储能系统在夜间低谷时蓄电，白天高峰时放电，能够有效地降低负荷曲线峰谷差，提升电网稳定性并促进风电并网。因此，本节在发电侧引入储能系统并借助储能控制器跟踪蓄电池充放电行为。当蓄电池达到最大容量时，储能控制器会控制蓄电池停止充电，当蓄电池持续放电直至最小充电状态时，储能控制器会控制蓄电池停止放电。

$$Q^{\min} \leqslant Q_t \leqslant Q^{\max} \tag{3-1}$$

式中，$Q^{\max}$、$Q^{\min}$ 分别为蓄电池储存容量的上下限；$Q_t$ 为蓄电池在时刻 $t$ 的蓄电量。

当蓄电池处于放电状态时，有

$$Q_{t+1} = Q_t - \sum_{s=1}^{S} g_{st}^{\mathrm{d}}(1+\rho_s^{\mathrm{d}}) \tag{3-2}$$

当蓄电池处于充电状态时，有

$$Q_{t+1} = Q_t + \sum_{s=1}^{S} g_{st}^{\mathrm{c}}(1-\rho_s^{\mathrm{c}}) \tag{3-3}$$

式中，$g_{st}^{\mathrm{d}}$ 和 $g_{st}^{\mathrm{c}}$ 分别为储能系统中蓄电池 $s$ 在时刻 $t$ 的放电和充电功率；$Q_{t+1}$ 为蓄电池 $s$ 在时刻 $t+1$ 的蓄电量；$\rho_s^{\mathrm{d}}$ 和 $\rho_s^{\mathrm{c}}$ 分别为蓄电池放电和充电损耗。

## 3.3　风电功率不确定性模拟

风电功率受制于来风速率，但当来风速率低于切入风速或高于切出风速时，风电场均不进行发电，风电功率与来风速率间的关系如下：

$$g_{wt}=\frac{1}{2}\rho A v^{3} c_{w}(\lambda) \quad (3\text{-}4)$$

式中，$\rho$ 为空气密度；$A$ 为风轮机叶片扫掠面积；$v$ 为风速；$c_w$ 为风轮的功率系数或风能利用系数，为单位时间内风轮所吸收的风能与通过风轮旋转面的全部风能之比；$\lambda$ 为叶尖速率比。

### 3.3.1 风电场景模拟

为了最优化系统调度方案，本节不对风电功率进行预测，而采用场景分析法进行风电场景模拟。设风电输出功率的随机变量为 $g_{wt}$，具体构成如下：

$$g_{wt}=g_{wt}^{f}+\xi_{wt} \quad (3\text{-}5)$$

式中，$g_{wt}^{f}$ 为风电预测功率；$\xi_{wt}$ 为风电预测功率误差。假定风电预测功率误差服从正态分布 $\xi_{wt}\sim N(0,\delta_{wt}^{2})$，则可以认为 $g_{wt}$ 服从正态分布 $g_{wt}\sim N(g_{wt}^{f},\delta_{wt}^{2})$。

进一步，应用区间法进行风电输出功率的模拟，即将风电出力分布划分为多个区间，以区间内某点值作为风电输出功率的期望值，当分区数足够多时，可以认为风电输出功率预测值与风电输出功率实际值相同，具体如图 3-1 所示。

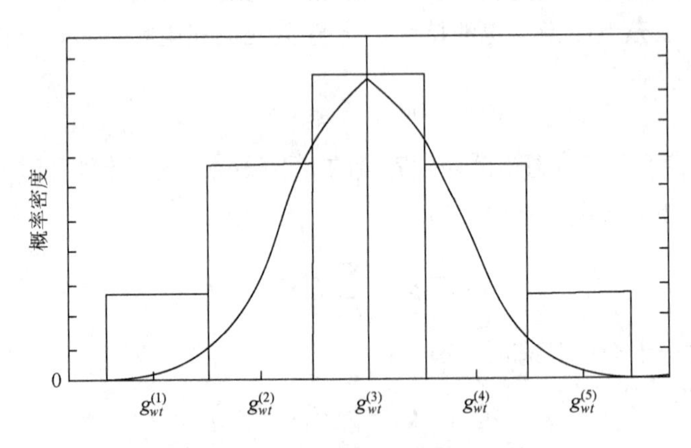


图 3-1 风电预测功率离散化方法

可以看到，每个区间段内风电出力存在高、中、低三个状态，假设各状态的风电出力期望值为 $g_{wt}^{z}$，$z=1,2,3$ 分别为三种风电出力状态，风电出力各状态发生的概率分别为 $p_{t}^{z}$，则各场景风电输出功率调度组合为 $A=\{g_{wt}^{s}\mid t=1,2,\cdots,T\}$，风电输出场景概率 $p=\prod_{t\in T}p_{t}^{z}$，此时可以得到风电出力场景。图 3-2 是三种状态时风电输出预测模拟场景树。

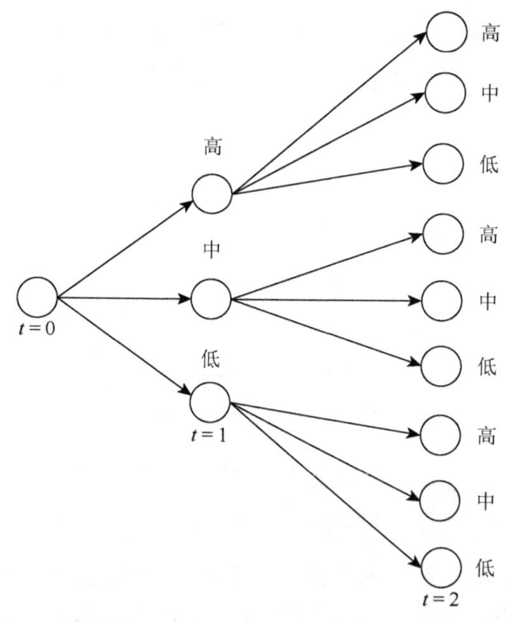


图 3-2　风电输出预测模拟场景树（以三阶段为例）

### 3.3.2　风电场景削减策略

场景削减的基本原理是将一个场景与其他场景进行比较，去掉最接近场景。但当场景数较大时，场景削减的工作量较大。为克服该问题，并使得削减后的风电场景尽可能地代表初始场景，引入 Kantorovich 距离[44]，以初始场景和削减后场景的 Kantorovich 距离最小为目标进行场景削减。设 $P=[\xi_{it}]_{T\times N}$ 为风电初始场景集合，$N$ 为场景总数，$T$ 为场景时长，$\xi_{it}$ 为时刻 $t$ 下初始场景集合中风电场景 $i$，$\xi_{it}$ 的概率为 $p_i$；$Q=[\tilde{\xi}_{jt}]_{T\times \tilde{N}}$ 为经削减后场景集合，$\tilde{N}$ 为削减后场景总数，$\tilde{\xi}_{jt}$ 为时刻 $t$ 下削减场景集合中风电场景 $j$ 且 $\tilde{\xi}_{jt}$ 的概率为 $q_j$，则初始场景 $P$ 与削减后场景 $Q$ 的 Kantorovich 距离可以定义为

$$D_{\mathrm{K}}(P,Q)=\inf\left\{\begin{array}{l}\sum_{i=1}^{N}\sum_{j=1}^{N}\eta_{ij}c_T(\xi_i,\xi_j):\eta_{ij}\geqslant 0,\quad \sum_{i=1}^{N}\eta_{ij}=q_j \\ \sum_{j=1}^{N}\eta_{ij}=p_i,\quad \forall i\end{array}\right\} \tag{3-6}$$

$$c_T(\xi_i,\xi_j)=\sum_{t=1}^{T}\left|\xi_i-\xi_j\right| \tag{3-7}$$

设初始场景 $P$ 经过削减后得场景 $Q$，删除场景集合 $J$，则 Kantorovich 距离为

$$D_{\mathrm{K}}(P,Q)=\sum_{i\in J}p_i\min_{j\notin J}c_T(\xi_i,\xi_j) \tag{3-8}$$

进一步，计算削减场景 $\tilde{\varepsilon}_j$（$j \notin J$）的发生概率 $q_j$，定义削减场景 $\tilde{\varepsilon}_j$ 的发生概率等于初始场景中该场景概率和与该场景 $c_T$ 距离最近的删除场景概率之和，具体计算：

$$q_j = p_j + \sum_{i \in J(j)} p_i \tag{3-9}$$

式中，

$$J(j) = \{i \in J : j = j(i)\} \tag{3-10}$$

$$j(i) \in \arg \min_{i \in J(i)} c_T(\xi_i, \xi_j), \quad \forall i \in J \tag{3-11}$$

基于式（3-6）～式（3-11）构建风电场景削减优化方法，设 $S$ 为需要删除的场景数，可以根据式（3-12）进行风电场景削减：

$$\min \begin{Bmatrix} \sum_{i \in J} p_i \min_{j \notin J} c_T(\xi_i, \xi_j) : J \subset \{1, 2, \cdots, N\} \\ S = N - N_j \end{Bmatrix} \tag{3-12}$$

由式（3-12）可以看到，风电删除场景数的设定会直接影响风电场景削减结果，为了根据实际情况设置恰当的删除风电场景数，本节提出风电场景最大削减策略，具体如下：

$$\sum_{i \in J} p_i \min_{j \notin J} c_T(\xi_i, \xi_j) \leqslant \beta \tag{3-13}$$

式中，$\beta$ 为预先设定的风电场景削减精度，以保证削减后的风电场景与初始场景的相近度在要求范围内。式（3-6）～式（3-13）构成了风电模拟场景削减模型，为了求解该模型，引入文献[44]提出的多阶段启发式算法，此处不对其赘述。

## 3.4 风电储能两阶段调度优化模型

### 3.4.1 用户可控负荷模型

需求响应通过改变用户用电方式、提高终端用电效率等手段控制终端电能使用，降低电能消耗量。本节将需求响应产生的负荷削减量作为虚拟发电机组，则需求响应引入后的负荷需求为

$$L_t = a + b\pi_t \tag{3-14}$$

式中，$a$ 和 $b$ 为需求与价格的线性函数系数；$\pi_t$ 为虚拟发电机组的边际成本；初始负荷和响应负荷可以看作虚拟发电量：

$$L_t = L_t^0 - \Delta L_t \tag{3-15}$$

式中，$L_t^0$、$L_t$ 分别为需求响应引入前后的系统负荷需求；$\Delta L_t$ 为需求响应引入后负荷削减量，则虚拟发电机组的边际成本为

$$\pi_t = (-1/b)\Delta L_t + (L^0{}_t - a)/b \tag{3-16}$$

由式（3-16）得虚拟发电机组的成本函数为

$$C_t^{\mathrm{DR}} = (-1/b)\Delta L_t^2 + [(L_t^0 - a)/b]\Delta L \tag{3-17}$$

由式（3-17）可知，虚拟发电机组的成本函数与常规发电机组的成本函数计算不同。

### 3.4.2　两阶段调度优化模型

本节将风电功率日前预测结果和超短期预测结果作为随机变量及其实现。将系统发电调度划分为日前调度和时前调度两个模型。

1. 日前调度模型

以系统发电费用期望值最小为目标，制定次日系统机组发电安排，具体目标函数如下：

$$\min E = \sum_{t=1}^{T}\sum_{i=1}^{I}\sum_{h=1}^{H} p_h (C_{it} + C_{it}^{\mathrm{ss}} + C_t^{\mathrm{stor}} + C_t^{\mathrm{DR}}) \tag{3-18}$$

式中，$E$ 为系统日前调度模型的期望费用；$p_h$ 为风电场出力场景 $h$ 的概率；$C_{it}$、$C_{it}^{\mathrm{ss}}$ 分别为火电机组发电的燃煤成本和启停成本；$C_t^{\mathrm{stor}}$ 为储能系统并网成本；$C_t^{\mathrm{DR}}$ 为时刻 $t$ 的需求响应成本。

$$C_{it} = \alpha_i + \beta_i g_{it} + \gamma_i (g_{it})^2 \tag{3-19}$$

$$C_{it}^{\mathrm{ss}} = [u_{it}(1 - u_{i,t-1})]N_{it} \tag{3-20}$$

$$N_{it} = \begin{cases} N_i^{\mathrm{hot}}, & T_i^{\min} < T_{it}^{\mathrm{off}} \leqslant H_i^{\mathrm{off}} \\ N_i^{\mathrm{cold}}, & T_{it}^{\mathrm{off}} > H_i^{\mathrm{off}} \end{cases} \tag{3-21}$$

$$H_i^{\mathrm{off}} = T_i^{\min} + T_i^{\mathrm{cold}} \tag{3-22}$$

式中，$\alpha_i$、$\beta_i$、$\gamma_i$ 为发电机组 $i$ 的燃料成本系数，由发电机组的发电历史数据回归确定；$N_i^{\mathrm{cold}}$ 为发电机组 $i$ 的冷启动成本；$N_i^{\mathrm{hot}}$ 为发电机组 $i$ 的热启动成本；$T_i^{\min}$ 为机组 $i$ 的最短停机时间；$T_{it}^{\mathrm{off}}$ 为机组 $i$ 在时刻 $t$ 的连续停机时间；$T_i^{\mathrm{cold}}$ 为机组 $i$ 的冷启动时间；$H_i^{\mathrm{off}}$ 为发电机组的最短停机时间与冷启动时间之和；$g_{it}$ 为机组 $i$ 在时刻 $t$–1 的持续停机时间。

储能系统在进行充放电时会产生自身用电损耗，产生机会成本，本节假定储能设备运行成本主要为蓄电池自身电能损耗成本，具体计算如下：

$$C_{\mathrm{stor}}(t) = \sum_{s=1}^{N_S} B_s(t)\{[g_s^{\mathrm{d}}(t) - g_s^{\mathrm{c}}(t)]\} \tag{3-23}$$

式中，$g_s^{\mathrm{d}}(t)$、$g_s^{\mathrm{c}}(t)$ 分别为储能系统的放电和充电功率；$B_s(t)$ 为时刻 $t$ 储能设备 $s$ 的发电上网价格。

日前调度模型的约束条件如下。

1）负荷平衡

$$\sum_{i=1}^{I} g_{it}u_{it}(1-\psi_i)+\sum_{s=1}^{S} g_{st}^{\mathrm{d}}(1-\rho_s^{\mathrm{d}})+\sum_{w=1}^{W} g_{wt}^{\mathrm{d}}(1-\varphi_w)=L_t^0-\Delta L_t+\sum_{s=1}^{S} g_{st}^{\mathrm{c}}(1+\rho_s^{\mathrm{c}}) \tag{3-24}$$

式中，$W$ 为风电机组总数；$\psi_i$ 为火电机组 $i$ 的自身用电率；$\rho_s^{\mathrm{c}}$、$\rho_s^{\mathrm{d}}$ 为电动汽车充放电损耗率；$\varphi_w$ 为风电场 $w$ 的厂用电率。

2）火电机组出力约束

$$u_{it}g_i^{\min} \leqslant g_{it} \leqslant u_{it}g_i^{\max} \tag{3-25}$$

$$\Delta g_i^- \leqslant g_{it}-g_{i,t-1} \leqslant \Delta g_i^+ \tag{3-26}$$

$$(T_{i,t-1}^{\mathrm{on}}-M_i^{\mathrm{on}})(u_{i,t-1}-u_{it}) \geqslant 0 \tag{3-27}$$

$$(T_{i,t-1}^{\mathrm{off}}-M_i^{\mathrm{off}})(u_{it}-u_{i,t-1}) \geqslant 0 \tag{3-28}$$

式中，$g_i^{\max}$、$g_i^{\min}$ 分别为火电机组 $i$ 的发电上下限；$\Delta g_i^+$、$\Delta g_i^-$ 分别为火电机组 $i$ 的爬坡上下限；$M_i^{\mathrm{on}}$ 为燃煤机组 $i$ 的最短启动时间；$T_{i,t-1}^{\mathrm{on}}$ 为时刻 $t$–1 燃煤机组 $i$ 的连续运行时间；$M_i^{\mathrm{off}}$ 为燃煤机组 $i$ 的最短停机时间；$T_{i,t-1}^{\mathrm{off}}$ 为时刻 $t$–1 燃煤机组 $i$ 的持续停机时间。

3）储能系统功率约束

在整个调度周期 $T$ 内，储能系统的充电量与放电量之间的关系满足：

$$\sum_{t=1}^{T}\left[Q_0+\sum_{s=1}^{S} g_{st}^{\mathrm{c}}(1+\rho_{s,\mathrm{c}})-Q_t\right]=\sum_{s=1}^{S}\sum_{t=1}^{T} g_{st}^{\mathrm{d}}(1+\rho_{s,\mathrm{d}}) \tag{3-29}$$

假定同一时段内储能系统不能同时进行充电与放电操作，则蓄电池充放电功率操作的具体约束条件如下：

$$g_{st}^{\mathrm{c}} \cdot g_{st}^{\mathrm{d}}=0 \tag{3-30}$$

同时，为了满足蓄电池的寿命要求，蓄电池每个时段的充电和放电功率一般不能超过蓄电池容量的 20%，具体约束条件如下：

$$0 \leqslant g_{st}^{\mathrm{d}} \leqslant g_{st}^{\mathrm{d,max}} \tag{3-31}$$

$$0 \leqslant g_{st}^{\mathrm{c}} \leqslant g_{st}^{\mathrm{c,max}} \tag{3-32}$$

式中，$Q_0$ 为储能系统初始时刻蓄电量；$g_{st}^{\mathrm{d,max}}$ 和 $g_{st}^{\mathrm{c,max}}$ 分别为蓄电池 $s$ 在时刻 $t$ 的最大放电和充电功率。

4）需求侧响应约束

$$0 \leqslant \Delta L_t \leqslant \Delta L_t^{\max} v_t \tag{3-33}$$

式中，$v_t$ 为 0-1 变量，$v_t=1$ 时表明负荷被削减，反之，表明未进行负荷削减；$\Delta L_t^{\max}$

为时刻 $t$ 时负荷最大可削减量。

$$0 \leqslant \Delta L_t - \Delta L_{t-1} \leqslant L_{\mathrm{U}} \tag{3-34}$$

$$0 \leqslant \Delta L_{t-1} - \Delta L_t \leqslant L_{\mathrm{D}} \tag{3-35}$$

式中，$L_{\mathrm{U}}$ 和 $L_{\mathrm{D}}$ 分别为需求响应下负荷削减量的爬坡上限和下限。与常规机组相同，虚拟机组同样要受到启停时间的约束，否则可能会导致负荷曲线波动性增加。

$$[X_{t-1}^{\mathrm{on}} - T_{\mathrm{U}}](v_{t-1} - v_t) \geqslant 0 \tag{3-36}$$

$$[X_{t-1}^{\mathrm{off}} - T_{\mathrm{D}}](v_t - v_{t-1}) \geqslant 0 \tag{3-37}$$

式中，$X_{t-1}^{\mathrm{on}}$、$X_{t-1}^{\mathrm{off}}$ 为负荷启停时间约束；$T_{\mathrm{U}}$ 和 $T_{\mathrm{D}}$ 为负荷的最小启停时间。整个调度期的负荷削减量应低于总的负荷可削减负荷量，具体约束如下：

$$\sum_{t=1}^{T}(L_t^{\max} - \Delta L_t) \leqslant M^{\max} \tag{3-38}$$

式中，$M^{\max}$ 为最大负荷可削减量。

2. 时前调度模型

在时前调度阶段，需要根据风电功率超短期预测结果修正系统火电机组和储能系统的运行安排，该阶段需要以系统净负荷（即负荷减去风电和储能系统发电剩余的火电机组承担的负荷）最小为第一优化目标，以发电煤耗成本最小为第二优化目标，修正机组发电出力安排。

在执行日的时刻 $t$–1，根据风电超短期预测结果，修正时刻 $t$ 的发电调度计划，具体分为两个步骤，首先修正储能系统的运行方式，使得火电承担的风电波动尽可能小，其次以日前火电机组为基础，修正开启的火电机组出力，以发电煤耗成本最小为目标形成最终的机组发电调度方案。

1）储能系统出力修正模型

以系统净负荷最小为目标，修正储能系统出力，具体目标函数如下：

$$\min D^t = \left| -\sum_{s \in S} g_{st} - \sum_{w \in W} g_{wt} + \sum_{s \in S} g_{st}^{*} + \sum_{w \in W} g'_{wt} \right| \tag{3-39}$$

式中，$g_{st}$ 和 $g_{wt}$ 分别为日前计划中储能系统运行出力和概率最大的风电场景中风电出力；$g'_{wt}$ 为当日时刻 $t$ 的超短期风电预测结果；$g_{st}^{*}$ 为修正后的储能系统在时刻 $t$ 运行出力；$D^t$ 即时刻 $t$ 修正储能系统运行出力后的风电波动。

该模型中修正后的储能系统运行出力同样需要满足式（3-1）～式（3-3）的约束条件，而且时刻 $t$ 的储能系统运行出力修正要以不影响时刻 $t$ 之后的出力计划为前提，即对 $t' = t, t+1, \cdots, T$ 时刻，均满足以下约束。

当蓄电池处于放电状态时，有

$$Q_{t'+1} = Q_{t'} - \sum_{s=1}^{S} g_{s,t'+1}^{\mathrm{d}}(1+\rho_s^{\mathrm{d}}) \tag{3-40}$$

当蓄电池处于充电状态时，有

$$Q_{t'+1} = Q_{t'} + \sum_{s=1}^{S} g_{s,t'+1}^{\mathrm{c}}(1-\rho_s^{\mathrm{c}}) \tag{3-41}$$

式中，$g_{s,t'+1}^{\mathrm{d}}$ 和 $g_{s,t'+1}^{\mathrm{c}}$ 分别为蓄电池在时刻 $t'+1$ 的日前放电和充电功率；$Q_{t'+1}$ 为蓄电池在时刻 $t'+1$ 的蓄电池按照日前功率出力时的蓄电量。

2）火电机组出力修正模型

以发电煤耗成本最小为目标，修正已启动的火电机组运行出力，具体目标函数如下：

$$\min E' = \sum_{t=1}^{T}\sum_{i=1}^{I}\sum_{h=1}^{H} p_h C_{it}^{\mathrm{h}'} \tag{3-42}$$

式中，$C_{it}^{\mathrm{h}'}$ 为火电机组出力修正后的系统发电煤耗成本。修正后的火电机组出力需要满足的具体约束条件如下：

$$\sum_{i=1}^{I} g_{it}^{*} u_{it}(1-\psi_i) + \sum_{s=1}^{S} g_{st}^{\mathrm{d}*} + \sum_{w=1}^{W} g_{wt}'(1-\varphi_w) = L_t - \Delta L_t + \sum_{s=1}^{S} g_{st}^{\mathrm{c}*} \tag{3-43}$$

$$u_{it} g_i^{\min} \leqslant u_{it} g_{it}^{*} \leqslant u_{it} g_i^{\max} \tag{3-44}$$

式中，$g_{st}^{\mathrm{d}*}$ 和 $g_{st}^{\mathrm{c}*}$ 分别为储能系统修正出力；$u_{it}$ 为日前调度阶段获得的机组启停状态，该阶段为已知量；$g_{it}^{*}$ 为火电机组 $i$ 在时刻 $t$ 的修正出力。

### 3.4.3 混沌 BPSO 算法

1. BPSO 算法

由于基本粒子群优化（particle swarm optimization，PSO）算法只适用于解决连续空间优化问题，为了解决实际中大量存在的离散空间优化问题，Kennedy 和 Eberhat 在基本 PSO 算法的基础上提出了二进制粒子群优化（binary particle swarm optimization，BPSO）算法。

在 BPSO 算法中，粒子速度向量由粒子位置改变的概率替代了基本 PSO 算法中的粒子位置变化率。粒子在进行位置寻优过程中，每一维位置 $k_i^t$ 和个体最优位置 $k_i^{\text{best}}$ 都被限定为 0 或 1，但并不限定粒子寻优速度（也称粒子速度）$V_i^t$，当粒子速度较大时，代表粒子所处位置为 1 时的概率较大，反之，粒子处于位置为 0 时的概率较大。基本 PSO 算法介绍及数学算法见文献[45]，在 BPSO 算法中，粒子速度是根据 sigmoid 函数来更新的，具体函数如下：

$$\text{sigmoid}(x)=\begin{cases}\dfrac{2}{1+\mathrm{e}^{-x}}-1, & x>0\\ 1-\dfrac{2}{1+\mathrm{e}^{-x}}, & x\leqslant 0\end{cases} \tag{3-45}$$

从式（3-45）可以看出，$x$ 越大，sigmoid 的函数值越接近 1，反之越接近 0。因此，可以把粒子速度的 sigmoid 函数值视为粒子该维位置为 1 或 0 的概率，此时，粒子位置更新公式为

$$x=\begin{cases}1, & \rho_i^{t+1}<\text{sigmoid}(V_i^{t+1})\\ 0, & \rho_i^{t+1}\geqslant \text{sigmoid}(V_i^{t+1})\end{cases} \tag{3-46}$$

式中，$\rho_i^{t+1}$ 为一个随机服从[0, 1]的正实数。

2. 混沌搜索

BPSO 算法克服了基本 PSO 算法的适用性和局限性，既能解决连续空间优化问题，又能解决离散空间优化问题，但 BPSO 算法在寻优后期会出现收敛速度慢、精度差、容易陷入局部最优解等问题。为了解决该问题，本节引入混沌理论，利用混沌变量的初值敏感性和遍历性特点，对失去搜索能力的粒子进行混沌搜索。

混沌是一种非线性现象，具有随机性、遍历性和对初始条件敏感的特点。混沌搜索能够在有限范围内按照自身规律不重复地遍历所有状态，有效避免陷入局部最小，比随机搜索更具有优越性，易于跳出局部最优解。本节将混沌搜索应用在粒子群优化过程的前期，即优选初始粒子群体，当存在某一粒子与最优粒子间距离小于设定值时，认为两粒子相互重叠，此时，最优粒子位置保持不变，将重叠粒子映射到混沌变量空间，以混沌变量按照选定的映射模式进行混沌运动，并将得到的新混沌变量映射到原搜索空间得到替换原来粒子的新粒子。本节选用 Logistic 映射作为混动变量运动方式，具体形式如下：

$$x_{k+1}=\phi x_k(1-x_k) \tag{3-47}$$

式中，$x_k$ 为第 $k$ 次迭代的混沌变量，$x_k\in[0,1]$；$\phi$ 为状态量；该映射是模拟生物种群时间演变的数学模型。当 $\phi\in[3.571\,448,4]$ 时，Logistic 映射处于混沌状态，特别是 $\phi=4$ 时，处于完全混沌状态，此时，混沌变量会遍历[0,1]的所有状态，但混沌变量初值不能设置为 0.25、0.5 和 0.75 三个不动点。

3. 算法步骤

在风电储能两阶段调度优化模型中涉及的变量主要有火电机组启停状态、火电机组和储能系统的并网功率，火电机组启停状态为 0-1 变量，火电机组和储能系统的并网功率为连续变量，在应用混沌 BPSO 算法时，需要对连续变量用离散

型编码。混沌 BPSO 算法的具体应用步骤如下。

（1）设定初始粒子群，主要包含火电机组和储能系统运行状态组合，初始化粒子群时，等概率生成粒子群中各元素，使其值为 0 或 1，具体如下：

$$UU_s=\begin{bmatrix}1&0&\cdots&1\\0&0&\cdots&1\\\vdots&\vdots&&\vdots\\1&1&\dots&0\end{bmatrix}_{N\times T}\begin{bmatrix}1&0&\cdots&1\\0&0&\cdots&1\\\vdots&\vdots&&\vdots\\1&1&\dots&0\end{bmatrix}_{(N_s+1)\times T} \tag{3-48}$$

式中，$U$ 为 $N$ 台机组组合状态的 $N\times T$ 矩阵，矩阵中元素为火电机组出力状态，1 为开启，0 为关闭；$T$ 为总的调度时刻；$U_s$ 为储能系统的运行状态 $(N_s+1)\times T$ 矩阵，矩阵中每一列第一个元素为储能系统运行状态，1 为发电，0 为蓄能，剩余 $N_s$ 个元素代表储能系统功率。

（2）储能系统并网功率离散型编码。当储能系统运行状态为蓄能时，元素 1 为系统按最大功率进行蓄能，0 为系统不进行蓄能，储能系统蓄能功率为

$$\sum_{s=1}^{S}g_{st}^{\mathrm{c}}=g_{st}^{\mathrm{c}}\sum_{i=2}^{N_s+1}U_s(t,i) \tag{3-49}$$

当储能系统处于放电时，对于连续性出力用离散型编码描述，采用下列方法编码：

$$\sum_{s=1}^{S}g_{st}^{\mathrm{d}}=N_s g_{st}^{\mathrm{d}}\sum_{i=2}^{N_s+1}2^{-i+1}U_s(t,i) \tag{3-50}$$

由式（3-50）根据 $U_s(t,i)$ 取值不同（0 或 1）可以设置储能系统总的放电出力为 $N_s g_{st}^{\mathrm{d}}/2^{N_s},2N_s g_{st}^{\mathrm{d}}/2^{N_s},\cdots,2^{N_s}N_s g_{st}^{\mathrm{d}}/2^{N_s}$，共 $2^{N_s}+1$ 个值，即储能系统最优出力的寻优精度为 $1/(2^{N_s}+1)$，当 $N_s$ 足够大时，可认为达到最佳寻优精度。

（3）火电机组输出功率确定。与储能系统放电时相同，火电机组输出功率也为连续变量，但若对其离散型编码，将会增加算法操作难度。本节参照文献[44]选用机组最小比耗量确定发电优先级，选用等耗量微增率法进行负荷分配。

（4）完成步骤（1）～步骤（3）后，对系统执行 BPSO 算法，更新粒子的位置和速度，具体过程参照文献[45]。

（5）计算任意粒子与步骤（4）中最优粒子群间的距离，设 $k_i$ 为任意粒子 $i$ 当前位置，$k_{\mathrm{r}}$ 为当前最优粒子位置，则两粒子间距离为

$$d_i=[k_i-k_{\mathrm{r}}]^2 \tag{3-51}$$

若 $d_i$ 小于预定值（本节取 $10^{-3}$）则对 $k_i$ 执行混沌搜索，在规定步数内得到新粒子替换原来的粒子，直到形成最终粒子群。

（6）判断最终粒子状态是否满足各类约束条件，若满足则保留，否则取极限值。

（7）计算最终粒子群中各粒子的适应值，得到全局最优解 $F_{\text{best}}$、全局最优位置 $K$ 和个体最优位置 $k_i^{\text{best}}$，转至步骤（8）。

（8）判断当前迭代次数是否达到最大值，若达到最大迭代次数，则输出结果，否则设定迭代次数 $n_i^t = n_i^t + 1$，执行混沌 BPSO 算法。

### 3.4.4　算例分析

1. 仿真情景设定

为分析储能系统和需求响应对系统消纳风电能力的影响，本节设定四种系统仿真情景。

情景 1：基础情景。该情景不引入储能系统和需求响应。

情景 2：储能系统情景。该情景引入储能系统，但不引入需求响应。设定储能系统容量为 200MW，最大充放电功率为 80MW，充放电损耗为 0.04，初始蓄能为 0。

情景 3：需求响应情景。该情景中不含储能系统，但引入需求响应。设定需求响应引入后，负荷最大削减度不超过原负荷需求的 25%，负荷削减波动幅度不超过 100MW。

情景 4：综合情景。该情景同时引入需求响应和储能系统。储能系统与需求响应参数同情景 2 和情景 3。

2. 基础数据

本节以 IEEE 36 节点 10 机系统作为仿真系统，并接入装机容量为 650MW 的风电场。假定负荷曲线的峰谷时段划分如表 3-2 所示，需求响应引入前用电价格为 436 元/(MW·h)，需求响应引入后峰时段与谷时段电价分别提高与下降 25%。

**表 3-2　系统峰谷时段划分**

| 时段 | 谷时段 | 平时段 | 峰时段 |
|---|---|---|---|
| 时间 | 0：00～5：00；<br>21：00～24：00 | 5：00～8：00；<br>14：00～19：00 | 8：00～14：00；<br>19：00～21：00 |

根据风电场景模拟方法，借助 MATLAB 软件得到 100 种风电出力基本场景，并参照式（3-6）～式（3-13）进行风电场景削减，得到 20 种基本出力场景，如图 3-3 所示。在风电储能两阶段调度优化模型中，需要进行风电功率日前预测和超短期预测，为了便于分析且风电超短期预测不是本节研究重点，故在 20 种初始场景中选取发生概率最大的场景 1（0.385）和风电波动性最大的场景 20 作为超短期预测结果，如图 3-4 所示。

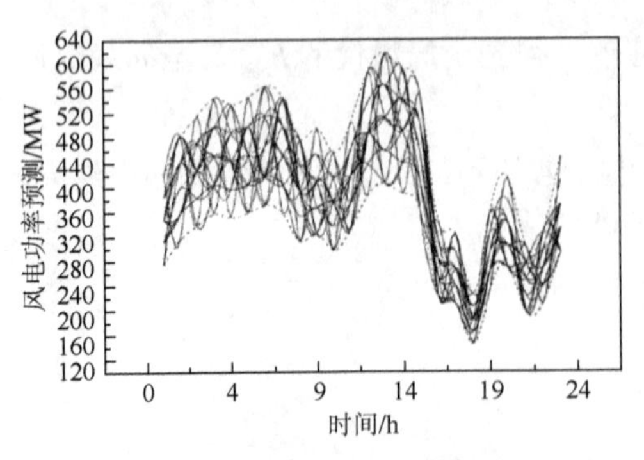


图 3-3 风电出力场景模拟

各线分别代表基本出力场景，不再解释

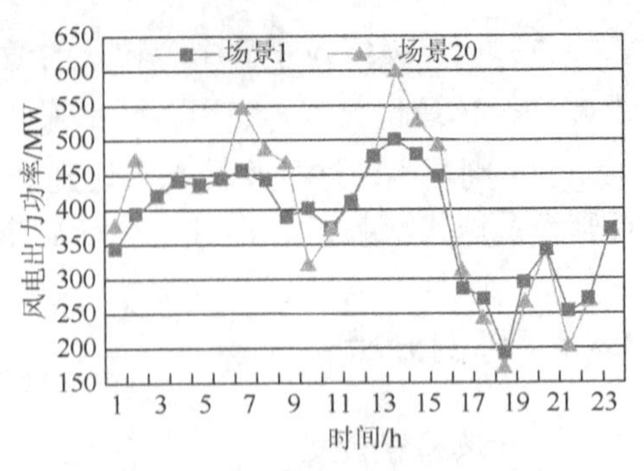


图 3-4 风电超短期预测功率场景

3. 模型及算法有效性验证

本节选取风电场景 1 验证所提模型及算法的适用性，得到两阶段调度方案。在日前调度阶段，系统总发电成本和弃风电量分别为 12 291tce 和 910MW·h；在时前调度阶段，经过修正火电机组出力，系统总发电成本和弃风电量分别为 12 168tce 和 455MW·h；在两阶段调度中，装机容量最大的 1#机组发电能效水平最高，处于满发状态，总发电量为 14 400MW·h，8#机组和 9#机组在两阶段均未发电，其他机组发电出力对比如表 3-3 所示。

表 3-3 两阶段系统机组出力安排（单位：MW·h）

| 阶段 | 2# | 3# | 4# | 5# | 6# | 7# | 10# | 风电 |
|---|---|---|---|---|---|---|---|---|
| 日前 | 9237 | 7555 | 4366 | 2586 | 0 | 480 | 122 | 8190 |
| 时前 | 9288 | 7416 | 4466 | 2286 | 373 | 0 | 62 | 8645 |

相比日前调度阶段，时前调度阶段火电机组出力结构优化，大容量机组出力增加，6#机组替代 7#机组进行发电，10#机组发电减少。两阶段调度优化模型能够抑制风电出力随机性，增加了风电并网电量并降低了系统启停成本。系统启停成本由 123.5tce 降低至 103.4tce，风电并网电量增加 455MW·h。图 3-5 为时前调度阶段火电机组出力结构，图 3-6 为两阶段风电并网出力情况。

可见，本节所构建的两阶段调度优化模型及求解算法适用于含风电的系统发电调度优化决策。

4. 四种情景结果对比

为了分析储能系统和需求响应对系统消纳风电能力的影响，本节以出力波动性最大的风电场景 20 作为风电超短期预测结果进行算例仿真。需求响应与储能系

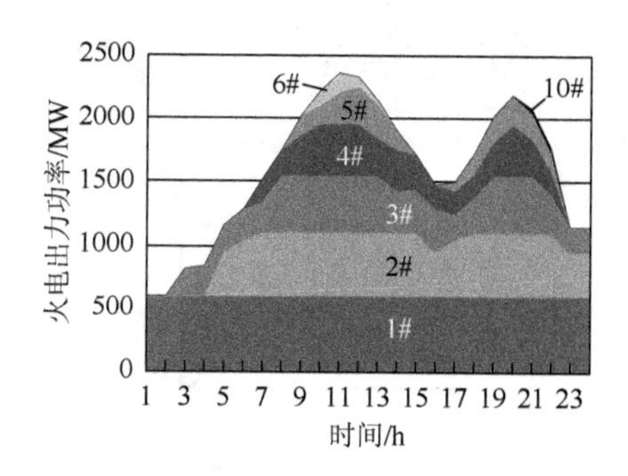


图 3-5　时前调度阶段火电机组出力结构

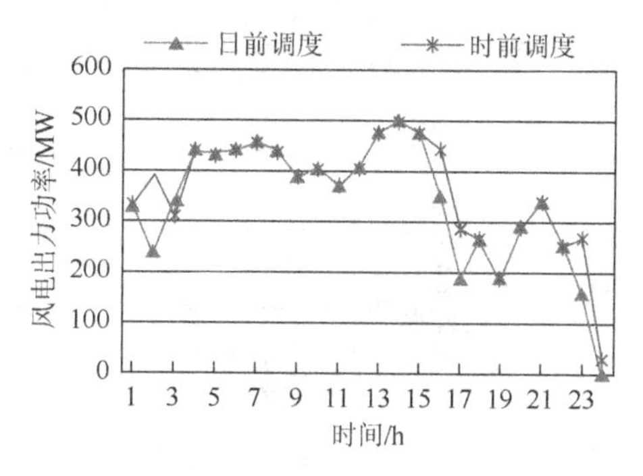


图 3-6　两阶段风电并网出力情况

统的引入优化了需求侧负荷需求分布情况，峰时段负荷比例降低，谷时段负荷比例增加，负荷需求峰谷缩小，相比情景 1，情景 4 中峰谷比由 3 降至 2，这利于解决风电反负荷特性抑制风电并网的问题，提升风电利用效率。表 3-4 为四种情景系统运行优化结果。

**表 3-4　四种情景系统运行优化结果**

| 情景 | 负荷结构/% | | | 负荷峰谷特性 | | | 风电 | | | 火电 | |
|---|---|---|---|---|---|---|---|---|---|---|---|
| | 谷时段 | 平时段 | 峰时段 | 最大负荷/MW | 最小负荷/MW | 峰谷比 | 上网电量/(MW·h) | 风电比例/% | 弃风率/% | 上网电量/(MW·h) | 发电煤耗率/(g/(kW·h)) |
| 情景 1 | 25.3 | 33.2 | 41.5 | 2 700 | 900 | 3.00 | 8 432 | 18.78 | 12.00 | 36 469 | 328.6 |
| 情景 2 | 25.5 | 33.3 | 41.2 | 2 620 | 950 | 2.76 | 8 561 | 19.07 | 9.52 | 36 339 | 327.5 |
| 情景 3 | 27.3 | 33.9 | 38.8 | 2 350 | 900 | 2.61 | 8 666 | 21.91 | 8.41 | 30 895 | 325.4 |
| 情景 4 | 27.4 | 34 | 38.5 | 2 220 | 980 | 2 | 8 983 | 22.83 | 5.06 | 30 358 | 323.9 |

从整个系统能效水平来看，储能系统和需求响应的引入有效降低了系统火电发电总量和发电平均煤耗率。四种情景下系统发电成本分别为 11 983tce、11 901tce、10 052tce、9832.6tce，启停成本分别为 145.8tce、128tce、122tce、95.4tce。从节能减排角度来看，发电煤耗总量和发电平均煤耗率的降低也会减少温室气体与污染气体的排放，环境效益明显。进一步，深入讨论储能系统和需求响应对系统负荷需求、火电机组出力结构、风电并网出力功率的影响。图 3-7 为四种情景下系统负荷需求曲线。

就系统负荷需求来说，储能系统的引入能够转移峰时段需求负荷至谷时段，但不具有削减负荷需求总量的效果，如情景 1 和情景 2 所示；需求响应的引入能够削减总负荷需求量，降低峰时段负荷需求，但不具有“填谷”效果，谷时段负荷需求基本不变，如情景 3 所示；为了同时利用储能系统和需求响应优化负荷分布效应，实现负荷需求削峰填谷的目标，需同时引入储能系统和需求响应，如情景 4 所示。

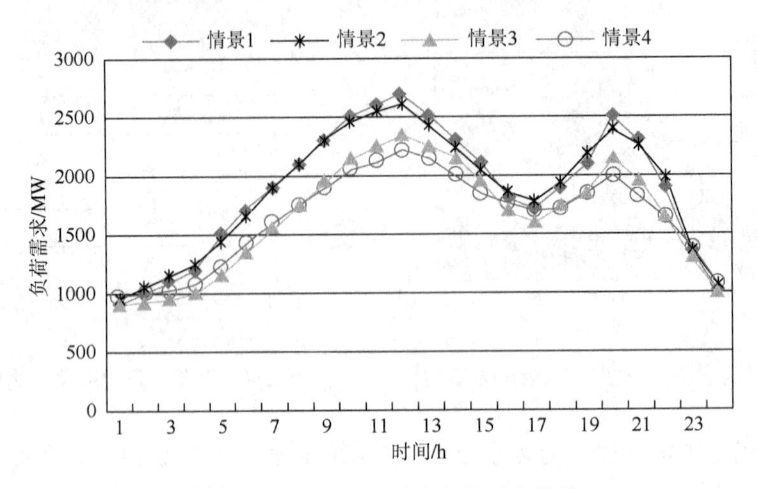


图 3-7　四种情景下系统负荷需求曲线

就火电机组出力结构而言，储能系统和需求响应的引入既能够优化系统火电机组出力结构，提升高能效机组利用效率，又能够降低机组参与备用服务出力，减少机组启停次数，实现降低系统发电平均煤耗率的目标。对比情景 2 和情景 3 发现，单独引入需求响应情景（情景 3）的系统火电出力结构优化效果要高于单独引入储能系统情景（情景 2）；对比四种情景发现，储能系统和需求响应同时引入时系统优化效果最佳。表 3-5 为四种情景下火电机组出力结构。

**表 3-5　四种情景下火电机组出力结构**（单位：MW·h）

| 机组 | 情景 1 | 情景 2 | 情景 3 | 情景 4 |
|---|---|---|---|---|
| 1# | 14 400 | 14 400 | 14 400 | 14 400 |
| 2# | 8 571 | 8 908 | 7 526 | 7 326 |
| 3# | 6 449 | 6 835 | 5 217 | 5 017 |
| 4# | 3 312 | 3 772 | 3 032 | 2 938 |
| 5# | 2 800 | 2 341 | 680 | 677 |
| 6# | 812 | 0 | 0 | 0 |
| 7# | 0 | 0 | 0 | 0 |
| 10# | 125 | 83 | 40 | 0 |
| 总出力 | 36 469 | 36 339 | 30 895 | 30 358 |

就风电并网出力而言，当储能系统和需求响应引入时（情景 4），系统风电消纳能力最强，弃风率由情景 1 中的 12.00%下降至情景 4 中的 5.06%；对比情景 2 和情景 3 发现，单独引入需求响应情景（情景 3）风电并网出力要优于单独引入储能系统情景（情景 2）。图 3-8 为四种情景下风电并网出力情况。

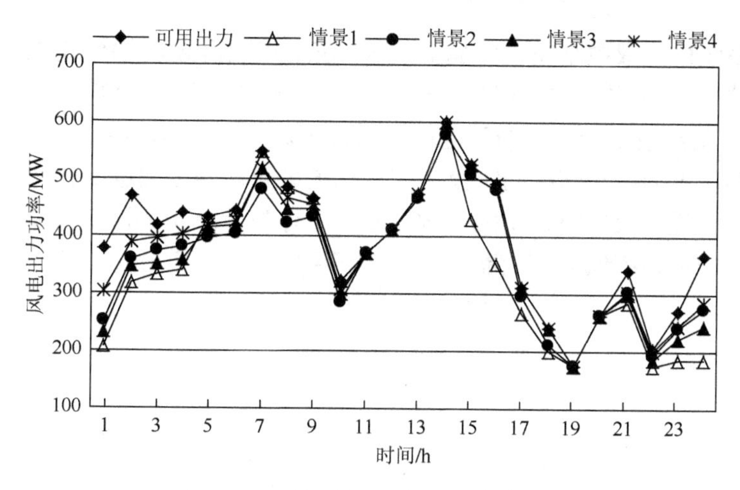


图 3-8　四种情景下风电并网出力情况

就储能系统而言，情景 2 和情景 4 中的充放电策略如表 3-6 所示。在情景 2 中储能系统充电时段发生在谷时段和平时段，总充电量为 284.2MW·h，放电时段仅发生在峰时段，情景 4 中除峰时段不充电外，其余各时段均存在充放电行为。结合表 3-4，对比情景 1 和情景 2，储能系统的引入能够为系统减少 99.8tce，节省系统经济成本明显；对比情景 2 和情景 4，情景 4 中储能系统并网电量更多，也就表明需求响应下的储能系统能够节省更多的发电经济成本。对比情景 3 和情景 4，储能系统的引入能够提升需求响应的实施效果。

**表 3-6　储能系统运行结果**（单位：MW·h）

| 情景 | 谷时段 | | 平时段 | | 峰时段 | |
|---|---|---|---|---|---|---|
| | 充电 | 放电 | 充电 | 放电 | 充电 | 放电 |
| 情景 2 | 160 | — | 124.2 | — | — | 270 |
| 情景 4 | 198.6 | 18.3 | 157.2 | 40 | — | 261.2 |

综上所述，在需求响应下，引入储能系统进行风电储能两阶段调度优化模型能够有效降低系统发电能耗水平，环境效益和经济效益显著。

## 3.5　本 章 小 结

风电出力的波动性需要发电侧其他电源的协调来进行平缓。本章基于储能系统协助消纳风电的问题，首先，基于储能系统的发展进程分析了储能系统用于协调风电出力的可行性以及中国未来发电侧用于协调新能源的储能系统规模需求；

考虑储能系统的充放电功率、储能上限等约束，构建了储能系统充放电的实时平衡模型；进一步利用区间法模拟风电场景，并构建了以初始场景和削减后场景Kantorovich距离最小为目标的风电场景削减策略。基于两阶段优化理论，构建了计及需求响应下的风电储能两阶段调度优化模型及混沌BPSO算法，算例结果表明：模型能够优化火电机组出力结构，减少火电机组承担的净负荷量，降低系统发电成本，增加系统风电消纳能力，减少弃风电量。

# 第4章　利用电动汽车充放电消纳清洁能源优化模型

电动汽车作为联合发电侧和需求侧的主要电力资源，其推广应用对发电侧将产生重要的影响。研究排放约束下的电动汽车如何与发电侧进行联合规划，对于控制电力行业整体的污染物排放有着重要的意义。从能源利用的角度来说，电动汽车比化石燃料汽车更高效，相关机构研究表明，电动汽车可以实现节能30%，降低27%的$CO_2$排放效果；从经济效益的角度来说，通过电动汽车代替原有的燃油车辆，可以有效地调节电网的负荷特性，产生较好的经济效益。基于上述分析，本章以电动汽车为研究对象，首先对电动汽车节能减排潜力构建量化模型，包括电动汽车保有量预测模型和节能减排潜力计算模型；其次，分析电动汽车不同充放电模式的差异性，建立电动汽车参与下的风电消纳优化模型；再次，针对电动汽车充电模式进行深入分析，并借助理想点法构造电动汽车充电服务模式评价机制；最后，确立最优充电服务模式，以期能够为利用电动汽车促进清洁能源消纳提供有效的决策依据和支撑工具。

## 4.1　概　　述

中国风能资源与美国相近且显著高于其他风电大国，风电装机容量在国家政策的支持下迅猛增长[46]。但由于风电输出功率波动性、电网建设不协调等因素，风电消纳已成为中国风电可持续发展的瓶颈[47]。根据国家能源局统计，2015年，中国因弃风、弃光限电造成的电量损失分别达到339亿kW·h和48亿kW·h，弃风率和弃光率分别超过10%和20%。但我国已明确要求到2020年可再生能源在一次能源结构中的占比需达到15%，这就要求继续大规模发展综合条件最优的风电，使得提高电网消纳风电能力与效率成为有待解决的核心问题[48]。借助电动汽车充放电特性开展风电消纳优化机制设计是降低风电弃能的重要途径。一方面，合理引导PHEV充放电行为，能实现负荷曲线削峰填谷，有利于解决风电消纳问题；另一方面，利用风电进行电动汽车充电，充分发挥两者的低碳优势，有利于实现我国节能减排的目标。

首先，关于与电动汽车协同调度的研究，文献[49]建立了电动汽车与火电机组联合调度优化模型，讨论了4种不同充电模式对火电机组最优组合优化结果的影响，但上述文献假设系统中仅有火电机组。文献[50]构建了电动汽车与火电机组联合随机调度模型，而文献[51]则构建了电动汽车与风电联合随机调度模型。文献[52]建立了多时间尺度的电动汽车–风电协同调度数学模型，研究了自由充电模式下电动汽车与风电协同调度对电网的影响。上述文献均假定电动汽车以自由充电模式并网，忽略了用户用电行为与用电价格间的弹性关系，这就要求未来的研究中需考虑电动汽车响应分时电价的用电行为。

其次，节能减排政策的推进使得污染物排放成为电动汽车与风电协同调度的另一优化目标，多目标问题需要借助求解算法得到最优解集。文献[43]、文献[53]和文献[54]分别利用 PSO、模拟退火和差分进化等智能算法求解风电–电动汽车协调下的机组组合问题。相比于传统求解算法参数难以确定、约束条件不易转化而导致寻优程度不高的问题[55]，启发式优化算法能获得较优的解集，但当个体极值的选取不符合多目标规划原则时，容易使算法陷入局部极值点，算法的搜索能力受限[56]。为了能够获得兼顾个体效益和系统整体效益的最优满意解，需对电动汽车与风电协同调度多目标问题求解算法进行深入研究。

最后，随着电力市场的发展和坚强智能电网的建设，电力企业在电动汽车充换电服务中引入商业模式已成定局，充换电服务商业模式强调运营期的经济主体组合形式及所提供的服务形式。电动汽车充电站主要由整车充电、更换电池两种运营模式组成，两种模式在具体运营过程、盈利方式及对电网运行的影响等方面均存在差异[57]。电力企业在选择服务商业模式时，需对各类模式进行评价，评价不能局限于企业自身的商业利益，而要着眼于全局利益，针对电动汽车充换电服务，其开展的首要意义在于它显著的节油减排效果，所以对于开展此项服务所依托的商业模式，对其的评价若能体现出环境效益则更能突显评价的适宜性及针对性。

基于上述分析，本章以电动汽车为研究对象，以电力系统环境经济调度为视角，围绕电动汽车与风电协同优化运行开展研究。首先，针对电动汽车节能减排潜力进行量化评估，构造电动汽车保有量预测模型和节能减排潜力计算模型；其次，综合考虑火电机组的出力、爬坡速率、启停和备用约束，分别以发电煤耗成本最小化和发电污染物排放最小化为目标，构建了风电–电动汽车联合调度优化模型，研究不同充电模式下的风车协调效果，并运用改进约束方法得到所提模型的帕累托优化方案，应用模糊决策方法确定隶属度最优的风电–电动汽车协同调度结果。最后，针对电动汽车不同充电模式的特性，利用平衡计分卡方法和企业生态学理论构造充电模式评价指标体系，并建立基于理想点法的服务模式评价模型，确立电动汽车的最优充电模式，以期能够为利用电动汽车促进风电消纳提供决策支撑。

## 4.2　电动汽车节能减排潜力量化模型

### 4.2.1　保有量预测模型

目前，我国电动汽车发展还处于起步阶段，实际运行的电动汽车数量较少。本章以 2015 年电动汽车保有量为基础，对汽车保有量及电动汽车发展状况进行预测。近十年来，我国机动车保有量增长幅度远超过国内生产总值（gross domestic product，GDP）的增长幅度。2011 年 11 月，我国机动车保有量达 2.23 亿辆，其中汽车 1.04 亿辆，相当于改革开放前的 45 倍多，大中城市汽车保有量达到 100 万辆以上的城市数量达 14 个。根据美国、日本和欧盟的发展经验，千人汽车保有量的饱和值为 400～500 辆，目前我国不到 100 辆，可以预见，我国机动车数量还将在很长的一段时间保持高速增长。本章应用弹性系数法对汽车保有量进行预测。弹性系数法从整体上把握经济发展与汽车发展间的关系，通过汽车保有量的增长率与国民经济发展的增长率之间的比例来确定，所需影响因素少，方便计算。弹性系数的计算公式如下：

$$\mu_t = \frac{\alpha_t}{\beta_t} \tag{4-1}$$

式中，$\mu_t$ 为第 $t$ 年汽车保有量弹性系数；$\alpha_t$ 为第 $t$ 年汽车保有量增长率；$\beta_t$ 为第 $t$ 年全国 GDP 增长率。

### 4.2.2　节能减排潜力计算模型

电动汽车以电力作为动力来源，其能耗水平取决于发电厂的能耗。2011 年底全国电力装机容量为 10.62 亿 kW，其中煤电 7.68 亿 kW，水电 2.33 亿 kW，核电 1257 万 kW，风电 4623 万 kW，其他 241 万 kW，化石能源的消耗以煤电为主。同时煤电由于装机容量不同，煤耗率不同，1000MW 机组煤耗率为 290～310g/(kW·h)，300MW 机组煤耗率为 320～360g/(kW·h)，而低效率高排放的小火电机组平均标准煤耗率为 450g/(kW·h)据此，首先建立地区单位电量煤耗率计算模型：

$$\lambda_t^{\text{coal-fired}} = \frac{\sum_{i=1}^{n} C_i \times h_{it} \times \lambda_{it}}{\sum_{i=1}^{n} C_i \times h_{it}} = \frac{\sum_{i=1}^{n} C_i \times h_{it} \times \lambda_{it}}{Q_t^{\text{coal-fired}}} \tag{4-2}$$

式中，$\lambda_t^{\text{coal-fired}}$ 为第 $t$ 年煤电平均煤耗率；$C_i$ 为第 $i$ 台机组装机容量；$h_{it}$ 为第 $i$ 台

机组第 $t$ 年平均发电小时数；$\lambda_{it}$ 为第 $i$ 台机组第 $t$ 年平均煤耗率；$Q_t^{\text{coal-fired}}$ 为第 $t$ 年煤电发电总量。除煤电外，水力、风能等清洁能源在发电过程中几乎不消耗能量，而一座 100 万 kW 的核电站每年仅消耗 30t 铀，相当于同级别煤电用煤的 1/10，加上核电发电量占比较小，所以此处假设仅煤电消耗能源，考虑输电线损的情况下，全国单位电量平均煤耗率如下：

$$\lambda_t = \frac{Q_t^{\text{coal-fired}} \times \lambda_t^{\text{coal-fired}}}{Q_t^{\text{sum}}}(1+\sigma_t) = \beta_t^{\text{ratio}} \times \lambda_t^{\text{coal-fired}} \times (1+\sigma_t) \tag{4-3}$$

式中，$\lambda_t$ 为第 $t$ 年每度电平均煤耗率；$Q_t^{\text{sum}}$ 为全国第 $t$ 年总发电量；$\sigma_t$ 为第 $t$ 年输电线损率；$\beta_t^{\text{ratio}}$ 为第 $t$ 年全国总发电量中煤电所占比例。

电动汽车行驶过程不燃烧汽油、柴油，所以相当于节约了同等数量燃油汽车消耗的油料，以年为单位计算电动汽车的节油量：

$$P_t^{\text{oil}} = G_t^{\text{car}} \times K_t^{\text{ele}} \times L_t \times q_t^{\text{oil}} \tag{4-4}$$

式中，$P_t^{\text{oil}}$ 为第 $t$ 年使用电动汽车所节约的石油量；$G_t^{\text{car}}$ 为第 $t$ 年汽车总量；$K_t^{\text{ele}}$ 为第 $t$ 年汽车总量中电动汽车所占比例；$L_t$ 为第 $t$ 年燃油汽车年平均行驶里程；$q_t^{\text{oil}}$ 为第 $t$ 年燃油汽车每公里耗油量。本章将电动汽车消耗的电能与节约的石油资源同时转化为标准煤进行对比，分析使用电动汽车节约能源量，节能模型如下：

$$\Delta P_t^{\text{coal}} = G_t^{\text{car}} \times K_t^{\text{ele}} \times L_t \times (\eta_{\text{coal}}^{\text{oil}} \times q_t^{\text{oil}} - \lambda_t q_t^{\text{ele}} / 1000) \tag{4-5}$$

式中，$\Delta P_t^{\text{coal}}$ 为第 $t$ 年使用电动汽车相比于使用燃油汽车年节约标准煤量；$q_t^{\text{ele}}$ 为第 $t$ 年电动汽车每公里耗电量；$\eta_{\text{coal}}^{\text{oil}}$ 为汽油转换为标准煤的转换因子。电动汽车通过电力驱动电动机行驶，不燃烧汽油、柴油等燃料，在行驶过程中几乎是“零排放”，而将排放转移到远离城市的发电侧，可以很好地改善城市生活环境。因为核能、风能、水力、潮汐等可再生能源发电不产生污染气体，所以污染主要来自煤电。同时，不同类型煤电机组具有不同的排放特性，首先建立煤电排放模型：

$$e_{tk}^{\text{coal-fired}} = \frac{\sum_{i=1}^{n} C_i \times h_{it} \times e_{itk}}{\sum_{i=1}^{n} C_i \times h_{it}} = \frac{\sum_{i=1}^{n} C_i \times h_{it} \times e_{itk}}{Q_t^{\text{coal-fired}}} \tag{4-6}$$

式中，$e_{tk}^{\text{coal-fired}}$ 为第 $t$ 年每度煤电第 $k$ 种污染气体的排放量；$e_{itk}$ 为第 $i$ 台机组第 $t$ 年每度电第 $k$ 种污染气体的排放量。

考虑总发电量中火电占比及输电线损后，平均每度电第 $k$ 种污染气体排放量计算如下：

$$e_{itk}^{\text{ele}} = \frac{Q_t^{\text{coal-fired}} \times e_{ik}^{\text{coal-fired}}}{Q_t^{\text{sum}}}(1+\sigma_t) = \beta_t^{\text{ratio}} \times e_{ik}^{\text{coal-fired}} \times (1+\sigma_t) \tag{4-7}$$

式中，$e_{itk}^{\text{ele}}$ 为第 $i$ 台机组第 $t$ 年每度电第 $k$ 种污染气体的排放量。

减排计算模型如下：

$$\Delta E_{kt} = G_t^{\text{car}} \times K_t^{\text{ele}} \times L_t \times (e_{ik}^{\text{oil}} - e_{ik}^{\text{oil}} \times q_t^{\text{ele}}) \tag{4-8}$$

式中，$\Delta E_{kt}$ 为相比于同等数量的燃油汽车，电动汽车在第 $t$ 年第 $k$ 种污染物排放的减少量；$e_{ik}^{\text{oil}}$ 为普通燃油汽车第 $k$ 种污染物排放因子。

## 4.3　电动汽车消纳风电调度优化模型

### 4.3.1　电动汽车充放电模式分析

1. 电动汽车的充电模式

目前国内外关于电动汽车充放电模式的研究已经深入开展，本章主要侧重于分析电动汽车并网后对电力系统产生的影响，关于不同电动汽车充电模式下的机组出力情况的研究主要根据文献[56]中所提出的电动汽车充电优化模式来进行，具体模式如下。

1）无控充电模式

无控充电模式是指电动汽车用户充电时间不受到任何影响，完全根据自身充电习惯来进行。这种充电模式下，电动汽车充电负荷比较波动，对电力系统的短期运行的稳定性具有一定的影响，但长期运行后，电力系统会对用户充电习惯把握得比较准确，这样电动汽车对电力系统稳定性造成的影响将会逐渐克服，具体电动汽车负荷曲线如图 4-1 所示。

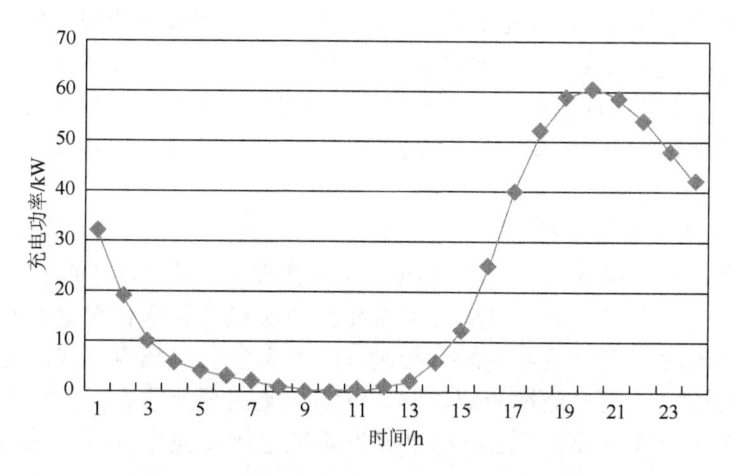


图 4-1　无控充电模式下的电动汽车负荷曲线

2）持续充电模式

持续充电模式改变了无控充电模式和延迟充电模式中电动汽车每天只能充放电一次的约束，在持续充电模式中，电动汽车只要处于行驶状态中就可以进行充电。这种充电模式会节省更多的燃煤发电和污染物排放，但由于这种模式下电动汽车出力的波动性最大，现有系统为风电并网提供备用服务的能力将会明显降低，最终表现在弃风量的降低效果不显著。该模式下电动汽车负荷曲线如图 4-2 所示。

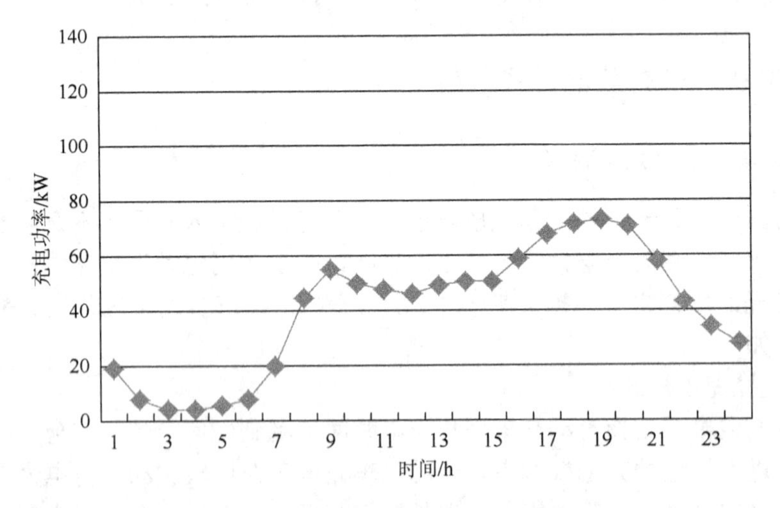


图 4-2　持续充电模式下的电动汽车负荷曲线

3）延迟充电模式

与无控充电模式和持续充电模式不同，延迟充电模式不再按照电动汽车用户充放电习惯来进行充放电。这种模式会采用峰谷分时电价等政策间接引导用户按照负荷曲线变化来进行充放电，充分发挥了电动汽车并网的削峰填谷效果，电动汽车并网后的系统电力负荷曲线将会变得更加平稳，而电动汽车充电将主要集中在负荷谷时段，具体如图 4-3 所示。

4）完全优化充电模式

完全优化充电模式是在延迟充电模式的基础上，进一步采取相关措施对电动汽车用户进行直接控制，电动汽车将完全按照电力供需情况进行充放电，这样可以实现电动汽车充放电的最优控制。由于完全优化充电模式的电动汽车负荷曲线与延迟充电模式比较相似，电动汽车充电主要集中在负荷谷时段，放电主要集中在负荷峰时段，此处不再单独说明完全优化充电模式下的电动汽车负荷曲线。

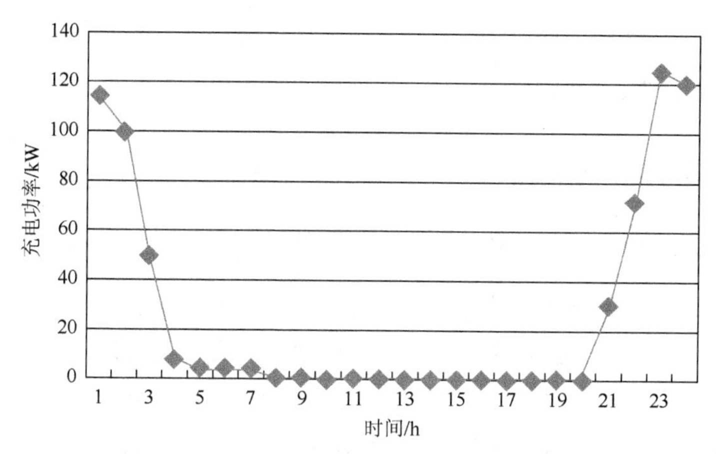


图 4-3　延迟充电模式下的电动汽车负荷曲线

2. 电动汽车的放电模式

在以风电为代表的可再生能源并网时，电力系统为了能够充分利用可再生能源发电，需要设置合理的峰荷电源和系统旋转备用容量。根据电动汽车充电模式的分析，在延迟充电模式下，电动汽车充放电将与电力负荷曲线基本同步化，这种情况下，电动汽车的放电可以作为风电并网的备用服务。然而，电动汽车放电也受到电池类型、容量等相关参数和电动汽车放电周期、放电回路功率等因素的影响，这样在确定电动汽车放电参数时将面临相当大的困难。然而，就本章研究风电、火电与电动汽车联合运行优化而言，不必用过大篇幅研究电动汽车放电模式，可以按照文献[56]中所列举的四种电动汽车放电负荷分布曲线来作为本章电动汽车的放电模式，具体电动汽车放电负荷曲线如图 4-4 所示。

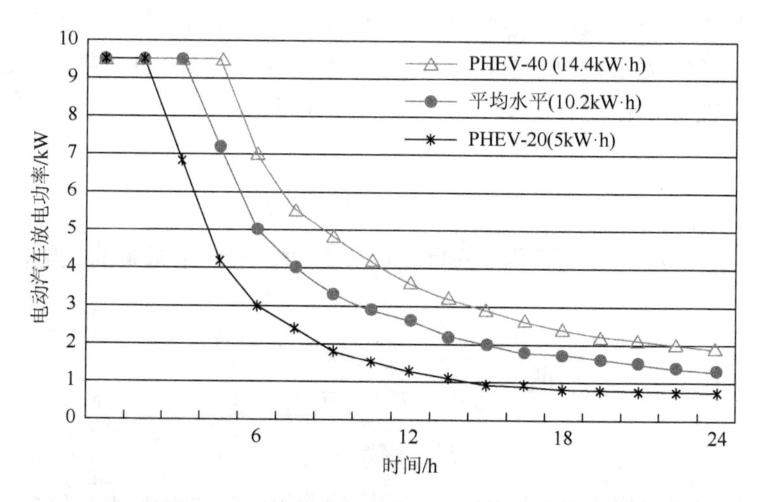


图 4-4　不同类型电动汽车的放电负荷曲线

### 4.3.2　风电出力功率模型

设风速满足两参数 Weibull 分布，密度函数为

$$f(v)=\frac{\eta}{\vartheta}\left(\frac{v}{\vartheta}\right)^{\eta-1}\exp\left[-\left(\frac{v}{\vartheta}\right)^{\eta}\right] \tag{4-9}$$

式中，$f(v)$为风速的概率密度；$v$为风速；$\eta$为形状参数；$\vartheta$为尺度参数。风电机组的输出功率与风速之间的近似关系可用如下分段函数表示：

$$g_{wt}^{*}=\begin{cases}0, & v_t<v_{\mathrm{i},w}\text{或}v_t>v_{\mathrm{o},w}\\ g_{\mathrm{r}}(v_t-v_{\mathrm{i},w})(v_{\mathrm{r},w}-v_{\mathrm{i},w}), & v_{\mathrm{i},w}\leqslant v_t\leqslant v_{\mathrm{r},w}\\ g_{\mathrm{r}}, & v_{\mathrm{r},w}<v_t\leqslant v_{\mathrm{o},w}\end{cases} \tag{4-10}$$

式中，$g_{wt}^{*}$为风电机组 $w$ 在时刻 $t$ 的实际可用出力；$g_{\mathrm{r}}$为风电机组的额定输出功率；$v_{\mathrm{i},w}$为切入风速；$v_{\mathrm{o},w}$为切出风速；$v_{\mathrm{r},w}$为额定风速；$v_t$为时刻 $t$ 的实际风速。

### 4.3.3　风电–电动汽车协同调度优化模型

1. 目标函数

1）发电煤耗成本最小目标函数

火电机组发电煤耗主要包括发电成本与启停成本，具体目标函数如下：

$$\min F_1=\sum_{t=1}^{T}\sum_{i=1}^{I}[u_{it}f_1(g_{it})+u_{it}(1-u_{i,t-1})N_{it}] \tag{4-11}$$

式中，$I$为发电机组总数；$T$为总优化时段，取 $T=24$；$u_{it}$为 0-1 变量，$u_{it}=1$ 代表机组 $i$ 在时刻 $t$ 处于发电状态，$u_{it}=0$ 代表机组 $i$ 在时刻 $t$ 处于停机状态；$N_{it}$为发电机组 $i$ 在时刻 $t$ 的启停成本；$g_{it}$为机组 $i$ 在时刻 $t$ 的出力；$f_1(g_{it})$为燃煤机组发电成本：

$$f_1(g_{it})=a_i+b_ig_{it}+c_ig_{it}^2 \tag{4-12}$$

式中，$a_i$、$b_i$、$c_i$为发电机组 $i$ 的燃料成本系数，由发电机组的发电历史数据回归确定。

$$N_{it}=\begin{cases}N_i^{\mathrm{h}}, & T_{\mathrm{d},i}^{\min}<T_{it}^{\mathrm{off}}\leqslant H_i^{\mathrm{off}}\\ N_i^{\mathrm{c}}, & T_{it}^{\mathrm{off}}>H_i^{\mathrm{off}}\end{cases} \tag{4-13}$$

$$H_i^{\mathrm{off}}=T_{\mathrm{d},i}^{\min}+T_{\mathrm{s},i}^{\mathrm{c}} \tag{4-14}$$

式中，$N_i^{\mathrm{c}}$为发电机组 $i$ 的冷启动成本；$N_i^{\mathrm{h}}$为发电机组 $i$ 的热启动成本；$T_{\mathrm{d},i}^{\min}$为机

组 $i$ 的最短停机时间；$T_{it}^{\text{off}}$ 为机组 $i$ 在时刻 $t$ 的连续停机时间；$T_{s,i}^{\text{c}}$ 为机组 $i$ 的冷启动时间；$H_i^{\text{off}}$ 为发电机组的最短停机时间与冷启动时间之和。

2）发电污染物排放成本最小目标函数

发电污染物排放成本可根据机组发电污染物排放历史数据采用最小二乘法得到，具体如下：

$$\min F_2 = \sum_{t=1}^{T}\sum_{i=1}^{I}\sum_{k=1}^{K} u_{it} f_2(g_{it}) \tag{4-15}$$

$$f_2(g_{it}) = \alpha_i^k + \beta_i^k g_{it} + \gamma_i^k g_{it}^2 \tag{4-16}$$

式中，$K$ 为污染物种类数，取 $K=3$，令 $k=1, 2, 3$ 分别代表 $CO_2$、$SO_2$、$NO_x$；$f_2(g_{it})$ 为燃煤机组发电污染物排放成本；$\alpha_i^k$、$\beta_i^k$、$\gamma_i^k$ 为发电机组 $i$ 的污染物排放系数。

2. 约束条件

1）负荷平衡约束

$$\sum_{i=1}^{I} g_{it}u_{it}(1-\theta_i) + \sum_{d=1}^{D} P_t^d + \sum_{w=1}^{W} g_{wt}(1-\varphi_w) = L(t) + \sum_{c=1}^{C} P_t^c \tag{4-17}$$

式中，$D$ 为放电电动汽车总数；$C$ 为充电电动汽车总数；$L(t)$ 为时刻 $t$ 电动汽车并网前的负荷需求；$W$ 为风电机组总数；$\theta_i$ 为火电机组 $i$ 的自身用电率；$g_{wt}$ 为风电场 $w$ 在时刻 $t$ 的出力；$\varphi_w$ 为风电场 $w$ 的厂用电率；$P_t^d$ 和 $P_t^c$ 分别为电动汽车在时刻 $t$ 的放电和充电功率。

2）火电机组出力约束

火电机组出力约束主要包括发电上下限约束、爬坡约束、最短启动时间约束、最短停机时间约束，具体如式（4-18）～式（4-21）所示。

$$u_{it}g_i^{\min} \leqslant g_{it} \leqslant u_{it}g_i^{\max} \tag{4-18}$$

$$\Delta g_i^- \leqslant g_{it} - g_{i,t-1} \leqslant \Delta g_i^+ \tag{4-19}$$

$$(T_{i,t-1}^{\text{on}} - M_i^{\text{on}})(u_{i,t-1} - u_{it}) \geqslant 0 \tag{4-20}$$

$$(T_{i,t-1}^{\text{off}} - M_i^{\text{off}})(u_{it} - u_{i,t-1}) \geqslant 0 \tag{4-21}$$

式中，$g_i^{\max}$、$g_i^{\min}$ 分别为火电机组 $i$ 的发电上下限；$\Delta g_i^+$、$\Delta g_i^-$ 分别为火电机组 $i$ 的爬坡上下限；$M_i^{\text{on}}$ 为燃煤机组 $i$ 的最短启动时间；$M_i^{\text{off}}$ 为燃煤机组 $i$ 的最短停机时间。

3）风电机组出力约束

$$0 \leqslant g_{wt} \leqslant g_{wt}^* \tag{4-22}$$

4）电动汽车充放电约束

$$C_t \leqslant C_t^{\max} \tag{4-23}$$

$$D_t \leqslant D_t^{\max} \tag{4-24}$$

式中，$C_t$ 和 $D_t$ 分别为时刻 $t$ 充电和放电电动汽车数量；$C_t^{\max}$ 和 $D_t^{\max}$ 分别为时刻 $t$ 最大可充电和放电电动汽车总数。

5）系统旋转备用容量约束

（1）当电动汽车充电时，系统旋转备用容量为

$$\begin{cases}\sum_{i=1}^{I} u_{it}(g_i^{\max} - g_{it}) \geqslant R_{\mathrm{c}} + R_w^{(1)}(g_{wt}) \\ \sum_{i=1}^{I} u_{it}(g_i^{\max} - g_{it}) \geqslant R_w^{(2)}(g_{wt})\end{cases} \tag{4-25}$$

式中，$R_{\mathrm{c}}$ 为电动汽车充电时系统的旋转备用容量；$R_w^{(1)}(g_{wt})$、$R_w^{(2)}(g_{wt})$ 分别为风电并网后增加的上下旋转备用容量。

（2）当电动汽车放电时，系统旋转备用容量为

$$\begin{cases}\sum_{i=1}^{I} u_{it}(g_i^{\max} - g_{it}) + \sum_{d=1}^{D}(P_d^{\max} - P_t^d) \geqslant R_{\mathrm{c}} + R_w^{(1)}(g_{wt}) + R_d^{(1)}(P_t^d) \\ \sum_{i=1}^{I} u_{it}(g_{it} - g_i^{\min}) + \sum_{d=1}^{D}(P_t^d - P_d^{\min}) \geqslant R_w^{(2)}(g_{wt}) + R_d^{(2)}(P_t^d)\end{cases} \tag{4-26}$$

式中，$R_d^{(1)}(P_t^d)$、$R_d^{(2)}(P_t^d)$ 分别为电动汽车并网后增加的上下旋转备用容量。

### 3. 线性化处理

1）目标函数线性化处理

为简化求解过程，需对目标函数中二次函数作线性化处理，将火电机组 $i$ 的功率界限 $[g_i^{\min}, g_i^{\max}]$ 划分为 $N$ 段，则函数 $f_1(g_{it})$ 可表示为分段函数。当 $g_{it} \in [g_i^{\min} + n\varDelta, g_i^{\min} + (n+1)\varDelta]$ 时，有

$$f_c'(g_{it}) = f_c'(g_i^{\min} + n\varDelta) + (g_{it} - g_i^{\min} - n\varDelta)\cdot[b_i + (2n+1)c_i\varDelta + 2c_i g_i^{\min}] \tag{4-27}$$

式中，$n = 0,1,\cdots,N-1$；$\varDelta = (g_i^{\max} - g_i^{\min})/N$。函数 $f_2(g_{it})$ 的处理方式与 $f_1(g_{it})$ 相同。

2）约束条件线性化处理

（1）初始状态约束。

$$\sum_{t=1}^{L}(1 - u_{it}) = 0 \tag{4-28}$$

$$\sum_{t=1}^{F}(u_{it}) = 0 \tag{4-29}$$

式中，$L$ 为初始状态下处于运行状态的机组数目，在没有初始状态的情况下，

$L=0$；$F$为初始状态下处于停机状态的机组数目。令$U^0$为规划开始时处于运行状态的火电机组所处时间段，则

$$L=\min\{T,\ (M_i^{\text{on}}-U^0)u_{it}\} \tag{4-30}$$

$$F=\min\{T,\ M_i^{\text{off}}(1-u_{it})\} \tag{4-31}$$

（2）启停约束。

$$\sum_{\tau=t}^{T_1}u_{i\tau}\geqslant T_{i\tau}^{\text{on}}M_i^{\text{on}},\quad T_1=t+M_i^{\text{on}}-1,\quad \forall t=L+1,\cdots,T-M_i^{\text{on}}+1 \tag{4-32}$$

$$\sum_{\tau=t}^{T_2}(1-u_{i\tau})\geqslant T_{i\tau}^{\text{off}}M_i^{\text{off}},\quad T_2=t+M_i^{\text{off}}-1,\quad \forall t=F+1,\cdots,T-M_i^{\text{off}}+1 \tag{4-33}$$

$$\sum_{\tau=t}^{T}(u_{i\tau}-T_i^{\text{on}})\geqslant 0,\quad \forall t=T-M_i^{\text{on}}+2,\cdots,T \tag{4-34}$$

$$\sum_{\tau=t}^{T}(1-u_{i\tau}-T_{i\tau}^{\text{off}})\geqslant 0,\quad \forall t=T-M_i^{\text{off}}+2,\cdots,T \tag{4-35}$$

### 4.3.4　两步制自适应求解算法

1. *改进$\varepsilon$约束方法*

在求解多目标模型时，若存在机组出力$x$使目标函数$f_i(x)(i=1,2,\cdots,m)$同时达到最优，则称$x$为绝对最优解。但一般情况下，多个目标间是相互矛盾的，不存在绝对最优解，而是一组最优解集，称为帕累托最优解集[53]。本节选用$\varepsilon$约束方法求解多目标优化问题，并参照文献[58]中的方法判定优化问题的可行解，如果存在任意的$x_e\in X$，满足$f_s(x)>f_s(x_e),\ f_i(x)>f_i(x_e)$，其中，至少存在$i\neq s$，则$x_e$是可行解。$\varepsilon$约束方法具有较多优点，但也存在两个问题：①只能在可行解范围内优化目标，优化结果容易陷入局部性；②优化结果存在不能满足帕累托最优解非支配性的可能。Lexicographic优选法[59]和增强型$\varepsilon$约束方法能够克服上述两个问题[60]。但增强型$\varepsilon$约束方法得到的帕累托最优解没有考虑各目标函数的重要程度，本节在增强型$\varepsilon$约束方法[17]中引入权重系数，结合Lexicographic优选法，得到改进$\varepsilon$约束方法，并通过定义一个迭代参数$e_j^{\varpi}$得到多目标问题的可行解：

$$\max/\min\quad F_1(x)+\left(\frac{\psi_j r_1}{\chi_1}\right)\sum_{j=2}^{J}\frac{\chi_j\varsigma_j^{\varpi}}{r_j} \tag{4-36}$$

$$e_j^{\varpi}=f_j^{\min}\frac{(\psi_j+1)}{2}-f_j^{\max}\frac{(\psi_j-1)}{2}+\frac{\psi_j r_j^{\varpi}}{j},\quad \varsigma_j\in\mathbf{R}^+,\quad j=2,3,\cdots,J,\quad \varpi=0,1,\cdots,j \tag{4-37}$$

式中，$\psi_j$为第$j$个目标函数的方向；$J$为目标函数的总数；$\psi_j$为−1 表示在第$j$个目标函数需要被最小化，$\psi_j$为＋1 表示相关的目标函数需要被最大化。为避免目标函数的规模扩张问题，在目标函数中引入$\chi_j\varsigma_j^{\varpi}/r_j$。$\chi_j$是决策者对目标函数赋予的权重，$\varsigma_j^{\varpi}$是约束条件的剩余变量，$r_j$是目标函数的范围，由不同目标函数构成的决策属性表来确定，决策属性表的确定流程参照文献[58]。与传统加权方法不同，改进$\varepsilon$约束方法将目标函数权重作为优化变量，通过定义迭代因子自动更新每次求解过程中目标函数的权重值。

2. 模糊决策理论

为了选择符合决策者要求的满意解，本节选用模糊决策方法计算帕累托优化解集的隶属度。定义帕累托优化方案$r$中目标函数$j$的隶属函数为$u_j^r$，帕累托优化方案$r$的隶属函数为$u^r$，则

$$u_j^r=\begin{cases}1, & F_j^r\leqslant\min(F_j)\\ \dfrac{\max(F_j)-F_j^r}{\max(F_j)-\min(F_j)}, & \min(F_j)<F_j^r<\max(F_j)\\ 0, & F_j^r\geqslant\max(F_j)\end{cases} \tag{4-38}$$

$$u^r=\frac{\sum_{j=1}^{J}\varphi_j\cdot u_j^r}{\sum_{r=1}^{R}\sum_{j=1}^{J}\varphi_j\cdot u_j^r} \tag{4-39}$$

式中，$\varphi_j$为目标函数$j$的权重值；$J$为帕累托解集数；$F_j^r$和$u_j^r$分别代表第$r$个帕累托优化方案中目标函数$j$的值与其隶属值。

### 4.3.5　算例分析

1. 基础数据

本节以 IEEE 36 节点 10 机系统和总装机容量为 650MW 的风电机组构成的风火系统进行算例仿真。各燃煤发电机组的发电煤耗参数和系统发电机组的污染物

排放系数如表 4-1 和表 4-2 所示。目前，国内外主要电动汽车类型有 PEV、PHEV、Triple-PHEV 及 FCEV[61]。相对其他类型电动汽车，PHEV 具有优于其他类型电动汽车的优势。因此，本节假定系统中有 50 000 辆 PHEV，电动汽车平均充电功率为 1.8kW，最大充电功率为 2.4kW，充电总电量为 10.8kW·h[61]，电动汽车放电时自身电量损耗为 5.6%。典型负荷日各时段负荷需求及风电出力情况见表 4-3。

**表 4-1　燃煤发电机组的发电煤耗参数**

| 机组 | $a_j$ | $b_j$ | $c_j$ | $T_j^{on}$/h | $T_j^{off}$/h | $SC_j$/t | $P_{jt}^{min}$/MW | $P_{jt}^{max}$/MW | $\Delta P_j^+$/(MW/h) | $\Delta P_j^-$/(MW/h) |
|---|---|---|---|---|---|---|---|---|---|---|
| 1# | 11.6 | 0.260 | $1.88\times10^{-5}$ | 8 | 8 | 25.6 | 250 | 600 | 280 | –280 |
| 2# | 9.7 | 0.259 | $6.55\times10^{-5}$ | 8 | 8 | 23.1 | 200 | 500 | 240 | –240 |
| 3# | 8.8 | 0.268 | $9.44\times10^{-5}$ | 7 | 7 | 22.3 | 200 | 450 | 210 | –210 |
| 4# | 8.4 | 0.273 | $1.65\times10^{-5}$ | 7 | 7 | 19.6 | 180 | 400 | 180 | –180 |
| 5# | 7.2 | 0.28 | $2.17\times10^{-5}$ | 6 | 6 | 16.2 | 150 | 350 | 150 | –150 |
| 6# | 6.1 | 0.285 | $3.39\times10^{-5}$ | 5 | 5 | 15.4 | 150 | 300 | 150 | –150 |
| 7# | 5.2 | 0.292 | $3.42\times10^{-5}$ | 4 | 4 | 12.3 | 120 | 300 | 120 | –120 |
| 8# | 4.6 | 0.304 | $4.13\times10^{-5}$ | 4 | 4 | 8.1 | 100 | 250 | 100 | –100 |
| 9# | 3.5 | 0.306 | $3.63\times10^{-5}$ | 3 | 3 | 4.3 | 70 | 150 | 70 | –70 |
| 10# | 1.4 | 0.314 | $8.35\times10^{-5}$ | 2 | 2 | 2.1 | 30 | 100 | 50 | –50 |

**表 4-2　系统发电机组的污染物排放系数**

| 机组 | $\alpha_i^1$ | $\beta_i^1$ | $\gamma_i^1$ | $\alpha_i^2$ | $\beta_i^2$ | $\gamma_i^2$ | $\alpha_i^3$ | $\beta_i^3$ | $\gamma_i^3$ |
|---|---|---|---|---|---|---|---|---|---|
| 1# | 119.93 | –3.92 | $1.22\times10^{-2}$ | 0.39 | –0.01 | $3.978\times10^{-5}$ | 0.46 | –0.01 | $4.66\times10^{-5}$ |
| 2# | 103.39 | –3.66 | $6.59\times10^{-3}$ | 0.34 | –0.01 | $2.146\times10^{-5}$ | 0.39 | –0.01 | $2.51\times10^{-5}$ |
| 3# | 377.63 | –6.57 | $2.40\times10^{-3}$ | 1.23 | –0.02 | $7.821\times10^{-6}$ | 1.44 | –0.03 | $9.17\times10^{-6}$ |
| 4# | 395.29 | –6.73 | $3.98\times10^{-3}$ | 1.29 | –0.02 | $1.296\times10^{-5}$ | 1.51 | –0.03 | $1.52\times10^{-5}$ |
| 5# | 512.00 | –5.42 | $1.88\times10^{-3}$ | 1.67 | –0.02 | $6.106\times10^{-6}$ | 1.95 | –0.02 | $7.16\times10^{-6}$ |
| 6# | 544.06 | –4.87 | $1.64\times10^{-3}$ | 1.77 | –0.02 | $5.332\times10^{-6}$ | 2.08 | –0.02 | $6.25\times10^{-6}$ |
| 7# | 357.51 | –4.11 | $2.01\times10^{-2}$ | 1.16 | –0.01 | $6.553\times10^{-5}$ | 1.36 | –0.02 | $7.68\times10^{-5}$ |
| 8# | 230.00 | –4.58 | $4.65\times10^{-3}$ | 0.75 | –0.01 | $1.514\times10^{-5}$ | 0.88 | –0.02 | $1.77\times10^{-5}$ |
| 9# | 184.21 | –4.43 | $7.60\times10^{-3}$ | 0.60 | –0.01 | $2.475\times10^{-5}$ | 0.70 | –0.02 | $2.90\times10^{-5}$ |
| 10# | 75.22 | –4.50 | $2.27\times10^{-2}$ | 0.24 | –0.01 | $7.385\times10^{-5}$ | 0.29 | –0.02 | $8.65\times10^{-5}$ |

表 4-3 电力负荷需求及风电出力情况（单位：MW）

| 时段 | 风电出力 | 需求功率 | 时段 | 风电出力 | 需求功率 | 时段 | 风电出力 | 需求功率 |
|---|---|---|---|---|---|---|---|---|
| 1 | 286 | 900 | 9 | 182 | 2300 | 17 | 240.5 | 1700 |
| 2 | 513.5 | 1000 | 10 | 188.5 | 2500 | 18 | 188.5 | 1900 |
| 3 | 533 | 1100 | 11 | 169 | 2600 | 19 | 136.5 | 2100 |
| 4 | 559 | 1200 | 12 | 195 | 2700 | 20 | 130 | 2500 |
| 5 | 520 | 1500 | 13 | 169 | 2500 | 21 | 214.5 | 2300 |
| 6 | 435.5 | 1700 | 14 | 143 | 2300 | 22 | 292.5 | 1900 |
| 7 | 383.5 | 1900 | 15 | 214.5 | 2100 | 23 | 423.8 | 1300 |
| 8 | 305.5 | 2100 | 16 | 260 | 1800 | 24 | 370.5 | 1000 |

由于 $CO_2$、$SO_2$、$NO_x$ 是我国目前主要关注的排放污染物，为了便于计算，在本章的计算中，只考虑 $CO_2$、$SO_2$、$NO_x$ 污染物的排放成本，即令 $K=3$，其中，$k=1, 2, 3$ 分别代表 $CO_2$、$SO_2$、$NO_x$。

目前，国内外主要的电动汽车类型有 PEV、PHEV、Triple-PHEV 及 FCEV，每种类型电动汽车的具体参数如表 4-4 所示。

表 4-4 不同类型电动汽车参数

| 类型 | 行驶公里/(km/a) | 用电效率/(km/(kW·h)) | 电能消耗量/(TW/a) | 充电容量/GW | 电池容量/GW | 放电容量/GW |
|---|---|---|---|---|---|---|
| PEV | 20 000 | 6 | 8.6 | 26 | 78 | — |
| PHEV | 20 000 | 6 | 8.6 | 26 | 78 | 26 |
| Triple-PHEV | 20 000 | 6 | 25.8 | 78 | 234 | 78 |
| FCEV | 20 000 | 3.6 | 14.3 | — | — | — |

根据表 4-4 可知，现有的电动汽车中，PHEV、Triple-PHEV 因其可以实现充放电的特点而优于其他类型电动汽车，而且由于 Triple-PHEV 电能消耗量、充电容量、电池容量、放电容量都是 PHEV 的三倍，在进行算例分析时，只需要考虑 PHEV 就可以了，以上指标参数的差别可以通过电动汽车数量来反映。本章以文献[56]中的 PHEV 为研究对象，每辆电动汽车的平均充电功率为 1.8kW，最大充电功率为 2.4kW，充电总时间为 6h，总的充电量为 10.8kW·h。为了便于计算，本章假定充电电动汽车与放电电动汽车的数量相等，各占总量的 50%；电动汽车的放电过程中的自身损耗率为 5.6%，除去自身损耗后的总可放电量为 10.2kW·h。每小时充电电动汽车数量和放电电动汽车数量的最大值不能超过电动汽车总数的 80%。

2. 算法有效性验证

为了对比，本节以无控充电模式为模拟情景，选用改进多目标非劣排序遗传算法（non-dominated sorting genetic algorithm-II，NSGA-II）[62]求解风电–电动汽车优化模型。设定 NSGA-II 的最大迭代次数为 10 000、种群规模为 100、遗传操作交叉概率为 0.95，变异概率为 0.05，两种算法得到的帕累托最优前沿如图 4-5 和图 4-6 所示。相比于 NSGA-II，本节算法在寻优速度、帕累托前沿完整性、非劣解分布均匀性以及收敛特性等方面都有明显改进。

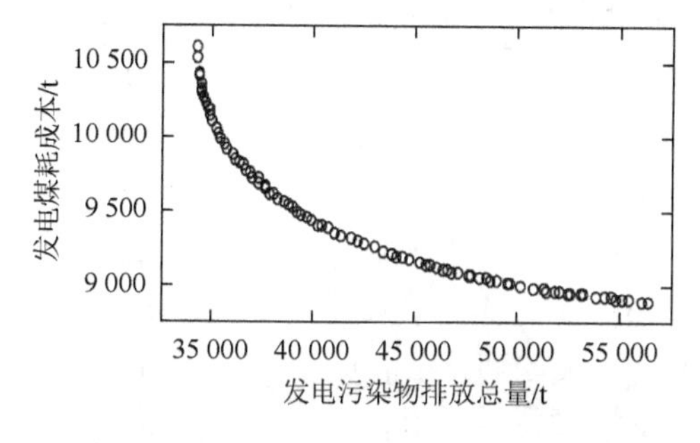


图 4-5　本节算法的帕累托最优前沿

发电煤耗成本/t
10 500
10 000
9 500
9 000
35 000　40 000　45 000　50 000　55 000
发电污染物排放总量/t

图 4-6　NSGA-II 的帕累托最优前沿

进一步，分别求解不同电动汽车充放电模式的风电调度优化模型，可以得到不同充电模式的最优帕累托解，根据模型解集能够获得兼顾各方面目标诉求的系统满意解。表 4-5 为不同充电模式的最优帕累托解。

**表 4-5　不同充电模式的最优帕累托解**

| 序号 | 无控充电 | | 持续充电 | | 延迟充电 | | 完全优化充电 | |
|---|---|---|---|---|---|---|---|---|
| | $F_c$/tce | $F_e$/t | $F_c$/tce | $F_e$/t | $F_c$/tce | $F_e$/t | $F_c$/tce | $F_e$/t |
| 1 | 9 341.32 | 40 016.13 | 8 622.48 | 38 576.44 | 8 565.85 | 38 803.84 | 8 492.16 | 38 480.11 |
| 2 | 9 424.81 | 33 955.16 | 8 719.04 | 32 034.96 | 8 652.33 | 32 776.17 | 8 585.55 | 31 897.44 |
| 3 | 9 653.03 | 27 894.19 | 9 000.33 | 25 493.48 | 8 885.29 | 26 748.50 | 8 871.93 | 25 314.62 |
| 4 | 10 074.93 | 21 833.21 | 9 541.44 | 18 951.98 | 9 321.98 | 20 720.82 | 9 429.48 | 18 731.95 |
| 5 | 11 099.96 | 15 772.26 | 11 553.41 | 12 410.50 | 10 414.55 | 14 693.17 | 11 435.41 | 12 149.31 |

3. 不同充电模式对比

本节分别讨论四种充电模式下电动汽车并网后的系统火电机组出力结构、风电出力情况、电动汽车充放电分布情况、经济与环境效益。

1）火电机组出力结构

相比并网前，电动汽车并网后火电机组总出力降低且出力结构明显优化，例如，7#机组、8#机组不再发电，6#机组仅在无控充电模式下发电，4#机组、

5#机组发电量减少，1#机组、2#机组、3#机组发电量增加。表 4-6 为四种充电模式下的火电机组出力结构。

表 4-6 四种充电模式下火电机组出力结构（单位：MW）

| 机组 | 电动汽车并网前 | 电动汽车并网后 | | | |
|---|---|---|---|---|---|
| | | 无控充电 | 持续充电 | 延迟充电 | 完全优化充电 |
| 1# | 14 388 | 14 380 | 14 400 | 14 400 | 14 400 |
| 2# | 10 105 | 10 877 | 11 563 | 11 424 | 11 512 |
| 3# | 6 052 | 6 539 | 7 521 | 7 428 | 7 891 |
| 4# | 4 626 | 4 372 | 4 063 | 4 385 | 4 264 |
| 5# | 3 197 | 2 090 | 1 323 | 1 559 | 900 |
| 6# | 2 200 | 2 167 | 0 | 0 | 0 |
| 7# | 480 | 0 | 0 | 0 | 0 |
| 8# | 400 | 0 | 0 | 0 | 0 |
| 总出力 | 41 448 | 40 425 | 38 870 | 39 196 | 38 967 |

2）风电出力情况

电动汽车并网前，总弃风量达到 1511MW·h；电动汽车并网后，弃风量明显降低且由于电动汽车充放电行为在延迟充电模式和完全优化充电模式下会受到负荷曲线峰谷情况影响，负荷曲线平缓化程度最高，弃风量分别为 233MW·h 和 26MW·h，达到最低。图 4-7 为四种充电模式下的风电出力情况。

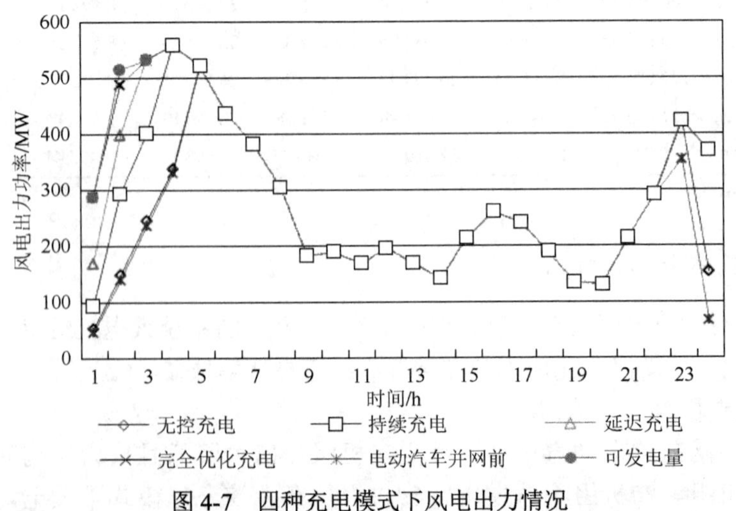


图 4-7 四种充电模式下风电出力情况

3）电动汽车充放电分布情况

四种充电模式下电动汽车的充电、放电分布情况如图 4-8 所示。

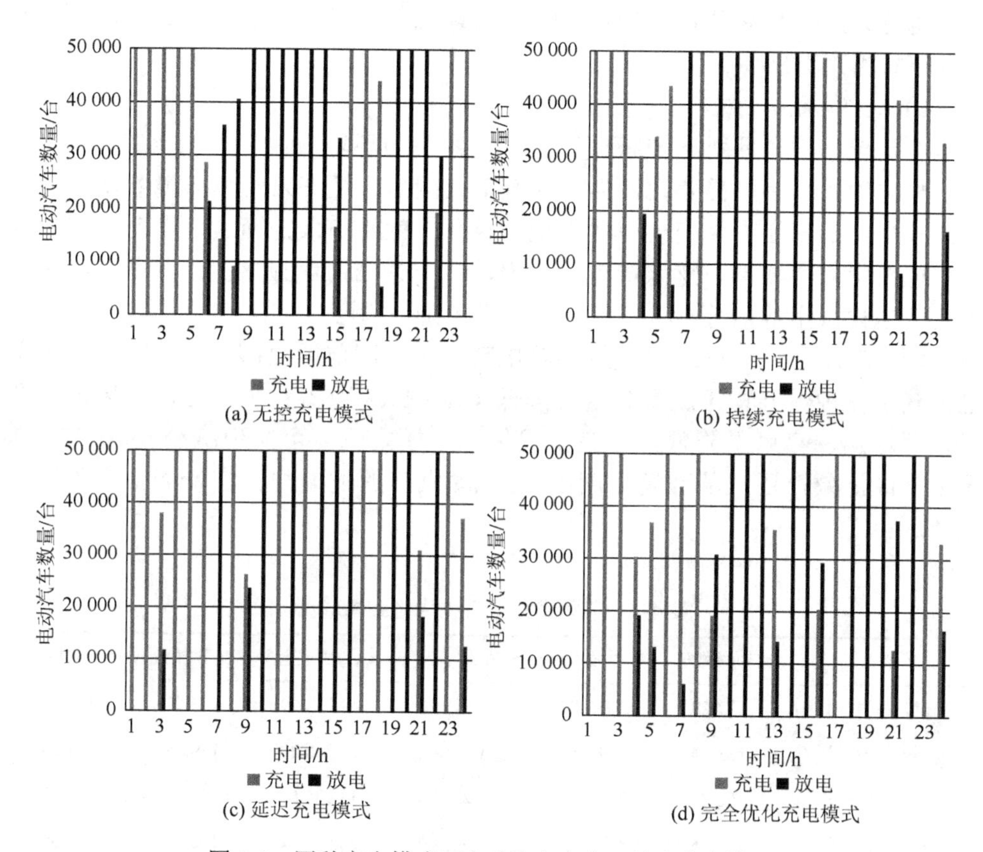


(a) 无控充电模式

(b) 持续充电模式

(c) 延迟充电模式

(d) 完全优化充电模式

图 4-8　四种充电模式下电动汽车充电、放电分布情况

根据图 4-8 可知，在无控充电模式下，电动汽车充电主要集中在 1：00～5：00、16：00～17：00 和 23：00～24：00 时段，为低谷时段；放电主要集中在 9：00～14：00、19：00～21：00 时段，为峰时段；在平时段，充放电同时存在。持续充电模式下，电动汽车不再局限于只充放电各一次，电动汽车只要在行驶中就可以持续保持充电状态，充放电量最大，可以节省最多的燃煤发电量。电动汽车充放电分布相对均匀，充放电分布与电力负荷变化完全一致：在 7：00、22：00 时完全进行放电；在 8：00、23：00 时完全进行充电，与负荷分布正好相反。延迟充电模式下，电动汽车充电时段主要分布在 1：00～6：00 时段、8：00、11：00、13：00、17：00～18：00、23：00 时；放电主要分布在 7：00、10：00、12：00、14：00～16：00、19：00～20：00、22：00 时；其余时段充放电均发生。充电集中在峰时段，放电主要集中在谷时段和平时段。完全优化充电模式下，电动汽车充放

电控制方式与延迟充电模式相同，充放电分布也与延迟充电模式基本一致。后两者充电分布变化的原因是在这两种模式下，电动汽车用户会考虑峰谷电价差进行充放电行为，即考虑到了负荷曲线峰谷分布。电动汽车同时处于充放电时刻与前两种模式相比明显减少。

4）经济与环境效益

对比电动汽车四种充电模式下系统的经济与环境效益，如表 4-7 所示。可见，与电动汽车并网前相比，当电动汽车并网后，经济效益和环境效益十分明显，其中，在完全优化充电模式下最为显著。就经济效益而言，电动汽车并网后火电机组启停成本、燃煤成本均较电动汽车并网前明显减少；其中，在完全优化充电模式下的启停成本减少 44%，燃煤成本减少 14%。就环境效益而言，一方面，$CO_2$、$SO_2$、$NO_x$ 排放量均较电动汽车并网前明显减少，在完全优化充电模式下三种污染物排放量分别可降低 6%、6%和 6%；另一方面，风电并网量显著增加，弃风量降低，在完全优化充电模式下，可实现减少弃风 98%。无论从经济效益还是从环境角度出发，电动汽车的发展与推广均能带来更好的效益。

**表 4-7　不同模式下系统优化结果对比**

| 模式 | 启停成本/tce | 燃煤成本/tce | 弃风量/(MW·h) | $CO_2$ 排放量/t | $SO_2$ 排放量/t | $NO_x$ 排放量/t |
|---|---|---|---|---|---|---|
| 电动汽车并网前 | 177.29 | 9 783.80 | 1 511.40 | 40 743.09 | 132.63 | 155.43 |
| 无控充电模式 | 153.44 | 9 187.88 | 1 325.14 | 39 735.20 | 129.35 | 151.58 |
| 延迟充电模式 | 103.36 | 8 519.12 | 232.86 | 38 305.61 | 124.70 | 146.13 |
| 持续充电模式 | 153.36 | 8 412.49 | 545.40 | 38 531.42 | 125.43 | 146.99 |
| 完全优化充电模式 | 98.65 | 8 393.51 | 25.64 | 38 209.95 | 124.39 | 145.77 |

4. 敏感性分析

随着国家支持电动汽车发展力度的加大，电动汽车数量将会迅速增加，其充放电行为将会直接影响系统的电力负荷需求，为了验证电动汽车并网数量对负荷曲线、经济和环境效益的影响，本节对电动汽车并网数量进行敏感性分析，分别选取 2.5 万、5 万、7.5 万和 10 万辆电动汽车进行系统仿真，结果如图 4-9 和图 4-10 所示。

由图 4-9 可知，随着电动汽车并网数量的增加，负荷需求曲线将会逐渐平缓，削峰填谷效果也更为明显；电动汽车数量为 2.5 万辆时的峰荷为 2685MW，谷荷为 1700MW，当电动汽车数量达到 10 万辆时，峰荷为 2605MW，谷荷为 1800MW，峰谷差降低了 23.34%。这意味着随着电动汽车并网数量的增加，负荷需求曲线将会逐渐平缓，削峰填谷效果也更为明显，为风电并网提供了更大的备用服务，增加了风电的并网量。

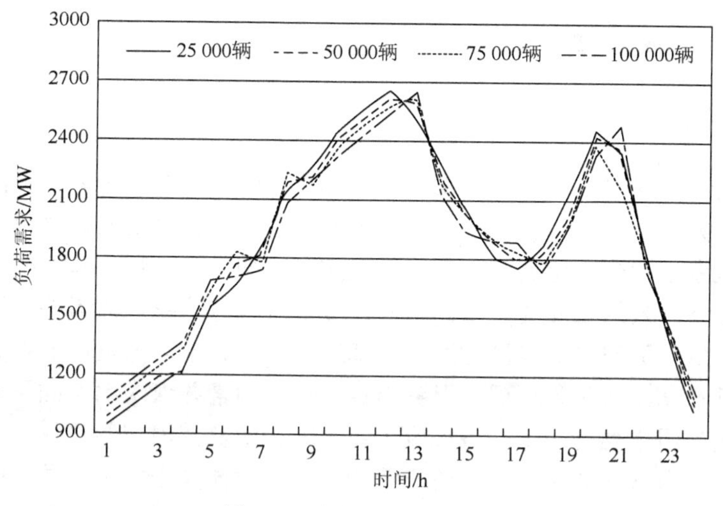


图 4-9　需求负荷曲线对比

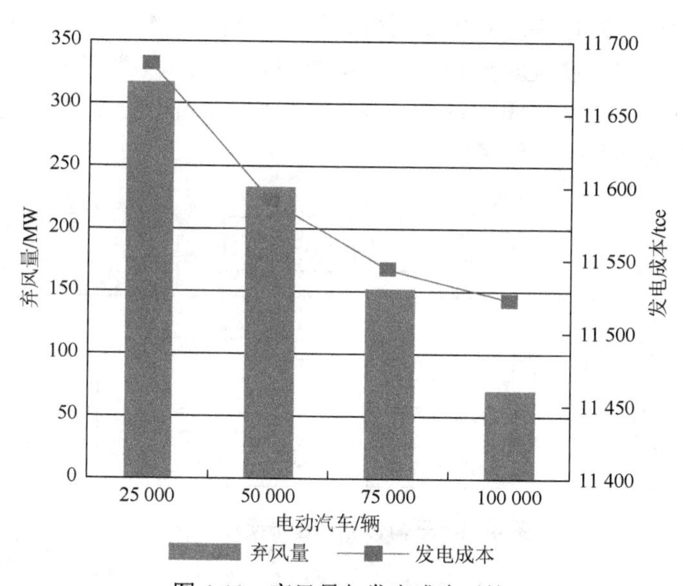


图 4-10　弃风量与发电成本对比

由图 4-10 可知，随着电动汽车并网数量的增加，弃风量逐渐降低，当电动汽车达到 10 万辆时，弃风量为 72.5MW，相比于 2.5 万辆时的 315.4MW，降低了 77%。这意味着随着电动汽车数量的增加，部分电动汽车在谷时段直接利用风电进行充电，在峰时段进行放电，降低了火电发电量，使得火电发电成本也逐渐下降。

# 4.4　电动汽车充电服务模式评价模型

## 4.4.1　基础理论介绍

1. 平衡计分卡

1992 年，罗伯特·卡普兰与戴维·诺顿于《哈佛商业评论》上提出平衡计分卡，之所以称为“平衡”，是因为它从财务、顾客、内部运营、学习与发展四个层面使决策者进行全方位思考，实现了短期和长期目标、财务和非财务指标、内部运营和最终绩效结果间的平衡。平衡计分卡既包含传统绩效考核方法对财务指标的考核评价，又通过顾客满意度、内部经营流程、学习与发展的相关指标对财务指标进行补充，兼顾各项促成财务指标的相关因素并谋求动态的平衡。平衡计分卡主要包括四个维度：①财务维度主要反映企业及其内部各责任单位财务状况和业绩状况，由财务效益状况、资产营运状况、偿债能力状况、发展能力状况等指标组成；②顾客维度用来评价顾客满意度、市场占有率、售后服务等反映顾客视角的绩效情况；③内部运营维度用来评价企业经营状况、成本控制水平、领导管理能力、企业安全状况等反映内部效率的绩效情况；④学习与发展维度用来评价员工管理、员工激励与职业发展等保持企业长期稳定发展的能力情况。图 4-11 为平衡计分卡的体系架构示意图。

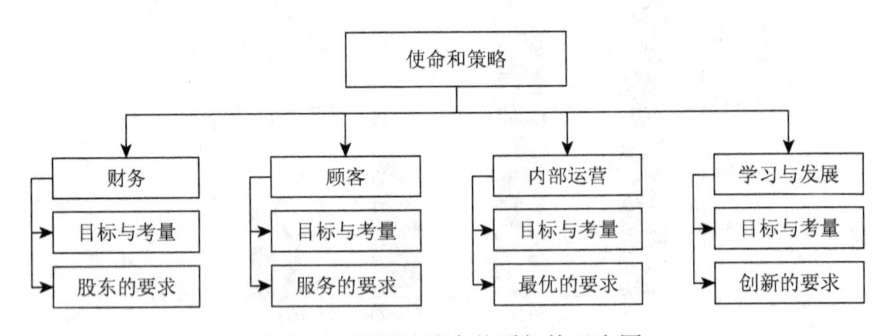


图 4-11　平衡计分卡体系架构示意图

2. 企业生态学

企业生态学理念最初见于美国战略专家 James F. Moore 于 1993 年在《哈佛商业评论》上发表的名为 *Predators and prey*：*A new ecology of competition* 一文，是指以组织和个人的相互作用为基础的经济联合体。生态学强调的是生态系统中生物个体与个体之间的关联性、竞争性，生物个体对环境的适应性，生态系统的稳定性和多样性。相应地，企业生态学也强调在某个行业系统内，企业不是独立的个体，它通过复杂的网关系与其他有机体相连，因此，企业应注重企业与企业间的关联性、竞争性，企业对外部环境的适应性与整个自然生态系统的和谐性。

### 4.4.2　服务模式评价模型

1. 评价指标体系构建

大多数企业在进行商业模式探索时注重的是产品或服务的营利性及战略可行性，以“实现客户价值最大化及使企业达到持续营利”为目标，但对于电力企业开展电动汽车充换电服务，仅着眼于这两点是不够的，其商业模式评价标准的制定还应考虑两个特殊因素：①电力企业的定位，不同于其他商业企业获得利益最大化的生存之本，它担负了重要的社会责任，关系到国计民生的各个方面，由此它所处的生态系统中应注重趋于用户及社会的价值流动，相应地，其商业模式评价也需考虑用户及社会其他成员因子。②在国内外加大节能环保力度的驱动下，企业应更注重自身行为对自然环境的影响。电动汽车是应对能源、环境污染问题的科技产物，电力企业对其开展充换电服务需将环境因子纳入对其商业模式的评定。

考虑以上两个重要特殊因素，本节将平衡计分卡与企业生态学理念整合运用，从生态系统宏观及微观价值两个维度进行指标体系建立，分别考虑企业内部财务、技术、后续发展及外部市场、产业链、环境因素，层层细化，进行指标建立。所建结果如图 4-12 所示。

2. 逼近理想点法

逼近理想点（technique for order preference by similarity to ideal solution，TOPSIS）法是一种逼近理想解的排序法，已用于公司效益评价、项目方案优选、输电网规划综合决策、军事部署决策等领域。其基本思想为：根据现有数据构建评价对象的正理想情况和负理想情况，用某种距离来衡量评价对象与理想点的距离。用与负理想点的距离来衡量方案的优劣程度，与负理想点的距离越大，方案越优。采用加权欧氏距离公式计算与正、负理想点的距离：

$$y_i = \sum_{j=1}^{m} w_j (x_{ij} - x^*)^2 \tag{4-40}$$

式中，$y_i$ 为距离；$x^*$ 为理想点 $x^+$ 或 $x^-$。用排队指示值来突显与负理想点的距离，排队指示值越大则方案越好；$w_j$ 为权重系数。

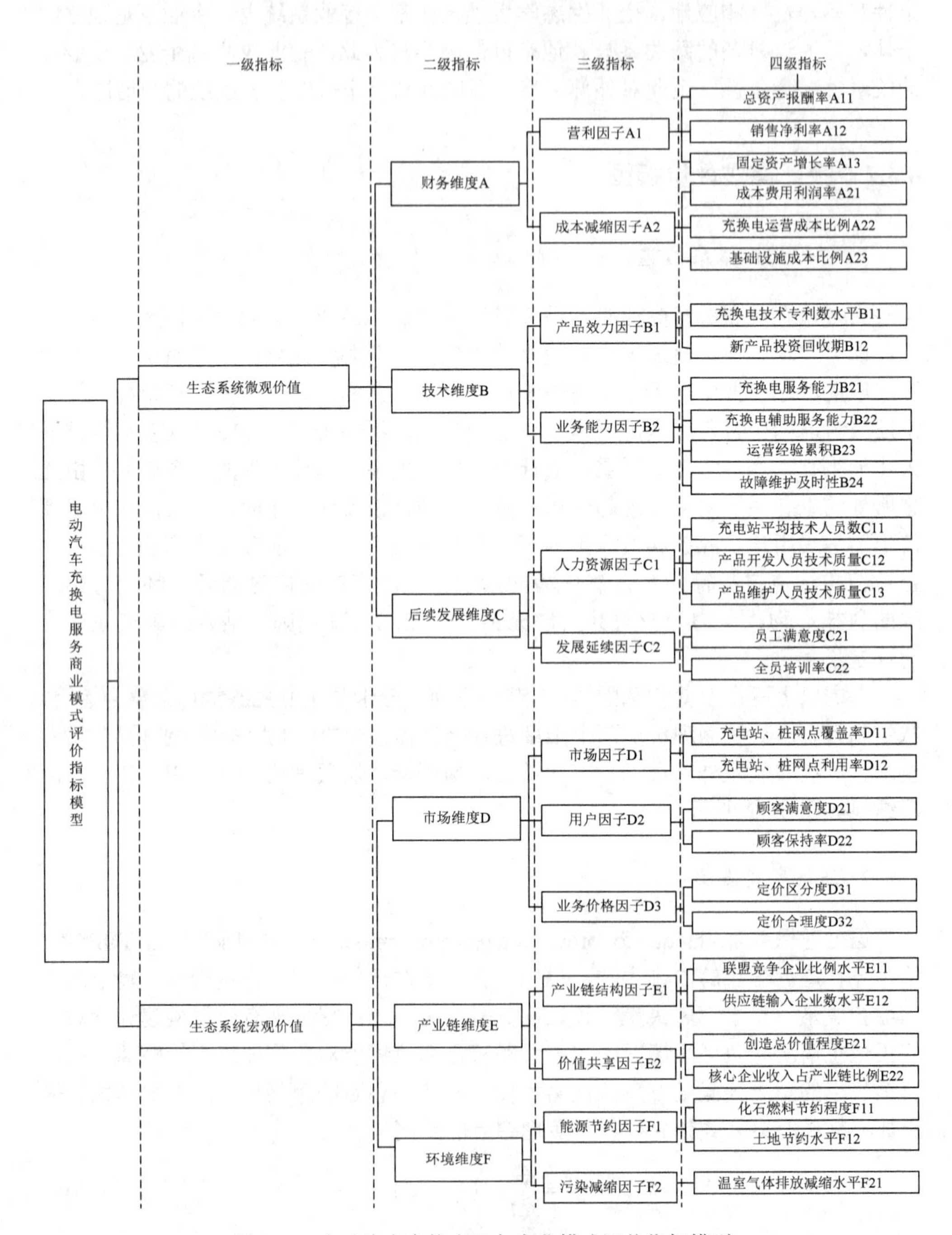


图 4-12　电动汽车充换电服务商业模式评价指标模型

$$c_i = \frac{y_i^-}{y_i^- + y_i^+} \tag{4-41}$$

式中，$c_i$ 为商业模式的优劣程度。

### 4.4.3　算例分析

在电动汽车充换电服务方面，我国现已开发的商业模式主要从运营方角度出发，分为三种模式：①一体化模式——电力企业独家运营充电站；②交易模式——运营商向电力企业购买电力；③合作模式——石化、石油等企业与电力企业共同建设充电站。

针对上述指标体系，一体化模式的优势和劣势如表 4-8 所示。部分定性指标在数据源充足情况下可转化为定量指标（如化石燃料节约程度、土地节约水平、温室气体排放减缩水平等），本节暂用德尔菲（Delphi）法进行确定。德尔菲法是一种主观预测方法，依据系统的程序，采用匿名发表意见的方式，通过多轮次调查专家对问卷所提问题的看法，经过反复征询、归纳、修改，最后汇总成专家基本一致的看法，作为预测的结果。对基本数据依次进行一致性处理、无量纲化处理、由变异系数法进行权重确定，所得处理后结果见表 4-9。

**表 4-8　一体化模式的优势和劣势分析**

| 优势 | 劣势 |
| --- | --- |
| 电网企业在配网和电力来源方面优势显著；<br>相关技术标准领先 | 在全国范围内建设充电站，土地资本高昂；<br>相比石化等行业，缺乏充电站运营经验 |

**表 4-9　数据处理及权重确定**

| 编号 | 一体化模式 | | 交易模式 | | 合作模式 | | 权重 |
| --- | --- | --- | --- | --- | --- | --- | --- |
| | 初始值 | 标准值 | 初始值 | 标准值 | 初始值 | 标准值 | |
| A11 | 20% | 0.36 | 5% | 0.09 | 30% | 0.55 | 0.068 |
| A12 | 37.50% | 0.21 | 80% | 0.46 | 57.10% | 0.33 | 0.036 |
| A13 | 40% | 0.35 | 0 | 0 | 75% | 0.65 | 0.097 |
| A21 | 37.50% | 0.22 | 66.70% | 0.39 | 66.70% | 0.39 | 0.029 |
| A22 | 30% | 0.18 | 10% | 0.55 | 20% | 0.27 | 0.056 |
| A23 | 50% | 0.19 | 30% | 0.32 | 20% | 0.49 | 0.043 |
| B11 | 8 | 0.4 | 7 | 0.35 | 5 | 0.25 | 0.023 |
| B12 | 6 | 0.38 | 7 | 0.33 | 8 | 0.29 | 0.014 |
| B21 | 7 | 0.35 | 5 | 0.25 | 8 | 0.4 | 0.023 |
| B22 | 6 | 0.33 | 4 | 0.22 | 8 | 0.44 | 0.033 |

续表

| 编号 | 一体化模式 | | 交易模式 | | 合作模式 | | 权重 |
|---|---|---|---|---|---|---|---|
| | 初始值 | 标准值 | 初始值 | 标准值 | 初始值 | 标准值 | |
| B23 | 4 | 0.22 | 6 | 0.33 | 8 | 0.44 | 0.033 |
| B24 | 7 | 0.41 | 4 | 0.24 | 6 | 0.35 | 0.027 |
| C11 | 5 | 0.33 | 3 | 0.2 | 7 | 0.47 | 0.04 |
| C12 | 6 | 0.35 | 4 | 0.24 | 7 | 0.41 | 0.026 |
| C13 | 6 | 0.35 | 4 | 0.24 | 7 | 0.41 | 0.027 |
| C21 | 80% | 0.43 | 30% | 0.16 | 75% | 0.41 | 0.044 |
| C22 | 65% | 0.42 | 20% | 0.13 | 70% | 0.45 | 0.053 |
| D11 | 30% | 0.16 | 70% | 0.38 | 85% | 0.46 | 0.046 |
| D12 | 80% | 0.43 | 55% | 0.3 | 50% | 0.27 | 0.026 |
| D21 | 56% | 0.3 | 61% | 0.33 | 67% | 0.36 | 0.009 |
| D22 | 67% | 0.34 | 53% | 0.27 | 78% | 0.39 | 0.019 |
| D31 | 7 | 0.37 | 4 | 0.21 | 8 | 0.42 | 0.033 |
| D32 | 8 | 0.38 | 5 | 0.24 | 8 | 0.38 | 0.023 |
| E11 | 10% | 0.1 | 33% | 0.33 | 58% | 0.57 | 0.071 |
| E12 | 4 | 0.36 | 4 | 0.36 | 5 | 0.29 | 0.012 |
| E21 | 7 | 0.33 | 6.5 | 0.3 | 8 | 0.37 | 0.011 |
| E22 | 23% | 0.36 | 10% | 0.16 | 31% | 0.48 | 0.049 |
| F11 | 6.1 | 0.3 | 6.8 | 0.33 | 7.5 | 0.37 | 0.01 |
| F12 | 6.5 | 0.3 | 7.1 | 0.33 | 7.9 | 0.37 | 0.01 |
| F21 | 5.7 | 0.3 | 6.3 | 0.33 | 6.9 | 0.37 | 0.009 |

在数据已处理与权重已定的基础上，本节用 TOPSIS 法进行进一步综合评价，所得结果如表 4-10 所示。

**表 4-10 综合评价结果**

| 指标 | 一体化模式 | 交易模式 | 合作模式 |
|---|---|---|---|
| 与正理想点距离 | $2.22\times10^{-4}$ | $5.21\times10^{-4}$ | $1.51\times10^{-5}$ |
| 与负理想点距离 | $1.62\times10^{-4}$ | $5.22\times10^{-5}$ | $5.93\times10^{-4}$ |
| 排队指示值 | $4.21\times10^{-1}$ | $9.11\times10^{-2}$ | $9.75\times10^{-1}$ |
| 方案综合排序号 | 3 | 2 | 1 |

由此，TOPSIS 法评价结果显示合作模式＞交易模式＞一体化模式，即合作模式优于交易模式，再优于一体化模式。

## 4.5　本 章 小 结

电动汽车因其充放电的特性，在充电时属于用电侧资源，在放电时属于发电侧资源，能够衔接发电侧与用电侧联合促进风电消纳。首先，本章对电动汽车节能减排潜力进行了量化分析，构造了保有量预测模型和节能减排潜力计算模型。其次，提出了风电-电动汽车协同调度优化模型，并提出了基于改进 $\varepsilon$ 约束方法与模糊决策的两步制自适应模型求解算法，对 IEEE 36 节点 10 机系统进行仿真发现电动汽车并网后能够实现负荷曲线削峰填谷，降低弃风量和发电成本，经济和环境效益显著，且在延迟充电模式和完全优化充电模式下能够实现效益的最佳。电动汽车延迟充电模式和完全优化充电模式需要依靠电价来引导，因此，未来应进一步开展电动汽车并网的峰谷分时激励机制研究。最后，针对电动汽车一体化模式、交易模式、合作模式三种充电站运营模式开展评价，结果表明合作模式优于交易模式，再优于一体化模式，未来应加强不同企业间协同运营充电桩的服务。

# 第5章　微电网能量协调控制Agent模型

微电网（mirco-grid，MG）通过集成微电源、负荷、储能装置和控制装置等组件，实现了具备自我控制性能的新型网络结构，既可以通过静态开关切断与主网联系，实现独立运行，又可以与主网并网运行，为清洁能源规模化并网和负荷可靠供给提供新的途径，有利于传统电网向智能电网平稳化过渡。本章在介绍微电网的基础上，探究多代理系统（multi-agent system，MAS）技术在微电网控制层面的应用，特别是讨论对促进清洁能源规模化并网的优化效应，建立基于MAS的微电网功能需求、控制框架和协同控制策略，为需求响应参与多种清洁能源集成微电网运行优化提供决策依据。

## 5.1　概　　述

电能的生产、传输和配电主要通过大规模集中发电、远距离传输电能与大型电网互联来完成，但大型电网互联集中发电在应对突然性灾害、故障事故和人为失误方面具有较差的适应性。微电网能够通过集成多个分布式电源及其相关负载按照一定的拓扑结构组成网络，并通过静态开关关联至常规电网，是一个能够实现自我控制、保护和管理的自治系统。微电网通过静态开关控制其孤网运行模式或并网运行模式，为清洁能源规模化并网以满足系统负荷需求提供了可靠的路径。开展需求响应参与清洁能源集成微电网能量协调控制的研究具有重要的理论意义和实践价值。

一般来说，微电网能量协调控制分为两种情形，即各分布式电源相互合作和各分布式电源独立运营。当分布式电源相互合作时，主要借助智能算法建立微电网调度优化模型，根据系统预先设定的目标，在得到不同分布式电源和负荷需求情况后，制订最优的微电网运行方案。此时，微电网内部的各分布式电源均属于同一拥有者，分布式电源间不存在相互竞争的关系，建立优化模型和智能求解算法能够实现微电网的最优化运行。当微电网内部各分布式电源独立运营时，不同分布式电源属于不同的拥有者，这导致智能算法的使用度也具有较大的局限性。此时，各分布式电源具有独立的运营目标，且与微电网整体的运营目标不一定相同，这就使得微电网难以进行集中控制和管理。现有研究主要通过设置中央代理（Agent）作为系统的控制和决策中心，协调不同分布式电源的运行优化，但若该

Agent 发生故障，将威胁到整个微电网的安全运行。本章通过引入 MAS[63]，克服 Agent 难以完美协调微电网能量控制的不足，强化对非合作情形下的 Agent 和微电网的能量进行协调控制。

本章基于微电网的定义特征和运行模式，建立了基于 MAS 的微电网功能需求分析，并从微电网控制框架设计、协同控制策略和控制策略制定三个方面建立微电网能量协调控制机制，并选择欧盟 More Microgrids 项目［由雅典国家技术大学（National Technical University of Athens，NTUA）组织］作为仿真系统，对所提微电网能量协调控制机制进行实例分析，以验证所提协调机制的有效性和适用性，为微电网智能化能量控制与决策提供可行依据。

## 5.2 微电网的定义特征及运行模式

### 5.2.1 微电网的基本定义

微电网是由美国电力可靠性技术解决方案协会（Consortium for Electric Reliability Technology Solutions，CERTS）在 20 世纪 90 年代末期提出的新的电网发展概念，是一种新的促进清洁能源发电并网的能源连接模式，主要由多种分布式能源、多元化负荷终端（电负荷、热负荷和冷负荷等）以及能源控制和保护装置等组件组成。

分布式能源主要由 DG 单元和分布式储能（distributed storage，DS）单元组成。在 CERTS 提出的微电网基本结构中，微电网将负荷终端、储能装置、分布式电源和运行控制装置等整合成独立可控的供电系统，并结合负荷需求将其安装在用户侧。该微电网结构主要包括三条与负荷母线相连的网络馈线，主要通过静态开关控制各馈线与配电系统的连接与中断，实现微电网并网运行和孤网运行。其中，A 馈线和 B 馈线上分别装置多个微电源、储能装置和协调控制设备，保证敏感性负荷和重要负荷的供给，C 馈线主要保证非敏感性负荷的供给。

当微电网相连的大电网发生系统故障时，微电网通过断开静态开关，中断与外部大电网的连接，以孤网运行模式运行保证重要负荷的供给。当外部大电网故障消除后，微电网可通过合闸静态开关，以并网运行模式满足网内负荷供给，此时，如果微电网网内电源发电量不足，可向外部电网购电满足负荷需求，当网内电源发电量盈余时，可向外部大电网售电获取超额运营收益。在 CERTS 微电网基本结构中，潮流控制器主要通过监控微电源频率、电压信息调整微电源潮流状态，满足功率实时平衡；能量管理器从整体上协调和控制微电网能量状态，实现微电网最优化运行。图 5-1 为 CERTS 微电网的基本结构。

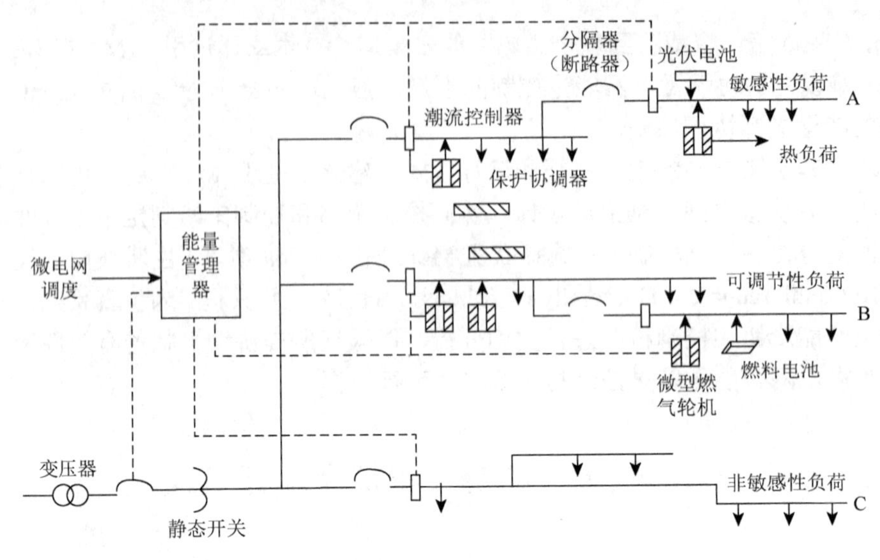


图 5-1　CERTS 微电网的基本结构

## 5.2.2　微电网的结构特征

微电网自身具备灵活控制特性，能够在保证网内负荷供给的同时，实现与外部大电网的协调运行，受到了世界各国的重视。很多国家均基于国内电力系统特点，考虑能源结构、发电资源禀赋和社会条件等诸多因素，制定了微电网的发展目标和计划，并提出了相应的微电网核心内涵。尽管微电网在世界范围内尚未形成统一的标准定义，但从各国微电网基本定义可以看出，各国对微电网的基本特征的理解是相同的。微电网的基本特征主要有以下五点。

（1）系统微型化，主要体现在微电网的电压等级和系统规模两个方面。微电网以中低电压等级为主，并主要与低压配电网相连，微电网中分布式清洁能源能够直接与负荷终端用户相连，实现分布式电源发电出力本地化消纳，微电网整体规模较小，使得微电网的电压等级和系统规模都呈现微型化特性。

（2）自我平衡化，主要体现为微电网主要安装在用户侧，发电侧分布式电源与用户侧负荷直接相连，实现微电网网内电能供需的自我平衡。当微电网处于并网运行模式时，需要优先满足电能本地消纳原则，当电能供给不足时才由外部大电网供电。当微电网处于孤网运行模式时，通过协调优化发电侧分布式电源、储能装置和用户侧可控负荷实现网内的自我平衡，以满足微电网稳定运行的目标。

（3）清洁高效化，主要体现在微电网网内分布式电源主要为风电、光伏发电等清洁能源发电，具有较高的环境效益。同时，微电网综合利用各种能源满足多元负荷的需求，实现了能源的高效化利用，一般来说，微电网能源利用效率超过70%，这使得微电网运行具备较高的经济效益。

（4）高度可靠化，主要体现在微电网能够通过静态开关控制与外部大电网的通断。当外部电网发生故障时，微电网中断静态开关，实现孤网运行，满足网内电能供需平衡。当外部电网故障消除时，微电网合闸静态开关，与主网连接，进入并网运行模式，实现了微电网的高度可靠化运行。

（5）信息自动化，主要体现在微电网通过协调分布式电源、储能装置和负荷终端用户，借助先进的网络信息技术实现微电网的稳定通信联系和自动调节性能，整个微电网系统结构具有高度的信息化和自动化特性，这使得微电网运行也相应地具备高度的信息自动化，能够很好地保证网内的安全、稳定、可靠运行。

### 5.2.3　微电网的运行模式

微电网通过设置静态开关控制与外部大电网的通断。当合闸静态开关时，微电网与外部大电网相连，进入并网运行模式，微电网和外部大电网相互支撑、相互补充，提高了微电网运行水平和运行可控性。当中断静态开关时，微电网与外部大电网相互隔离，进入孤网运行模式，此时微电网通过协调网内分布式电源、储能装置和终端负荷，实现网内负荷供需实时平衡，同时能够有效地避免外部大电网故障给微电网带来的联动效应，实现微电网的高度可靠化运行。不同的运行模式适用于不同的环境状态，具体特点介绍如下。

（1）并网运行模式，主要指微电网与外部大电网相连，协同运行。对微电网来说，网内以分布式电源为主，往往难以快速追踪负荷变化，无法保障网内负荷供需平衡、安全可靠，也无法保障电能质量。当与外部电网相连后，能够实现微电网和外部电网的双向互动。当网内电源发电量不足时，微电网可通过向大电网购买电能满足网内负荷需求，当电网发电量盈余时，微电网可向大电网出售电能获取并网收益。对外部大电网来说，微电网规模和数量达到一定水平，能够有效地弥补负荷需求不足，保证外部大电网安全稳定运行，提升外部大电网的灵活性和可靠性。尤其是当外部大电网发生电压跌落故障时，微电网可作为系统内部重要的负荷输出组件，提供持续的电力，能够提升重要负荷应对外部大电网故障的风险能力。

（2）孤网运行模式，主要指微电网与外部大电网隔离，独立运行。当外部大电网发生故障时，微电网为了保证网内的高度可靠运行，会从并网运行状态逐步过渡到孤网运行状态。由于微型燃气轮机、燃料电池等组件对负荷响应速度较慢，在孤网运行模式下，储能装置是必不可少的组件，通过储能装置快速响应负荷变化，实现微电网网内高度可靠运行。孤网运行模式下的微电网系统不涉及与外部大电网电能交易问题，终端用户负荷需求完全由网内分布式电源和储能装置来满足，微电网的能量管理器负责网内能量协调和系统安全运行，实现微电源的最优化组合供电。同时，微电网孤网运行模式能够解决远离负荷中心的农村、海岛等地区的电能供给问题，通过配置小水电、风电、生物质发电和相应的储能装置，解决偏远地区的电力供给紧缺问题。

## 5.3　基于 MAS 的微电网功能需求分析

微电网集成多种分布式能源、多元化负荷终端以及能源控制和保护装置等组件。随着微电网实用化要求逐渐提升，不同规模、形式及具有地域差异特点的微电网不断涌现，这使得微电网的分布式特性表现得越来越明显，传统集中式控制方法难以适应微电网的灵活性、可拓展性和分布性。本节建立基于 MSA 技术微电网功能需求分析方法，为微电网分布式智能化控制提供决策工具。

### 5.3.1　MAS 的基本概念

1. MAS 概述

MAS 技术属于分布式人工智能技术的重要分支之一，交叉融合了信息论、系统论、人工智能技术和分布式计算等多个学科领域，是一种分布式程序设计思想和方法。MAS 是一种分布式系统，主要通过共同协作多个 Agent 单元来解决分布式优化问题，有利于解决具有不确定性和环境复杂性的决策问题。在 MAS 中，各个 Agent 无法对全局目标进行控制，但能够处理所负责区域内的单元目标，各个 Agent 都能够独立进行数据的输入和输出。同时，在 MAS 中，有一组协调 Agent，这组 Agent 能够解决不同 Agent 间的决策冲突。各 Agent 的决策过程是异步的，通过协调 Agent 实现整体决策控制，这表明 MAS 建立的决策网络具有松散耦合特性，能够实现即插即用功能。

基于上述 MAS 技术功能概述可知，MAS 具有以下优势。

（1）分布式优化决策。MAS 集成多个灵活性模块，程序设计简单且具备可拓展特性，无须建立烦冗复杂和数据量巨大的知识库，有利于知识管理和拓展，各独立模块能够独自进行优化决策，并通过协调模块解决不同模块间的决策冲突，实现分布式优化决策。

（2）多元化多层次 Agent。MAS 集成了多元化、多层次 Agent，将复杂问题划分为由多个 Agent 负责的子问题集，这降低了系统结构的复杂性。通过协调 Agent 管理多个 Agent 负责子问题的优化决策过程，实现复杂问题的分散式决策。

（3）集成式协调系统。MAS 通过设置多个 Agent 协调解决复杂问题，突破了传统单一专家系统限制。不同 Agent 间通过相互协调以解决大规模复杂问题，这使得 MAS 成为一个整体集成式系统，通过利用先进的信息技术将不同 Agent 子模块信息进行集成，实现复杂系统内的信息集成。

2. MAS 结构

MAS 结构分为集中式、分布式和混合式三种。分布式结构中各 Agent 地位平等，结构灵活性较强，但各 Agent 间的目标、意愿和行为难以一致，不利于实现全局最优。集中式结构中每一组 Agent 都具有全局知识控制，能够实现系统内部信息的一致性，但控制难度较高，单一环节 Agent 出现问题，将导致整个系统崩溃。混合式结构能够兼容两种结构的优点，克服其不足，是目前普遍采用的 MAS 结构。

1）集中式结构

集中式 MAS 将系统划分为多个决策分支，各分支均应用集中式管理模式，即通过中枢分支 Agent 实现系统全局知识的集成控制。中枢分支 Agent 负责任务规划和分配，并借助通信 Agent 完成消息传递任务。同时，整个 MAS 采用相同的管理方法对各个中枢分支 Agent 进行集中式管理。集中式结构能够实现系统信息的高度一致性，有利于系统控制协调和集成管理，但难以解决含多 Agent 和高复杂性的系统决策控制，局部环节故障对全局影响较大，容易导致整个 MAS 发生故障甚至崩溃。图 5-2 为集中式 MAS 控制结构图。

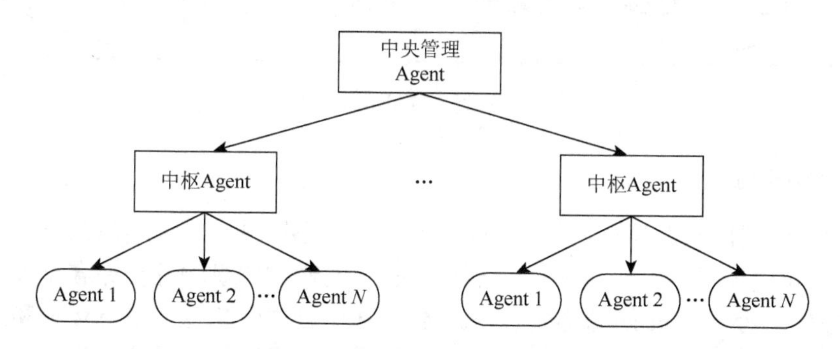


图 5-2　集中式 MAS 控制结构图

2）分布式结构

分布式 MAS 中不同 Agent 间的地位平等，不存在主次之分，不同 Agent 间均采取分布式控制结构。各 Agent 在进行决策时，主要根据所处环境状况、自身优化目标和系统数据信息进行优化控制。分布式 MAS 能够提升系统控制的稳定性和灵活性，克服了存在多 Agent 的系统控制瓶颈问题，但不同 Agent 在进行决策控制时均是以局部信息为基础的，决策方案可能受制于局部规划目标，难以保证不同 Agent 间的意愿、行为和目标的一致性。图 5-3 为分布式 MAS 控制结构图。

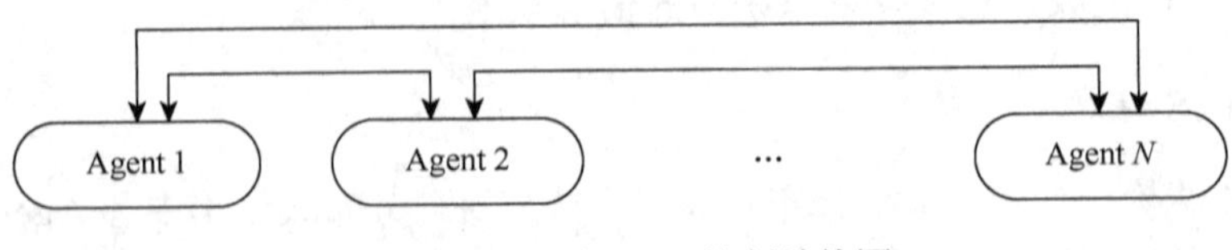


图 5-3　分布式 MAS 控制结构图

3）混合式结构

混合式 MAS 结构主要由集中式结构和分布式结构组成，具有多个协调管理机构。混合式 MAS 结构通过筛选重要 Agent，对其采取集中式结构。其他 Agent 间地位平等，不设主次之分，采取分布式结构。混合式结构有效地克服了单一集中式结构和分布式结构的缺点，集成了两种结构的优点，是目前广泛采用的系统控制结构。图 5-4 为混合式 MAS 控制结构图。

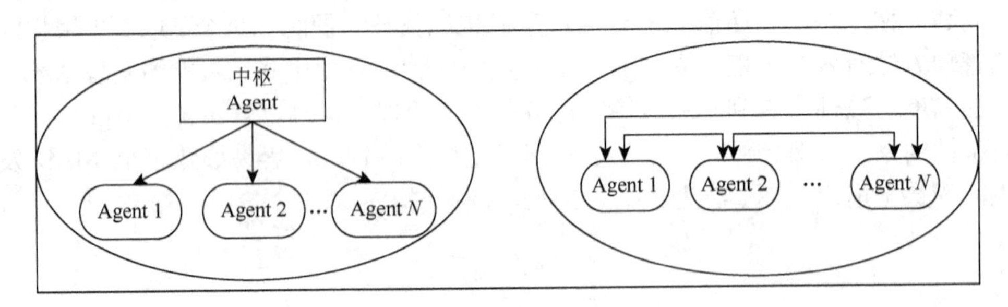


图 5-4　混合式 MAS 控制结构图

3. MAS 通信

MAS 协调控制以消息通信为基础，通过建立不同 Agent 间信息共享机制实现全局性优化决策目标。一般来说，不同 Agent 间通过信息相互传递和交互来完成消息通信，实现 Agent 间的协同合作。MAS 通信方式包括直接信息传输和间接信息传输两种方式，直接信息传输是指联邦通信与广播通信，间接信息传输主要是指黑板系统，两种信息传输方式的具体特点如下。

1）直接信息传输

联邦通信是通过建立联邦体实现各 Agent 间信息交互，不同 Agent 可动态进入联邦，实现信息传输过程。联邦体主要提供登记接收 Agent 信息、记录 Agent 智能、提供 Agent 通信负荷、响应 Agent 要求和不同联邦体间信息传递/转换及知识路由等功能。

广播通信主要是指各 Agent 间进行交互的信息传递机制，各 Agent 能够接收广播发送的特定信息。一般来说，广播发送者会预先设定 Agent 唯一地址，只有地址相互匹配的 Agent 才能够接收广播信息。广播信息需要明确消息格式、通信过程和所采用的通信语言，以支持 Agent 协作策略，各 Agent 都会预先掌握通信语言的语义内涵，从而实现 Agent 间的知识交换。

在直接信息传输的通信方式中，各 Agent 间直接进行消息交换，无须设置消息交换缓冲区，若信息未能直接到达指定 Agent，则 Agent 无法获取交互信息。因此，为了保证其他 Agent 也能够获得通信信息，本章采用黑板系统对直接信息传输的通信方式进行补充。

2）间接信息传输

间接信息传输主要是指黑板系统，该系统能够共享数据仓库，各 Agent 均能获取黑板上的必要信息。黑板主要作为一个共享存储模式，该模式是能够实现 Agent 信息的写入和读取的全局知识库。针对具体 Agent 问题的特点，黑板可以划分为多个层次，不同层次间通过设置访问权限管理信息的读取和写入，相同层次的 Agent 能够直接进行信息的交互，从而实现信息传输的优化运行。

直接信息传输方式和间接信息传输方式相结合能够保证不同 Agent 获得充足的数据信息，保证不同 Agent 的内部控制以及与其他 Agent 间的协调控制，从而解决 MAS 决策优化问题。

4. MAS 协作

在 MAS 中不同 Agent 具有独立自主性，能够根据自身所掌握的知识水平、协调能力和行动目标进行问题求解，这使得不同 Agent 协调过程中可能存在矛盾和冲突。MAS 设计难以考虑到环境变化导致的各种可能，也就难以应用已有的规则列举来降低 Agent 间的潜在矛盾和冲突，解决该问题的主要方法就是建立 Agent 间的协作机制。MAS 协作主要是指不同 Agent 结合自身目的和资源约束，合理规划并调节自身行为，实现局部或全局性的目标最大化，从而提高系统整体的效益，完成系统优化目标。协作机制是解决 MAS 矛盾和冲突的关键环节，是区别于专家系统、面向对象系统和传统分布式计算的重要差异特征。协作机制主要包括水平协作、树形协作、循环协作和混杂协作四种方式，具体介绍如下。

（1）水平协作。各 Agent 地位平等，不同 Agent 间进行相互协作，从而实现提高问题求解效率和解可信度的目标。

（2）树形协作。通过设置不同地位 Agent，低级 Agent 将问题求解方案传递给高级 Agent，由高级 Agent 汇总各低级 Agent 求解方案，进行优化决策，得到最终决策方案。

（3）循环协作。各 Agent 间进行往复协作，形成闭环循环，可以看作树形协作的特例。

（4）混杂协作。将 Agent 划分为多个层次，部分层次 Agent 实施水平协作，部分层次 Agent 实施树形协作或循环协作，或者全局采取水平协作，局部采取其他协作方式，形成交叉组合协作方式。

各个 Agent 间的相互协作既提高了各 Agent 的性能，也提高了 MAS 整体性能，提升了问题求解能力，使得 MAS 具备更强的灵活性和更高的协作效率。

### 5.3.2　微电网的基本构成

本章选择风电（wind power plant，WPP）、光伏发电（photovoltaic，PV）、燃气轮机发电（cell-gas turbine，CGT）和储能系统（energy storage system，ESS）集成微电网，并在用户侧实施用户需求响应协调微电网优化运行。用户侧负荷包括敏感性负荷、可中断负荷和可调节性负荷，后两者统称可控负荷（controllable load，CL）。本章针对可中断负荷实施 IBDR，针对可调节性负荷实施 IBDR 和 PBDR。整体上，需求响应通过改变用户用电行为，提供虚拟发电出力，参与能源市场和备用市场，协同风电和光伏发电调度。图 5-5 为微电网的基本结构图。

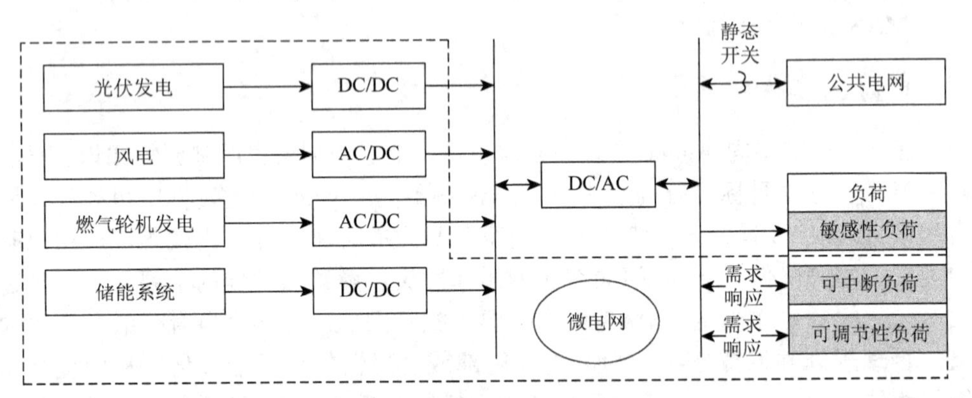


图 5-5　微电网基本结构图

DC 为直流，AC 为交流

在本章所提微电网中，负荷需求主要由风电、光伏发电和燃气轮机发电来满足。为了克服风电和光伏发电的不确定性影响，储能系统用来提供备用服务。当储能系统不能满足系统备用需求时，也调用燃气轮机提供备用服务。同时，该微电网通过静态开关控制与公共电网的通断。当开关闭合时，微电网与公共电网协同运行，即处于并网运行模式。当开关中断时，微电网脱离公共电网，处于孤网运行模式，此时，储能系统用来快速响应负荷变化，实现微电网网内高度可靠运行。

### 5.3.3　MAS 功能需求分析

微电网的正常状态是处于并网运行模式，但当上层电网出现故障时，微电网可以脱离大电网进入孤网运行模式。并网运行模式下不同微电网由上级电网 Agent 协调优化实现稳定出力，满足负荷需求。但当微电网处于孤网运行模式时，微电网控制中心 Agent 协调各电源出力满足局部负荷需求。本章引入 MAS 技术协调控制微电网能量管理，在构建的微电网中，WPP、PV、CGT、ESS 和 CL 均由一个 Agent 进行控制。各分布式电源的控制目标由自身控制决策机制和运营目标决定，可能与微电网整体控制目标相同，也可能不同。微电网整体目标是保证微电网内发电和负荷功率平衡，从而安全、稳定地向本地负荷供电，减小微电网运行费用，实现微电网的安全稳定经济运行。

基于 MAS 的微电网能量管理系统能够针对微电网外部环境变化，选择相应的 Agent 发起能量协调任务，其他 Agent 相应地进行控制策略调整，保证微电网的安全稳定运行。发起微电网能量协调任务的 Agent 称为主导 Agent，主要负责实现微电网整体优化目标，属于任务控制和决策中心。其他 Agent 结合自身运营目标以及所处环境状态进行决策，即是否响应主导 Agent 的协调任务。在 MAS 中，各 Agent 均有机会作为主导 Agent，通过交互转换，解决 Agent 间的矛盾和冲突。系统通过设计主导令牌，只有当 Agent 接到主导令牌时，才能作为主导 Agent。如果发生某个 Agent 已成为主导 Agent，但未能接到主导令牌，此时可向具有令牌的 Agent 索要令牌以完成发起任务职能。

基于 MAS 的微电网能量管理系统需要综合考虑系统性约束和本地性约束。系统性约束一般指负荷供需平衡约束，主要由主导 Agent 与其他 Agent 进行协商满足；本地性约束包括分布式电网发电出力约束、燃气轮机运行约束、储能系统充放电性能约束以及可控负荷变动约束等。本地性约束主要由各个 Agent 独立负责，各 Agent 结合自身运行特性进行控制决策，并响应主导 Agent。通过引入 MAS 进行微电网能量管理，能够实现约束条件由各独立 Agent 控制决策，减少了主导 Agent 的计算工作量，降低了主导 Agent 的通信能力要求。从 MAS 整体结构来看，基于 MAS 的微电网能量管理系统属于混合式结构。

## 5.4　基于 MAS 的微电网控制协调模型

### 5.4.1　微电网控制框架设计

1. MAS 特性分析

MAS 通过分解复杂问题为各个子问题，由单元 Agent 进行交互求解，能够实现复杂问题集成化处理。各 Agent 独立进行问题处理，完成相应任务，也能够与其他 Agent 间进行交互通信，从而满足复杂系统运营目标。MAS 主要包括以下三方面特性。

（1）单元自治性。结合信念-愿望-意图（belief desire intention，BDI）模型的内涵，Agent 能够作为信念目标单元，根据单元目标导向，调整并规划自身行为。在本章所建微电网调度模型中，各分布式电源 Agent 能够结合用户端负荷需求情况和自身运行状态，调整优化单元 Agent 的工作模式。

（2）单元协作性。MAS 将复杂问题进行划分，形成多个子模块，并由不同 Agent 进行协调。为了实现整个 MAS 运行目标，Agent 间需深入开展合作，实现系统整体性能。Agent 间的信息交互主要依赖于网络环境。当网络环境较好时，能够实现信息交互的实时性。在本章所建微电网调度模型中，Agent 间通信主要通过上级控制器设置下级单元功率输出点和下级单元反馈运行状态来实现。

（3）系统可靠性。MAS 将复杂问题划分为由各个 Agent 单元处理的子问题集，实现了 Agent 单元就地收集和处理微电网各 Agent 的相关信息，进行最优化决策。从整体上来看，这种信息集中控制可能导致收集信息量更大，但也相应地增强了系统的安全可靠性，并且能够降低网络中实际的信息传递量。

整体来说，MAS 能够充分实现 Agent 间的单元自治性，保持系统的安全可靠运行，从系统角度来协调微电网运行，能够实现整体微电网运行的经济性、可靠性和优化性，具有重要的保障作用。

#### 2. 总体结构框架

区别于传统微电网调控系统，本章所提微电网能量协调控制 Agent 模型以基于 MAS 的分层分区分布式自治方式作为系统核心结构软件，具有很好的可拓展性。未来，所提软件模型能够部署在外电网中，对集成数量更多的分布式电源的微电网进行协调优化控制。根据 5.3.1 节可知，微电网结构分为集中式结构、分布式结构和混合式结构。分布式结构中各 Agent 单元地位平等，结构灵活性很强，但难以保证各 Agent 的目标、意愿和行为的相互一致，容易陷入局部最优。集中式结构中各 Agent 都能够实现全局知识控制，保证系统内部信息的一致性，但控制复杂度高，局部 Agent 故障会导致整个系统故障甚至崩溃。混合式结构能够兼顾上述两种方式的优势，弥补其不足，因此，本章为提高微电网内部分布式电源间、微电网间、微电网和外部电网间的协调控制能力，设计一种基于 MAS 的分布式协调控制策略，并采用混合式结构进行微电网能量协调管理。基于 MAS 的微电网控制系统按照分布式管理系统（distribution management system，DMS）Agent-微电网中心控制（mirco-grid central controller，MGCC）Agent-微电网控制单元（mirco-grid controllable elements，MGCE）Agent 三层架构设计。图 5-6 为微电网协调控制原理图。

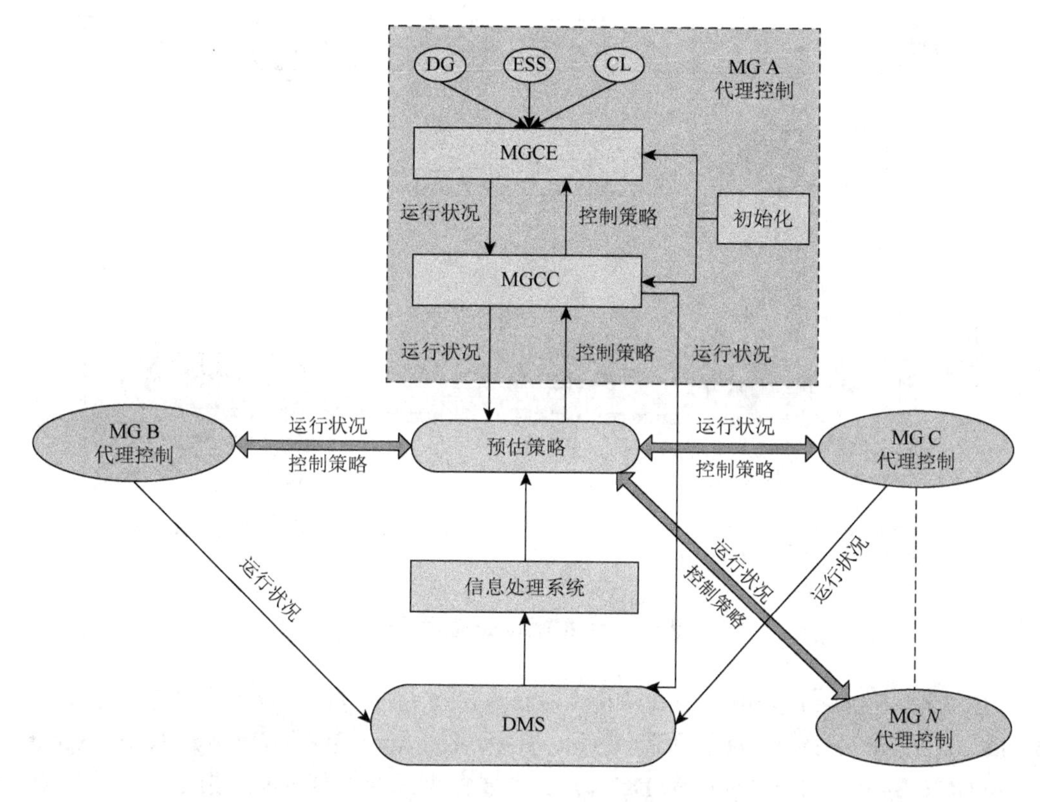


图 5-6　微电网协调控制原理图

DMS Agent 采用集中式结构，主要以具体的控制规则为基准对下级 Agent 单元进行协调控制。MGCC Agent 和 MGCE Agent 采用分布式结构，有利于不同 Agent 间的信息交互和灵活互动。DMS Agent 的功能主要是根据系统整体优化目标发起微电网激励信号，同时检查各 Agent 单元运行状态是否满足系统性约束和本地性约束。MGCC Agent 主要响应 DMS Agent 发起的激励信号，结合自身运行目标和运行状态，进行微电网内部能量平衡自治，并协调优化微电网内部不同组件的运行状态。MGCE Agent 负责监视各分布式单元的运行状态，包括运行模式、分布式电源出力、储能系统运行状态和负荷需求等，主要是响应 MGCC Agent 的控制质量，根据实际负荷需求调整微电网内部分布式单元运行策略，优化微电网运行出力，降低不确定性因素对微电网输出功率的影响。图 5-7 为 MGCE Agent 的基本结构图。

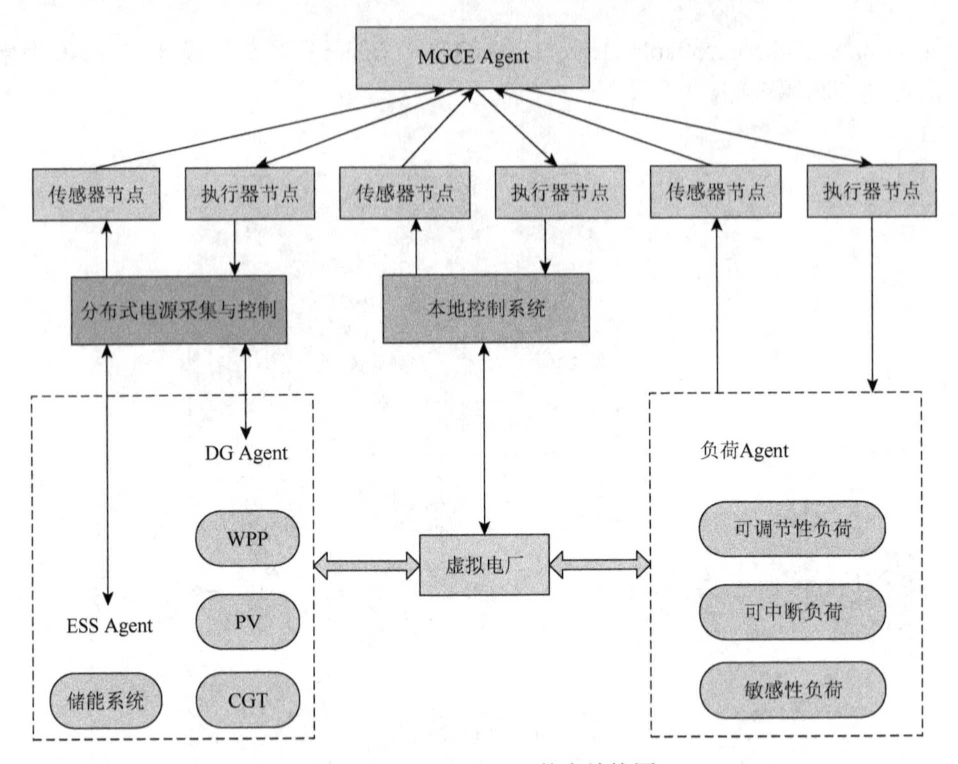


图 5-7 MGCE Agent 基本结构图

MGCE Agent 采用分布式结构，各 Agent 地位平等，不设主次之分，主要包括 DG Agent、ESS Agent 和负荷 Agent。其中，DG Agent 包括 WPP Agent、PV Agent 和 CGT Agent。ESS Agent 和 DG Agent 主要根据综合控制 Agent 指令，调整输出功率，满足负荷需求。负荷 Agent 包括 CL Agent 和敏感性负荷 Agent。根据系统备用需求，CL Agent 调整运行策略，响应系统调度。DG Agent 通过检测各元件运行状况，协调控制各元件运行出力，制定运行策略参与系统调度。MGCE Agent 主要协调控制所管辖微电网的运行策略，最优化自身运行目标，并通过响应 MGCC Agent 与其他 MGCE Agent 进行信息交互和灵活互动，最终将信息反馈至 DMS Agent，由 DMS Agent 进行方案优化决策，实现微电网的最优化运行。

3. 技术方案设定

合同网是 MAS 中应用广泛的一种协调方式。本章采用智能物理代理组织（The Foundation for Intelligent Physical Agents，FIPA）规范下的合同网协议作为 Agent 间的交互方式。协议包括发起者和参与者两个角色，发起者作为协议的管理者发布任务或请求服务；参与者作为承包方接受请求，并向发起者提出表示。协议包括以下几种通信行为：发起者向参与者招标；参与者接收招标后作出拒绝（refuse）、不懂（not-understand）或应标（propose）回应；发起者对接收表示选择接受（accept-proposal）或拒绝（reject-proposal）；中标的参与者通知发起者任务执行结果（inform），如果出错则回复错误（failure）。

本章采用 Java Agent 开发框架 Java Agent Development Environment（JADE）进行 MAS 设计。JADE 是一款基于 Java 语言，用于 MAS 设计的软件平台，其通信设计符合 FIPA 规范。JADE 中定义了 Agent 基类，用户只需在 Agent 基类上进行拓展，即可构建具有各种功能的 Agent。JADE 中完成了 Agent 之间的底层通信，只需进行相应的方法调用就能实现 Agent 间的通信功能。JADE 为 MAS 提供了以下功能：①Agent 管理系统，负责控制平台内 Agent 的活动、生存周期及外部应用程序与平台的交互，在平台上采用独一无二的名字来标识、规范 Agent；②目录服务，负责对平台内的 Agent 提供黄页服务，注册服务类型以供查找。图 5-8 为 Agent 网络建设过程。

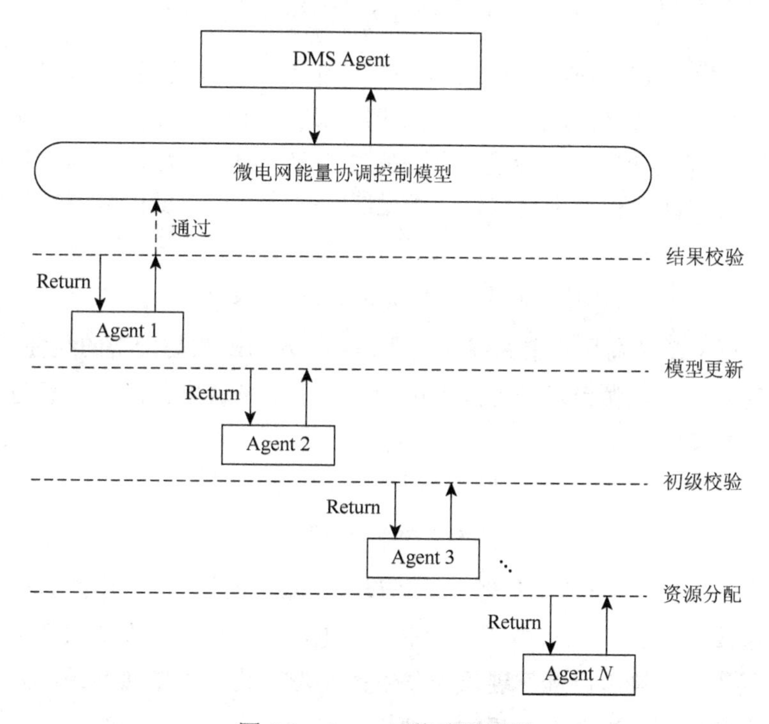


图 5-8　Agent 网络建设过程

## 5.4.2　微电网协同控制 Agent 模型

本章构建的基于 MAS 的微电网能量协调控制框架主要由 DMS Agent、MGCC Agent 和 MGCE Agent 三级构成。DMS Agent 主要控制系统整体目标和系统性约束；MGCC Agent 协调微电网内部运行目标和本地性约束，实现微电网内部能量的自治平衡；MGCE Agent 主要监测微电网内部各分布式组件的运行状况，协调控制各可控单元优化运行，调整各分布式单元运行策略。

1. MGCE Agent 模型

MGCE Agent 主要基于微电网内各分布式组件运行目标，控制协调各组件工作状态，主要包括 CL Agent、ESS Agent 和 DG Agent，其中 DG Agent 主要由 WPP Agent、PV Agent 和 CGT Agent 构成。

1）CL Agent

用户负荷分为敏感性负荷、可中断负荷和可调节性负荷三类。对于敏感性负荷来说，用户用电行为难以改变，用电时间分布比较固定。对于后两种负荷来说，用户为追逐超额收益，会响应 MGCC 指令，优化用电行为，改变用电负荷分布：

$$L_t = L_t^{\text{SL}} + L_t^{\text{IL}} + L_t^{\text{AL}} \tag{5-1}$$

式中，$L_t^{\text{SL}}$、$L_t^{\text{IL}}$ 和 $L_t^{\text{AL}}$ 分别为敏感性负荷、可中断负荷和可调节性负荷。

对于可中断负荷来说，用户通过减少用电负荷形成虚拟发电出力，响应 MGCC Agent 指令。用户根据不同需求量-价格关系，售出可中断负荷，获取相应的收益。一般来说，可中断负荷需求量与价格间呈线性关系，用户提供可中断负荷的收益函数如下：

$$\pi_t^{\text{IL}} = (-1/b)(L_t^{\text{IL}})^2 + [(L_t^0 - a)/b]L_t^{\text{IL}} \tag{5-2}$$

式中，$L_t^0$ 为可中断负荷引入前系统负荷需求；$a$、$b$ 为需求与价格的线性函数系数。可中断负荷可参与能源市场调度，也可参与备用市场调度。能源市场与备用市场能量平衡关系如下：

$$L_t^{\text{IL},E} + L_t^{\text{IL,dn}} \leqslant L_t^{\text{IL,max}} \tag{5-3}$$

$$L_t^{\text{IL},E} + L_t^{\text{IL,dn}} \geqslant L_t^{\text{IL,min}} \tag{5-4}$$

式中，$\Delta L_t^{\text{IL},E}$ 为可中断负荷参与能源市场调度电量；$\Delta L_t^{\text{IL,dn}}$ 为可中断负荷参与备用市场调度电量；$\Delta L_t^{\text{IL,max}}$ 为可中断负荷最大发电出力，该数值设定保证了负荷需求的稳定，避免了“峰谷倒挂”现象的发生；$\Delta L_t^{\text{IL,min}}$ 为可中断负荷最小发电出力，该数值作为参与可中断负荷交易的门槛值。

对于可调节性负荷来说，为了激励用户响应微电网调度，会实施分时电价。用户根据实时用电价格，制定最优用电策略，最小化用电成本，节省用电成本可看作用户响应微电网调度收益。电力需求和电力价格间的弹性关系可由式（2-1）描述。

用户响应微电网调度后的用电负荷需求可根据式（5-5）计算：

$$L_t^{\mathrm{AL}} = L_t^{\mathrm{AL},0} \times \left[1 + e_{tt} \times \frac{(P_t - P_t^0)}{P_t^0} + \sum_{\substack{s=1 \\ s \neq t}}^{24} e_{st} \times \frac{(P_s - P_s^0)}{P_s^0}\right] \tag{5-5}$$

用户提供可调节性负荷获得的收益等于峰谷分时电价前后的用电成本差值，具体可由式（5-6）计算：

$$\pi_t^{\mathrm{AL}} = P_t^0 L_t^{\mathrm{AL},0} - (P_t^0 + \Delta P_t) L_t^{\mathrm{AL}} \tag{5-6}$$

同样，为了避免负荷曲线“峰谷倒挂”现象发生，用户在提供可调节性负荷时，不能超过最大可提供量，具体约束条件如下：

$$|L_t^{\mathrm{AL}}| \leqslant L_t^{\mathrm{AL,max}} \tag{5-7}$$

$$\sum_{t=1}^{T} L_t^{\mathrm{AL}} \leqslant L^{\mathrm{AL,max}} \tag{5-8}$$

式中，$L_t^{\mathrm{AL,max}}$ 为时刻 $t$ 用户可提供的可调节性负荷量上限；$L^{\mathrm{AL,max}}$ 为用户可提供的可调节性负荷总量上限。

2）ESS Agent

储能系统单元利用自身充放电特性，参与虚拟电厂发电调度。在谷时段进行蓄能，在峰时段进行发电，为虚拟电厂提供备用服务。ESS Agent 参与虚拟电厂发电调度净收益为

$$\pi_t^{\mathrm{ESS}} = \rho_{\mathrm{ESS},t}^{\mathrm{dis}} g_{\mathrm{ESS},t}^{\mathrm{dis}} - \rho_{\mathrm{ESS},t}^{\mathrm{chr}} g_{\mathrm{ESS},t}^{\mathrm{chr}} \tag{5-9}$$

式中，$\pi_t^{\mathrm{ESS}}$ 为储能系统在时刻 $t$ 的运营收益；$\rho_{\mathrm{ESS},t}^{\mathrm{dis}}$ 和 $\rho_{\mathrm{ESS},t}^{\mathrm{chr}}$ 分别为时刻 $t$ 储能系统放电和充电价格；$g_{\mathrm{ESS},t}^{\mathrm{dis}}$ 和 $g_{\mathrm{ESS},t}^{\mathrm{chr}}$ 分别为时刻 $t$ 储能系统放电和充电功率。ESS Agent 有两种运营模式，即寿命周期最长（longest life cycle，LLC）模式和经济效益最优（optimum economic efficiency，OEE）模式。

OEE Agent 的主要目标是积极参与能量转化任务，平衡短时功率差额，维持系统运行平稳性，主要约束条件如下：

$$\sum_{t=1}^{T} (Q_0 + g_{\mathrm{ESS},t}^{\mathrm{chr}} - Q_t)(1 - \rho_{\mathrm{ESS}}) = \sum_{t=1}^{T} g_{\mathrm{ESS},t}^{\mathrm{dis}} \tag{5-10}$$

$$Q_{t+1} = Q_t - g_{\mathrm{ESS},t}^{\mathrm{dis}} (1 + \rho_{\mathrm{ESS},t}^{\mathrm{dis}}) \tag{5-11}$$

$$Q_{t+1} = Q_t + g_{\mathrm{ESS},t}^{\mathrm{chr}} (1 + \rho_{\mathrm{ESS},t}^{\mathrm{chr}}) \tag{5-12}$$

$$0 \leqslant g_{\mathrm{ESS},t}^{\mathrm{chr}} \leqslant \overline{g}_{\mathrm{ESS},t}^{\mathrm{chr}} \tag{5-13}$$

$$0 \leqslant g_{\mathrm{ESS},t}^{\mathrm{dis}} \leqslant \overline{g}_{\mathrm{ESS},t}^{\mathrm{dis}} \tag{5-14}$$

其中，式（5-10）为调度周期储能系统充放电关系约束；式（5-11）和式（5-12）为储能系统蓄能量约束；式（5-13）和式（5-14）为储能系统充放电功率约束；$Q_0$ 为储能系统初始蓄能量；$Q_t$ 为时刻 $t$ 储能系统蓄能量；$\rho_{\mathrm{ESS}}$ 为储能系统充放电损耗率；$\rho_{\mathrm{ESS},t}^{\mathrm{dis}}$ 为时刻 $t$ 储能系统放电损耗率；$\rho_{\mathrm{ESS},t}^{\mathrm{chr}}$ 为时刻 $t$ 储能系统充电损耗率；

$\overline{g}_{\mathrm{ESS},t}^{\mathrm{chr}}$ 和 $\overline{g}_{\mathrm{ESS},t}^{\mathrm{dis}}$ 分别为时刻 $t$ 储能系统充放电功率上限。值得注意的是 OEE Agent 追求经济效益最优，在维持系统运行平稳性的前提下，根据实时电能价格进行充放电行为。

LLC Agent 的主要目标是优化 ESS 充放电速率，延长 ESS 使用寿命，同时增加系统抑制峰值负荷的能力。LLC Agent 要满足式（5-10）～式（5-14）的约束条件，为了最大化延长储能系统使用寿命，储能系统需要尽可能处于额定运行模型，避免同时充电和放电行为的发生。

$$g_{\mathrm{ESS},t}^{\mathrm{chr}} \to g_{\mathrm{ESS},t}^{\mathrm{chr,R}} \tag{5-15}$$

$$g_{\mathrm{ESS},t}^{\mathrm{dis}} \to g_{\mathrm{ESS},t}^{\mathrm{dis,R}} \tag{5-16}$$

$$g_{\mathrm{ESS},t}^{\mathrm{chr}} \cdot g_{\mathrm{ESS},t}^{\mathrm{dis}} = 0 \tag{5-17}$$

其中，式（5-15）和式（5-16）为储能系统充放电功率无限接近额定充放电功率；$g_{\mathrm{ESS},t}^{\mathrm{chr,R}}$ 和 $g_{\mathrm{ESS},t}^{\mathrm{dis,R}}$ 分别为储能系统额定充放电功率。

3）DG Agent

分布式电源主要响应 MGCE Agent 指令，根据用户用电负荷需求，调整电源输出功率，满足系统负荷供需平衡约束。DG Agent 主要包括 WPP Agent、PV Agent 和 CGT Agent。

CGT Agent 以自身经济效益最大为目标，参与虚拟电厂发电调度，由于功率调节速度快、启停时间短，CGT Agent 可同时参与能源市场调度和备用市场调度，CGT 发电净收益函数如下：

$$\pi_t^{\mathrm{CGT}} = \rho_{\mathrm{CGT},t} g_{\mathrm{CGT},t} - C_{\mathrm{CGT},t}^{\mathrm{pg}} - C_{\mathrm{CGT},t}^{\mathrm{ss}} \tag{5-18}$$

$$C_{\mathrm{CGT},t}^{\mathrm{pg}} = a_{\mathrm{CGT}} + b_{\mathrm{CGT}} g_{\mathrm{CGT}} + c_{\mathrm{CGT}} (g_{\mathrm{CGT},t})^2 \tag{5-19}$$

$$C_{\mathrm{CGT},t}^{\mathrm{ss}} = [u_{\mathrm{CGT},t}(1 - u_{\mathrm{CGT},t-1})] D_{\mathrm{CGT},t} \tag{5-20}$$

$$D_{\mathrm{CGT},t} = \begin{cases} N_{\mathrm{CGT}}^{\mathrm{hot}}, & T_{\mathrm{CGT}}^{\min} < T_{\mathrm{CGT},t}^{\mathrm{off}} \leqslant T_{\mathrm{CGT}}^{\min} + T_{\mathrm{CGT}}^{\mathrm{cold}} \\ N_{\mathrm{CGT}}^{\mathrm{cold}}, & T_{\mathrm{CGT},t}^{\mathrm{off}} > T_{\mathrm{CGT}}^{\min} + T_{\mathrm{CGT}}^{\mathrm{cold}} \end{cases} \tag{5-21}$$

式中，$\pi_t^{\mathrm{CGT}}$ 为 CGT 发电净收益；$C_{\mathrm{CGT},t}^{\mathrm{pg}}$ 和 $C_{\mathrm{CGT},t}^{\mathrm{ss}}$ 分别为 CGT 发电燃料成本和启动成本；$a_{\mathrm{CGT}}$、$b_{\mathrm{CGT}}$ 和 $c_{\mathrm{CGT}}$ 为 CGT 发电能耗系数；$g_{\mathrm{CGT},t}$ 为 CGT 发电输出功率；$u_{\mathrm{CGT},t}$ 为 CGT 发电状态变量，为 0-1 变量，1 为 CGT 处于运行状态，0 为 CGT 处于停机状态；$D_{\mathrm{CGT},t}$ 为 CGT 发电启动成本；$N_{\mathrm{CGT}}^{\mathrm{hot}}$ 和 $N_{\mathrm{CGT}}^{\mathrm{cold}}$ 分别为 CGT 发电热启动和冷启动成本；$T_{\mathrm{CGT}}^{\min}$ 为 CGT 最短启动时间；$T_{\mathrm{CGT},t}^{\mathrm{off}}$ 为 CGT 持续停机时间；$T_{\mathrm{CGT}}^{\mathrm{cold}}$ 为 CGT 冷启动时间。CGT 运行约束条件主要有出力约束、爬坡约束和启停约束，具体表述如下：

$$u_{\mathrm{CGT},t} g_{\mathrm{CGT}}^{\min} \leqslant g_{\mathrm{CGT},t} \leqslant u_{\mathrm{CGT},t} g_{\mathrm{CGT}}^{\max} \tag{5-22}$$

$$u_{\mathrm{CGT},t}\Delta g_{\mathrm{CGT}}^{-} \leqslant g_{\mathrm{CGT},t} - g_{\mathrm{CGT},t-1} \leqslant u_{\mathrm{CGT},t}\Delta g_{\mathrm{CGT}}^{+} \tag{5-23}$$

$$(T_{\mathrm{CGT},t-1}^{\mathrm{on}} - M_{\mathrm{CGT}}^{\mathrm{on}})(u_{\mathrm{CGT},t-1} - u_{\mathrm{CGT},t}) \geqslant 0 \tag{5-24}$$

$$(T_{\mathrm{CGT},t-1}^{\mathrm{off}} - M_{\mathrm{CGT}}^{\mathrm{off}})(u_{\mathrm{CGT},t} - u_{\mathrm{CGT},t-1}) \geqslant 0 \tag{5-25}$$

式中，$g_{\mathrm{CGT}}^{\max}$和$g_{\mathrm{CGT}}^{\min}$为 CGT 发电出力上下限；$\Delta g_{\mathrm{CGT}}^{+}$和$\Delta g_{\mathrm{CGT}}^{-}$为 CGT 爬坡上下限；$T_{\mathrm{CGT},t-1}^{\mathrm{on}}$为 CGT 在时刻 $t$–1 的持续运行时间；$M_{\mathrm{CGT}}^{\mathrm{on}}$为 CGT 最短启动时间；$T_{\mathrm{CGT},t-1}^{\mathrm{off}}$为 CGT 在时刻 $t$–1 的持续停机时间；$M_{\mathrm{CGT}}^{\mathrm{off}}$为 CGT 最短停机时间。

WPP Agent 根据实时来风情况，以自身经济效益最大为目标，向 MGCE Agent 申报拟售电量和售电价格。WPP Agent 净收益主要等于售电收益扣除发电成本。对风电机组来说，初始投资成本属于沉没成本，无论是否发电都已经发生，边际成本很小，故在核算风电机组发电收益时，主要考虑 WPP 上网收益，即

$$\pi_t^{\mathrm{WPP}} = \rho_{W,t} g_{W,t} \tag{5-26}$$

式中，$\pi_t^{\mathrm{WPP}}$为 WPP 在时刻 $t$ 的发电收益；$\rho_{W,t}$和$g_{W,t}$分别为 WPP 上网价格和上网电量。由于自然来风具有随机特性，WPP 输出功率具有随机特性。为了描述 WPP 输出功率，Rayleigh 分布函数一般用于描述风速分布，具体公式如下：

$$f(v) = \frac{\varphi}{\vartheta}\left(\frac{v}{\vartheta}\right)^{\varphi-1} \mathrm{e}^{-(v/\vartheta)^{\varphi}} \tag{5-27}$$

式中，$v$为实时风速；$\varphi$、$\vartheta$分别为形状参数和尺度参数。式（5-27）用于获取风速分布的期望值和方差，进一步应用式（5-28）和式（5-29）可计算风电场的实时输出功率，具体如下：

$$g_{W,t}^{*} = \begin{cases} 0, & 0 \leqslant v_t < v_{\mathrm{in}},\quad v_t > v_{\mathrm{out}} \\ \dfrac{v_t - v_{\mathrm{in}}}{v_{\mathrm{rated}} - v_{\mathrm{in}}} g_{\mathrm{R}}, & v_{\mathrm{in}} \leqslant v_t < v_{\mathrm{rated}} \\ g_{\mathrm{R}}, & v_{\mathrm{rated}} \leqslant v_t \leqslant v_{\mathrm{out}} \end{cases} \tag{5-28}$$

$$0 \leqslant g_{W,t} \leqslant g_{W,t}^{*} \tag{5-29}$$

式中，$v_t$为 WPP 在时刻 $t$ 的实时风速；$v_{\mathrm{in}}$、$v_{\mathrm{rated}}$和$v_{\mathrm{out}}$分别为切入风速、额定风速和切出风速。

PV Agent 与 WPP Agent 相同，也以自身经济效益最大为目标，向 MGCE Agent 申报拟售电量和售电价格。PV Agent 响应微电网发电调度收益如下：

$$\pi_t^{\mathrm{PV}} = \rho_{\mathrm{PV},t} g_{\mathrm{PV},t} \tag{5-30}$$

式中，$\pi_t^{\mathrm{PV}}$为 PV 在时刻 $t$ 的发电收益；$\rho_{\mathrm{PV},t}$和$g_{\mathrm{PV},t}$分别为 PV 在时刻 $t$ 的发电上网价格和发电上网电量。为模拟 PV 输出功率的随机特性，Beta 分布函数用于描述太阳能辐射强度，具体计算如下：

$$f(\theta)=\begin{cases}\dfrac{\Gamma(\alpha)\Gamma(\beta)}{\Gamma(\alpha)+\Gamma(\beta)}\theta^{\alpha-1}(1-\theta)^{\beta-1}, & 0\leqslant\theta\leqslant 1,\quad \alpha\geqslant 0,\quad \beta\geqslant 0\\ 0, & \text{其他}\end{cases} \tag{5-31}$$

式中，$\theta$ 为太阳能辐射强度；$\alpha$ 和 $\beta$ 为 Beta 分布函数的形状参数。在获取太阳能辐射强度的期望值和方差值后，$\beta$ 和 $\alpha$ 可由式（5-32）和式（5-33）计算，具体如下：

$$\beta=(1-\mu)\times\left[\frac{u\times(1+\mu)}{\sigma^2}-1\right] \tag{5-32}$$

$$\alpha=\frac{\mu\times\beta}{1-u} \tag{5-33}$$

式中，$\mu$ 和 $\sigma$ 分别为太阳能辐射强度的期望值和标准差值。将式（5-32）和式（5-33）代入式（5-31）后，可获得太阳能辐射强度分布函数。其次，根据光电转换公式，能够计算 PV 在时刻 $t$ 的输出功率：

$$g_{\mathrm{PV},t}^{*}=\eta_{\mathrm{PV}}\times S_{\mathrm{PV}}\times\theta_t \tag{5-34}$$

$$0\leqslant g_{\mathrm{PV},t}\leqslant g_{\mathrm{PV},t}^{*} \tag{5-35}$$

式中，$S_{\mathrm{PV}}$ 和 $\eta_{\mathrm{PV}}$ 为太阳能辐射面积和辐射效率；$\theta_t$ 为时刻 $t$ 的太阳能辐射强度。

2. MGCC Agent 模型

MGCC Agent 主要通过响应 DMS Agent 的激励信号，根据 DMS Agent 给定的自治目标构造自身的运行目标函数，目标函数所表示的策略会在进行优化决策计算后，由 MGCE Agent 的行为来实现。对 MGCC Agent 来说，主要以微电网经济效益最大作为优化目标，具体目标函数如下：

$$\max \pi^{\mathrm{MG}}=\sum_{t=1}^{T}[\pi_t^{\mathrm{CGT}}+\pi_t^{\mathrm{WPP}}+\pi_t^{\mathrm{PV}}+\pi_t^{\mathrm{ESS}}+(\pi_t^{\mathrm{AL}}+\pi_t^{\mathrm{IL}})] \tag{5-36}$$

其中，MGCC Agent 根据管辖区域内的负荷需求，制定微电网最优运行策略，实现负荷供需平衡，主要考虑的约束条件有负荷供需平衡、分布式电源运行和系统备用等约束条件。

1）负荷供需平衡约束

$$g_{W,t}(1-\varphi_W)+g_{\mathrm{PV},t}(1-\varphi_{\mathrm{PV}})+(g_{\mathrm{ESS},t}^{\mathrm{dis}}-g_{\mathrm{ESS},t}^{\mathrm{chr}})+g_{\mathrm{CGT},t}(1-\varphi_{\mathrm{CGT}})=L_t^{\mathrm{SL}}+L_t^{\mathrm{IL}}+L_t^{\mathrm{AL}} \tag{5-37}$$

式中，$\varphi_W$、$\varphi_{\mathrm{PV}}$ 和 $\varphi_{\mathrm{CGT}}$ 分别为 WPP、PV 和 CGT 的厂用电率。

2）分布式电源运行约束

为适应不同阶段分布式能源发展需求，需对分布式电源输出功率进行约束，具体计算如下：

$$0\leqslant g_{W,t}\leqslant\delta_W g_{W,t} \tag{5-38}$$

$$0 \leqslant g_{\mathrm{PV},t} \leqslant \delta_{\mathrm{PV}} g_{\mathrm{PV},t} \tag{5-39}$$

式中，$\delta_W$ 和 $\delta_{\mathrm{PV}}$ 分别为 WPP 和 PV 并网的比例，当取值为 1 时，意味着具有较大的风险承受能力，可最大化吸纳 WPP 和 PV 并网。此时，在净收益最大化目标的激励下，WPP 和 PV 并网优先权要高于 CGT。但为减少 WPP 和 PV 随机性给系统稳定性带来的影响，MGCC Agent 可根据系统特性调整 WPP 和 PV 最大并网比例。

3）系统备用约束

$$g_{\mathrm{MG},t}^{\max} - g_{\mathrm{MG},t} + L_t^{\mathrm{IL}} + \arg\max(0, L_t^{\mathrm{AL},0} - L_t^{\mathrm{AL}}) \geqslant r_1 \cdot L_t + r_2 \cdot g_{W,t} + r_3 \cdot g_{\mathrm{PV},t} \tag{5-40}$$

$$g_{\mathrm{MG},t} - g_{\mathrm{MG},t}^{\min} \geqslant r_4 \cdot g_{W,t} + r_5 \cdot g_{\mathrm{PV},t} \tag{5-41}$$

式中，$g_{\mathrm{MG},t}^{\min}$ 和 $g_{\mathrm{MG},t}^{\max}$ 分别为微电网最小和最大可用出力；$g_{\mathrm{MG},t}$ 为微电网在时刻 $t$ 的发电出力；$L_t^{\mathrm{AL}}$ 为可调节性负荷产生的负荷削减量；$r_1$、$r_2$ 和 $r_3$ 分别为负荷、WPP 和 PV 上旋转备用系数；$r_4$ 和 $r_5$ 分别为 WPP 和 PV 下旋转备用系数。

3. DMS Agent 模型

DMS Agent 的功能主要包括激励信号的派发和系统安全约束的校验。前者实现对 MGCC Agent 自治行为进行干预，后者实现对各 MGCC Agent 的自治结果进行校验。DMS Agent 用于约束 MGCC Agent 的激励信号是一组曲线，曲线实际反映了 DMS Agent 对该 MGCC Agent 的运行期望，可通过设定不同含义的目标曲线来对不同 MGCC Agent 进行独立的差异化优化控制。本章选择系统运营收益最大化作为 DMS Agent 模型的运行目标，具体目标函数如下：

$$\max \pi^{\mathrm{DMS}} = \sum_{t=1}^{T}\sum_{i=1}^{I}\left\{\begin{aligned}&\pi_{it}^{\mathrm{MG}} - [\rho_{W,t}(g_{W,t}^{*} - g_{W,t}) + \rho_{\mathrm{PV},t}(g_{\mathrm{PV},t}^{*} - g_{\mathrm{PV},t})]\\ &-(\rho_{\mathrm{UG},t} g_{\mathrm{UG},t} + \rho_{\mathrm{SP},t} g_{\mathrm{SP},t})\end{aligned}\right\} \tag{5-42}$$

式中，$\pi^{\mathrm{DMS}}$ 为 DMS Agent 净收益，主要由四部分组成，包括 DMS Agent 调度收益、清洁能源弃能成本、公共电网购电成本和缺电惩罚成本；$\pi_{it}^{\mathrm{MG}}$ 为第 $i$ 个微电网在时刻 $t$ 的运行净收益；$\rho_{\mathrm{UG},t}$ 和 $g_{\mathrm{UG},t}$ 分别为 DMS Agent 在时刻 $t$ 向公共电网的购电价格和购电量；$\rho_{\mathrm{SP},t}$ 和 $g_{\mathrm{SP},t}$ 分别为 DMS Agent 缺电惩罚价格和缺电量。

DMS Agent 运行需要考虑负荷供需平衡、MGCC Agent 间联络线、MGCE Agent 发电出力以及系统备用等约束条件，具体计算如下：

$$\sum_{i=1}^{I} g_{it}^{\mathrm{MG}} + g_{\mathrm{UG},t} = \sum_{i=1}^{I} L_{it} \tag{5-43}$$

$$g_{\mathrm{UG}}^{\min} \leqslant g_{\mathrm{UG},t} \leqslant g_{\mathrm{UG}}^{\max} \tag{5-44}$$

$$\underline{g}_{it}^{\mathrm{MG}} \leqslant g_{it}^{\mathrm{MG}} \leqslant \overline{g}_{it}^{\mathrm{MG}} \tag{5-45}$$

$$\sum_{i=1}^{I}(\overline{g}_{it}^{\mathrm{MG}} - g_{it}^{\mathrm{MG}}) \geqslant r_6 \cdot \sum_{i=1}^{I} L_{it} + r_7 \cdot \sum_{i=1}^{I} g_{it}^{\mathrm{MG}} \tag{5-46}$$

$$\sum_{i=1}^{I}(g_{it}^{\mathrm{MG}}-\underline{g}_{it}^{\mathrm{MG}})\geqslant r_8\cdot\sum_{i=1}^{I}g_{it}^{\mathrm{MG}} \tag{5-47}$$

其中，式（5-43）为负荷供需平衡约束；式（5-44）为DMS Agent与主网间交换功率约束；式（5-45）为微电网输出功率约束；式（5-46）和式（5-47）分别为DMS Agent上下旋转备用约束。由式（5-37）和式（5-43）可以看出，基于MAS的微电网能量控制模型能够实现区域内部自治和全局协同调度。MGCC Agent首先满足区域内部能量需求，实现区域内部自治。DMS Agent从全局出发协调不同微电网发电出力，实现全局协同调度优化。$g_{\mathrm{UG},t}$为DMS Agent在时刻$t$与主网间交换功率；$g_{it}^{\mathrm{MG}}$为第$i$个微电网在时刻$t$的输出功率；$L_{it}$为第$i$个微电网所在区域在时刻$t$的负荷需求；$g_{\mathrm{UG}}^{\max}$和$g_{\mathrm{UG}}^{\min}$分别为DMS Agent与主网间交换功率上下限；$\overline{g}_{it}^{\mathrm{MG}}$和$\underline{g}_{it}^{\mathrm{MG}}$分别为第$i$个微电网在时刻$t$的输出功率上下限；$r_6$和$r_7$分别为负荷需求和微电网的上旋转备用系数；$r_8$为微电网下旋转备用系数。

### 5.4.3　微电网协同控制模型求解算法

基于MAS的微电网能量协调控制框架能够根据配电网的实际运行状况进行拓展，对不同层级单元进行控制优化，实现微电网分层次、分区域多元化协调管理。该微电网能量协调控制框架能够支撑区域自治模式和全局协同模式，分别用于微电网孤网运行模式和并网运行模式。

1. 区域自治算法

区域自治模式能够实现微电网内部的能量自治平衡，应用于微电网孤网运行模式，主要由DMS Agent激励信号引导MGCC Agent运行策略调整，实现微电网内部能量协调自治目标的动态平衡。在区域自治模式下，不同MGCC Agent间不进行信息的交互和互动，主要通过DMS Agent进行全局性约束校验，当满足约束时，各MGCC Agent结合自身运行目标和运行特点进行能量自治平衡，以实现优化目标。反之，当不满足约束时，DMS Agent通过发送给修正不满足约束的MGCC Agent的激励信号，要求MGCC Agent进行响应。图5-9为微电网区域自治流程。

根据图5-9可确定微电网区域自治流程如下。

（1）DMS Agent网络初始化，载入初始页面。此时，$t=1$，DMS Agent下发时刻$t$的激励信号。

（2）各MGCC Agent接受DMS Agent的激励信号$S_t$，通过自身内部自治协调，向DMS Agent发送自身协调结果。

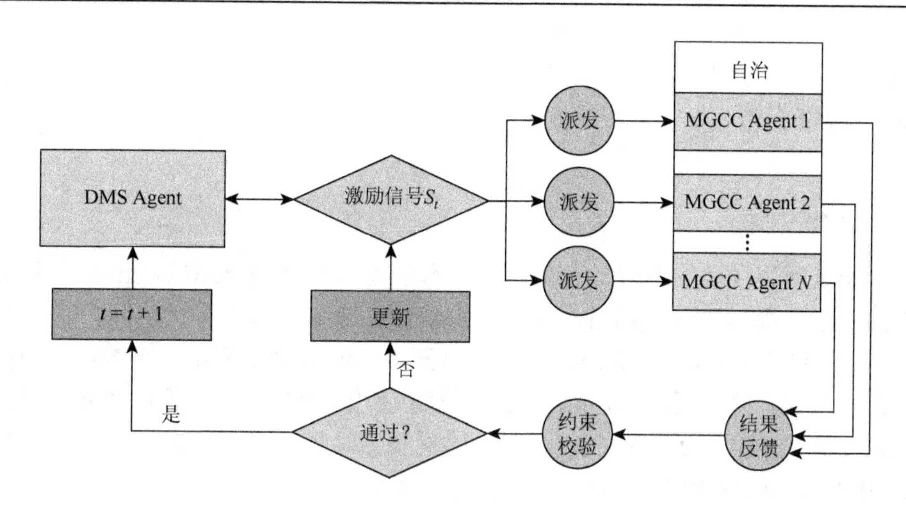


图 5-9　微电网区域自治流程

（3）DMS Agent 进行系统约束校验，校验 MGCC Agent 调度策略是否满足约束条件。若满足约束条件，则 $t=t+1$，$S_t \to S_t+1$，读取 MGCE Agent 层面目标，返回步骤（1）。若不满足约束条件，则进入步骤（4）。

（4）对不满足约束条件的 MGCC Agent，重发激励信号目标 $S_t^1$，根据式（5-42）对新目标 $S_t^1$ 进行重新响应，并返回步骤（3）。

2. 全局协同算法

全局协同优化是在区域自治模式的基础上，通过 DMS Agent 自身的全部目标进行不同 MGCC Agent 间功率互换来实现全局能量协调。因此，修改区域自治算法中步骤（4）为若不满足约束条件，则 DMS Agent 进行跨 MGCC Agent 协调，进入子流程，具体如下。

①DMS Agent 向下属 MGCC Agent 询问各区域负荷调节容量和发电调节容量。

②各 MGCC Agent 计算自身调节裕度，向 DMS Agent 通报。

③DMS Agent 根据各 MGCC Agent 运行约束和上报的调节容量优化策略调整不同 MGCE Agent 的输出功率。

④各 MGCC Agent 按照优化的功率值调整内部资源，返回步骤（3）。

区域自治模式和全局协同模式都是基于同一个 Agent 架构，通过改变 DMS Agent 和 MGCC Agent 的控制策略来实现不同的模式，全局协同优化控制在自治的基础上考虑区域间的协调，在保证区域内的分布式电源充分消纳的基础上，实现全网优化控制。

### 5.4.4 算例分析

1. 基础数据

为验证所提模型的有效性和适用性，本章选择欧盟 More Microgrids 项目（由 NTUA 组织）提出的测试网络作为仿真系统[64]。系统接入四个微电网，各微电网包括负荷、WPP、PV、CGT 和 ESS 等受控单元 Agent。各微电网由一个 MGCC Agent 进行自治协调，验证区域自治算法的有效性；设定 DMS Agent 负责全局协调，校验 Agent 全局协同算法，重点研究跨区能量平衡时各节点 Agent 协同通信过程。图 5-10 为 NTUA 微电网结构图。

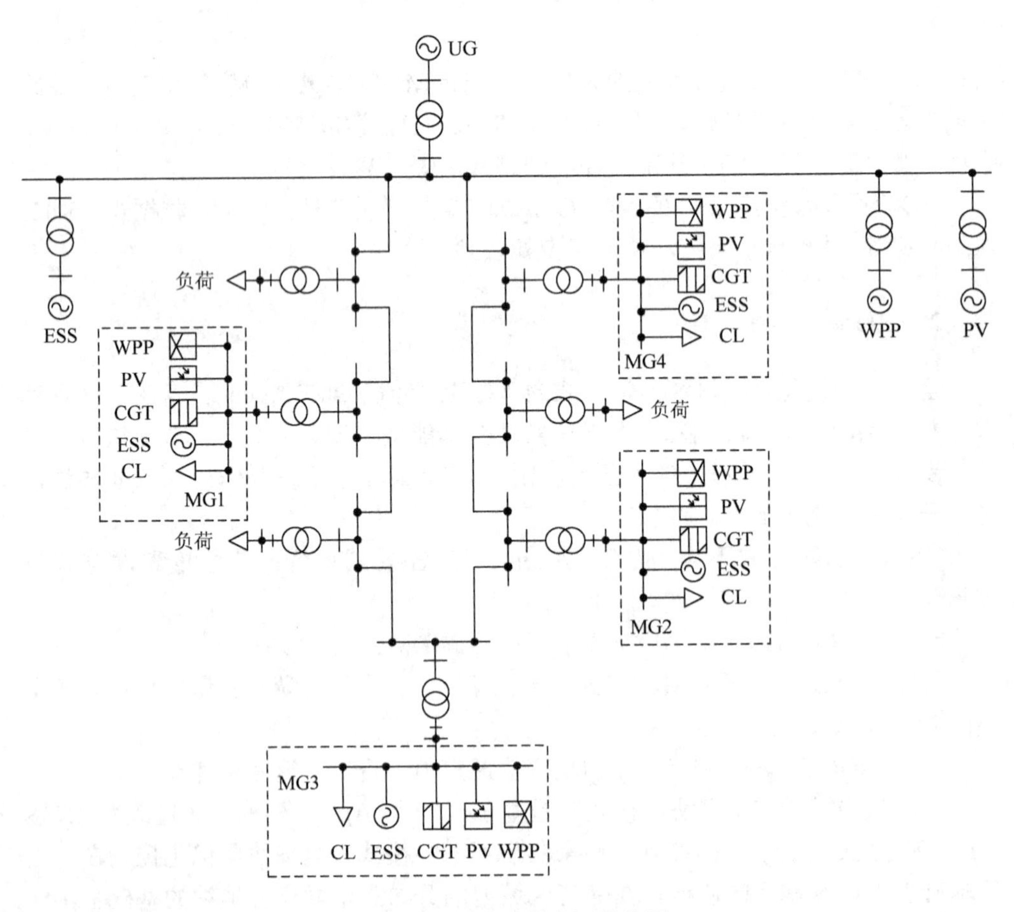


图 5-10 NTUA 微电网结构图

设定四个微电网的装机结构相同，各微电网均由 1×0.3MW WPP、1×0.25MW PV、1×0.2MW CGT 和 1×0.15MW ESS 组成。为分析不同运行策略对储能系统参与微电网调度的影响，本章设定 MG1 和 MG3 中储能系统以最长寿命周期为运行目标，即匹配 LCC Agent；MG2 和 MG4 中储能系统以最优经济效益为运行目标，即配备 OEE Agent。储能系统额定充放电功率为 0.08MW，最大充放电功率为 0.12MW。对于燃气轮机机组，爬坡和降坡功率为 0.05MW/h，启停时间分别为 0.1h 和 0.2h，启动成本为 0.082 元/(kW·h)。参照文献[65]，将燃气轮机机组发电成本函数线性化为两段函数，其斜率分别为 85 元/MW 和 212 元/MW。设定 MG1 和 MG2 负责区域内负荷需求相同，MG3 和 MG4 负责区域内负荷需求相同。参照文献[62]，选择典型负荷日负荷需求，不同微电网内负荷需求分布如图 5-11 所示。

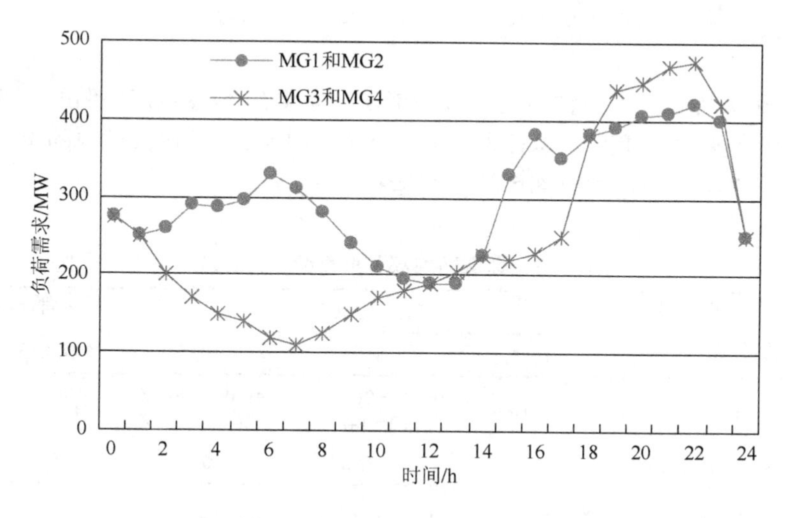


图 5-11　微电网内负荷需求分布

设定风电机组参数如下：$v_{in}=3\text{m}/\text{s}$，$v_{rated}=14\text{m}/\text{s}$ 和 $v_{out}=25\text{m}/\text{s}$，形状参数 $\varphi=2$ 和尺度参数 $\vartheta=2\overline{v}/\sqrt{\pi}$。光伏发电机组参数中，太阳能辐射强度参数 $\alpha$ 和 $\beta$ 分别为 0.3 和 8.54[66]。不同虚拟电厂负责区域内风电和光伏发电可用输出功率相同，同时为了模拟风电和光伏发电出力，应用文献[67]所提不确定性因素场景模拟和削减方法，得到 20 组典型出力场景，并选发生概率最大的场景作为风电和光伏发电输出场景。图 5-12 为风电和光伏发电可用出力。

设定燃气轮机发电、风电和光伏发电上网电价分别为 0.52 元/(kW·h)、0.61 元/(kW·h) 和 1.0 元/(kW·h)[68]。储能系统充放电价格享受实时电价，充放电损耗为 4%。为激励用户参与虚拟电厂发电调度，分别设定可中断电价和峰谷分时电价，引导用户

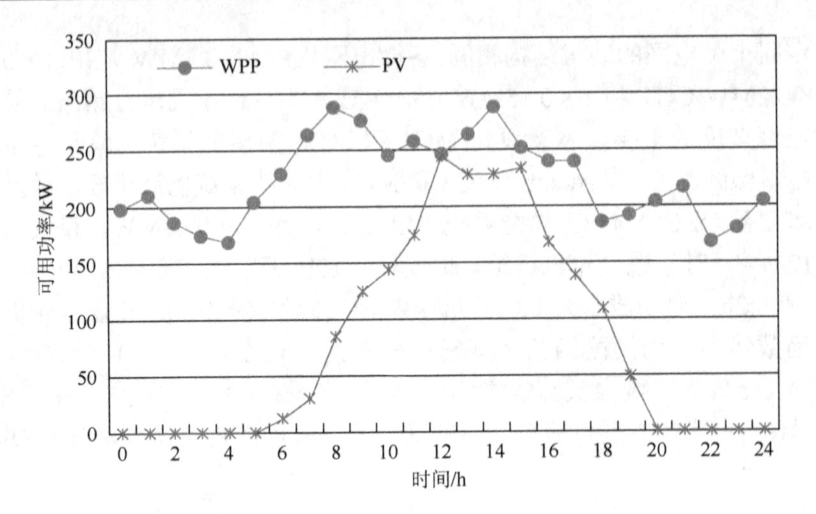


图 5-12 风电和光伏发电可用出力

提供可中断负荷和可调节性负荷，参与能源市场调度和备用市场调度。其中，参照文献[69]和文献[70]设定 MG1 和 MG3、MG2 和 MG4 所在区域内的电力价格弹性矩阵。表 5-1 为微电网内部可控负荷运行参数。

**表 5-1 微电网内部可控负荷运行参数**

| 区域 | | 峰谷分时电价 | | | 可中断电价 | |
|---|---|---|---|---|---|---|
| | | 峰时段 | 谷时段 | 平时段 | 能源市场 | 备用市场 |
| MG1 和 MG3 | 时段 | 15：00～24：00 | 0：00～2：00；8：00～14：00 | 14：00～15：00；2：00～8：00 | | |
| | 价格/(元/(kW·h)) | 0.69 | 0.33 | 0.55 | 0.59 | 0.85 |
| MG2 和 MG4 | 时段 | 0：00～2：00；18：00～24：00 | 2：00～10：00 | 10：00～18：00 | | |
| | 价格/(元/(kW·h)) | 0.74 | 0.30 | 0.52 | 0.55 | 0.95 |

2. 情景设定

为分析需求响应对微电网运行的优化效应，并对比孤网运行模式和并网运行模式下系统调度结果，本章设定三种模拟仿真情景，具体如下。

情景 1：基础情景，该情景下微电网处于孤网运行模式，并不考虑 PBDR 对负荷曲线的平滑效应，各 MGCC Agent 独立协调各微电网内部单元组件的优化运行问题，满足各微电网运行目标。

情景 2：PBDR 情景，该情景下微电网仍处于孤网运行模式，但考虑 PBDR

对负荷曲线的平滑效应，重点模拟 MG1 和 MG4 运行结果，用以对比基础情景，量化分析 PBDR 对微电网运行的影响。

情景 3：并网情景，该情景主要用于模拟并网运行模式下微电网运行优化结果，同样，考虑 PBDR 对负荷曲线的平滑效应，同样模拟 MG2 和 MG3 并网运行优化结果，用以对比孤网运行模式和并网运行模式。

根据上述三种情景，对比情景 1 和情景 2 可分析 PBDR 对负荷曲线的平滑效应，同时，对比情景 2 和情景 3 可分析微电网处于不同运行模式下的决策优化策略。

3. 算例结果

基于上述三种模拟仿真情景，结合仿真系统的基础数据，借助 Agent 的自治性和协作性实现主动配电网能量自治协同管理，并基于 JADE 开发平台搭建了仿真环境，对所提需求响应参与清洁能源集成微电网能量协调控制模型进行实例分析，得到不同情景下微电网运行优化结果。

1）情景 1，基础情景调度优化结果

该情景主要用于分析孤网运行模式下不同微电网调度优化结果。其中，MG1 和 MG3 中储能系统以最优经济效益为运行目标；MG2 和 MG4 中储能系统以最长寿命周期为运行目标，得到四个微电网的运行优化结果。图 5-13～图 5-16 分别表示 MG1～MG4 微电网运行优化结果。

根据孤网运行模式下 MG1～MG4 运行结果，其运营收益分别为 5304.36 元、5489.49 元、4471.46 元和 4615.94 元，风电并网电量分别为 4.263MW·h、4.521MW·h、3.074MW·h 和 3.37MW·h，光伏发电并网电量分别为 1.732MW·h、1.771MW·h、

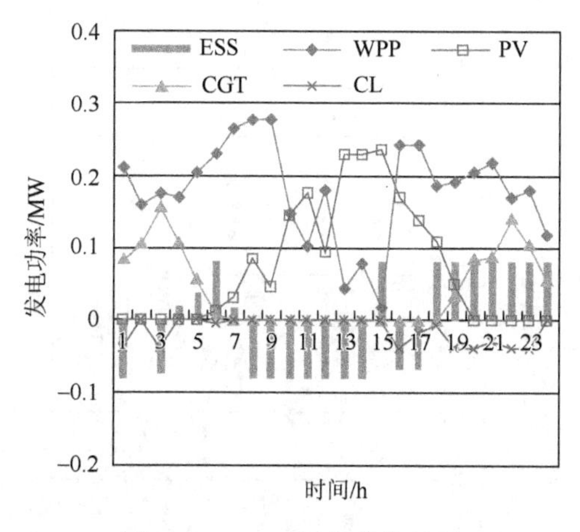


图 5-13　MG1 运行优化结果

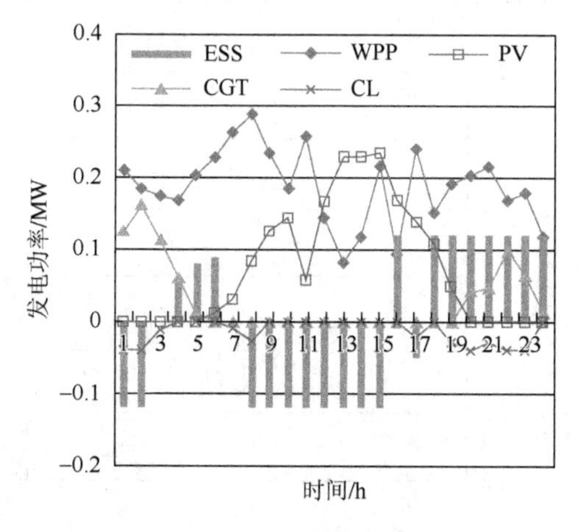


图 5-14　MG2 运行优化结果

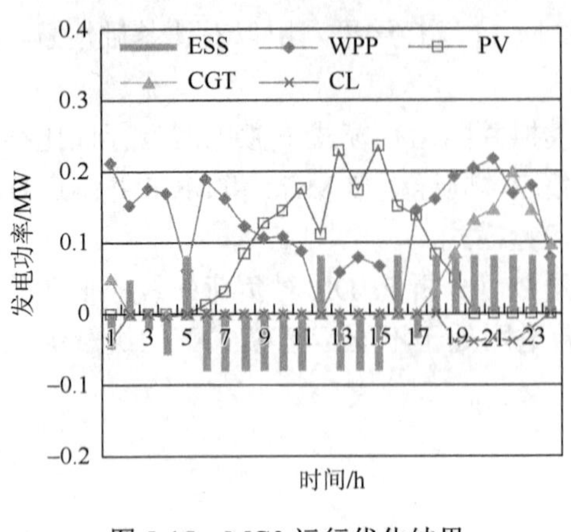


图 5-15　MG3 运行优化结果

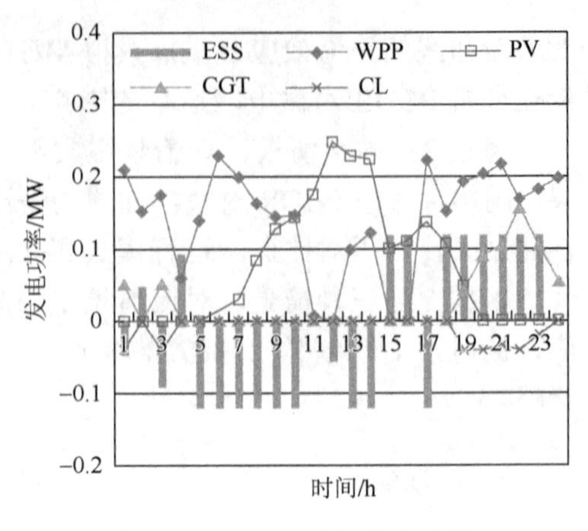


图 5-16　MG4 运行优化结果

1.732MW·h 和 1.771MW·h。MG1 中储能系统充放电功率分别为 0.826MW·h 和 0.793MW·h，MG4 中储能系统充放电功率分别为 1.266MW·h 和 1.1MW·h。对比 MG1 和 MG2、MG3 和 MG4 可知，当储能系统以最优经济效益为目标时，其微电网运营收益、风电并网电量和光伏发电并网电量均要高于储能系统以最长寿命周期为目标的情景。对比 MG1 和 MG3、MG2 和 MG4 可知，由于 MG3 和 MG4 系统负荷需求较低，风电和光伏发电并网电量较低，系统整体运营收益也较低。

2）情景 2，PBDR 情景调度优化结果

该情景主要用于讨论 PBDR 对微电网运行的优化效应，由于 MG1 和 MG2 负责区域负荷需求相同，MG3 和 MG4 负责区域负荷需求相同，本节选择 MG1 和 MG4 作为仿真情景，用于对比 PBDR 引入前微电网运行结果。图 5-17 和图 5-18 分别为 PBDR 引入后 MG1 和 MG4 的运行优化结果。

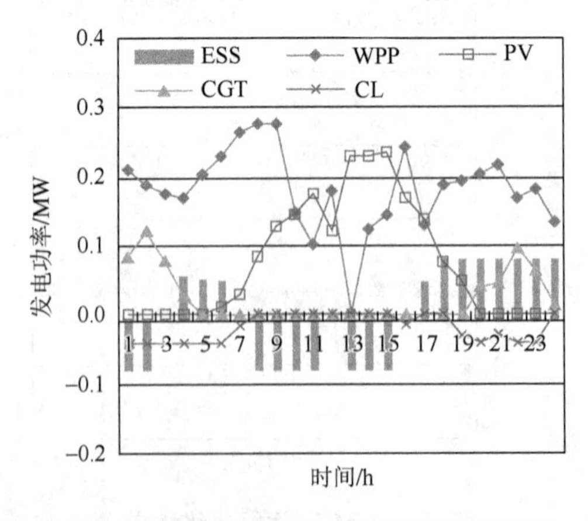


图 5-17　PBDR 引入后 MG1 运行优化结果

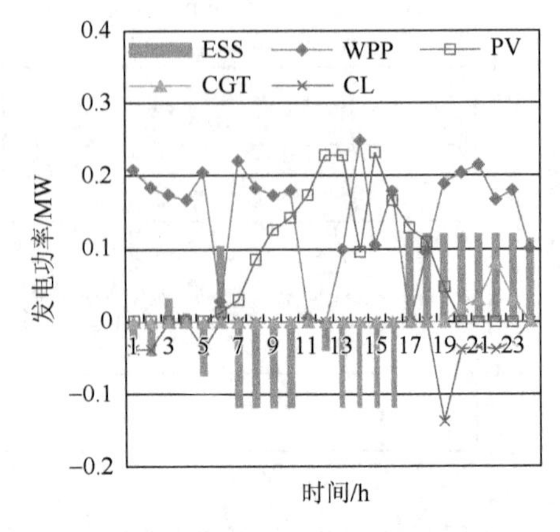


图 5-18　PBDR 引入后 MG4 运行优化结果

将图 5-17 和图 5-18 与图 5-13 和图 5-16 进行对比可知，引入 PBDR 能够平缓用户负荷需求曲线，MG1 和 MG4 中风电并网电量分别为 4.324MW·h 和 3.524MW·h，光伏发电并网电量分别为 1.811MW·h 和 1.812MW·h，高于 PBDR 引入前风电和光伏发电并网电量。同时，由于负荷曲线平滑程度更高，系统对燃气轮机机组和储能系统的备用需求也相应降低，燃气轮机机组发电功率分别为 0.567MW·h 和 0.159MW·h，这表明 PBDR 有利于平滑用电需求曲线，促进风电和光伏发电并网，优化微电网运行结果。

3）情景 3，并网情景调度优化结果

该情景主要用于模拟并网运行模式下微电网调度优化结果，以 MG2 和 MG3 作为仿真情景，讨论本章所提微电网能量协调控制模型用于并网运行模式的有效性。图 5-19 和图 5-20 分别表示并网运行模式下 MG2 和 MG3 运行优化结果。

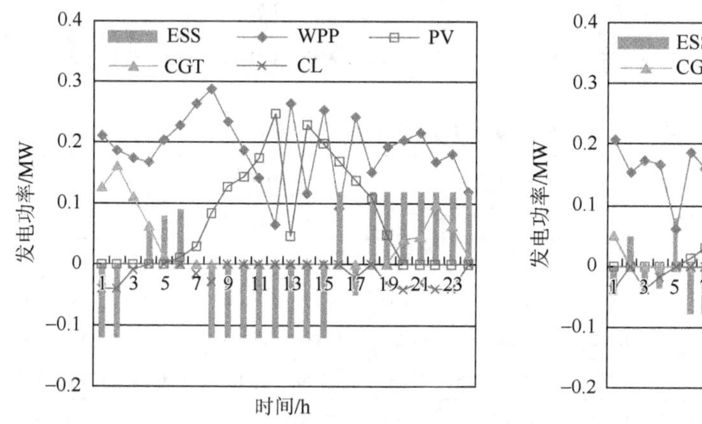


图 5-19　并网运行模式下 MG2 运行优化结果

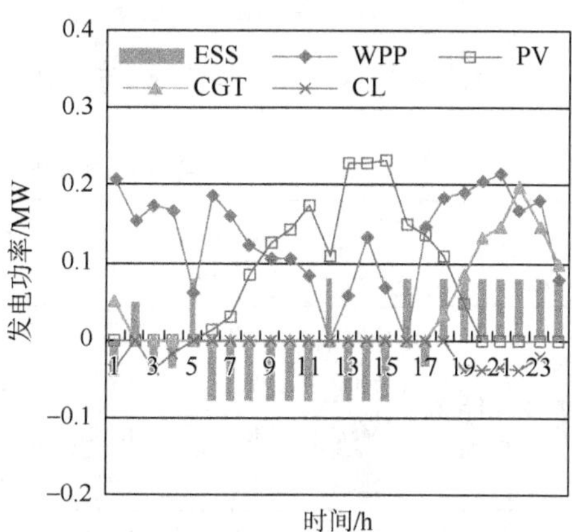


图 5-20　并网运行模式下 MG3 运行优化结果

将图 5-19 和图 5-20 与图 5-14 和图 5-15 进行对比，由于 MG2 和 MG3 负责区域内负荷需求较低，弃风和弃光电量较大，当 MG2 和 MG3 处于并网运行模式时，DMS Agent 会根据系统整体负荷需求，协调调度不同微电网内分布式电源的运行情况，MG2 和 MG3 区域部分风电和光伏发电外送至其他微电网以满足负荷需求，这提高了 MG2 和 MG3 中风电和光伏发电并网电量，分别达到 4.542MW·h 和 3.156MW·h、1.75MW·h 和 1.814MW·h，这也表明所提微电网能量协调控制机制能够用于微电网孤网运行模式及并网运行模式下的优化决策。

其次，为了深入对比分析 PBDR 对储能系统运行的影响以及微电网能量协调控制的重要作用，本章收集整理不同情景下储能系统运行结果、各区域净负荷需求曲线、不同情景下不同电源运行状况和不同情景下负荷曲线的峰谷比。通过对比分析能够量化 PBDR 对微电网的运行优化效应，同时，验证所提微电网能量协调控制机制在微电网处于孤网运行模式和并网运行模式下进行决策优化的有效性。图 5-21 和图 5-22 分别表示不同情景下储能系统运行结果和净负荷需求曲线，表 5-2 为不同情景下系统整体运行优化结果。

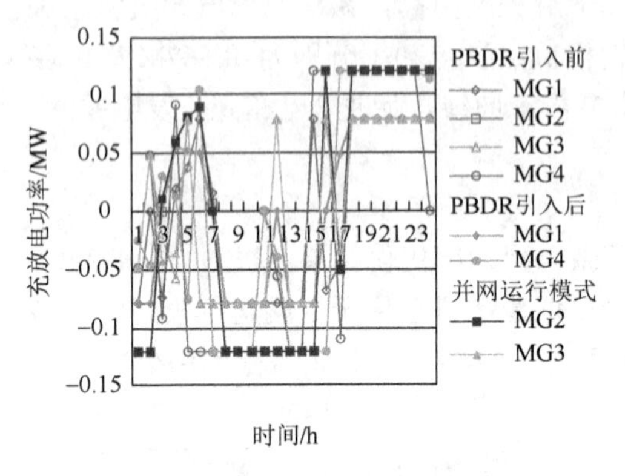


图 5-21 不同情景下储能系统运行结果

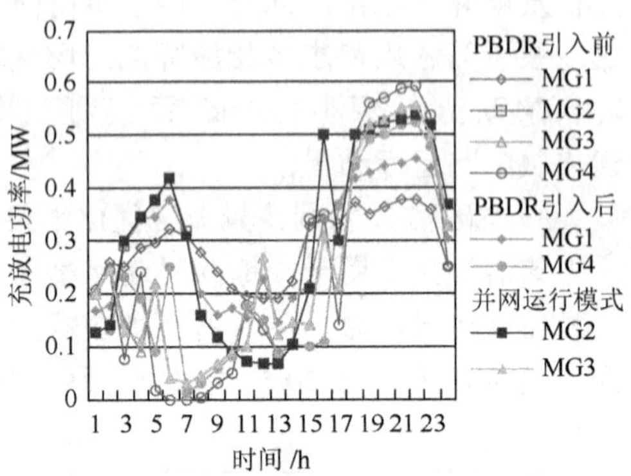


图 5-22 不同情景下净负荷需求曲线

**表 5-2 不同情景下系统整体运行优化结果**

| 情景 | 微电网 | WPP/(MW·h) | PV/(MW·h) | CGT/(MW·h) | CL/(MW·h) | ESS/(MW·h) | | 峰谷比 | 收益/元 |
|---|---|---|---|---|---|---|---|---|---|
| | | | | | | 充电 | 放电 | | |
| PBDR 引入前 | MG1 | 4.263 | 1.732 | 1.027 | −0.334 | 0.826 | 0.793 | 2.21 | 5304.36 |
| | MG2 | 4.521 | 1.771 | 0.737 | −0.328 | 1.25 | 1.2 | 2.21 | 5489.49 |
| | MG3 | 3.074 | 1.732 | 0.888 | −0.22 | 0.883 | 0.848 | 4.32 | 4471.46 |
| | MG4 | 3.37 | 1.771 | 0.652 | −0.256 | 1.266 | 1.1 | 4.32 | 4615.94 |
| PBDR 引入后 | MG1 | 4.324 | 1.811 | 0.567 | −0.452 | 0.72 | 0.768 | 1.68 | 5367.45 |
| | MG4 | 3.524 | 1.812 | 0.159 | −0.404 | 1.147 | 1.101 | 3.06 | 4653.53 |
| 并网运行模式 | MG2 | 4.542 | 1.75 | 0.737 | −0.336 | 1.125 | 1.018 | 2.21 | 5535.99 |
| | MG3 | 3.156 | 1.814 | 0.888 | −0.274 | 0.849 | 0.814 | 4.32 | 4616.82 |

根据表 5-2，结合图 5-21 和图 5-22 可知，PBDR 引入前 MG1 和 MG4 的负荷曲线峰谷比分别为 2.21 和 4.32，PBDR 引入后 MG1 和 MG4 负荷曲线峰谷比分别为 1.68 和 3.06，这说明需求响应的引入能够平滑用电负荷需求曲线，这也有利于风电和光伏发电的并网，例如，PBDR 引入前后 MG1 中风电并网电量分别为 4.263MW·h 和 4.324MW·h。孤网运行模式下，MG2 和 MG3 中风电和光伏发电并网电量分别为 4.521MW·h 和 1.771MW·h、3.074MW·h 和 1.732MW·h，当 MG2 和 MG3 处于并网运行模式后，风电和光伏发电并网电量分别 4.542MW·h 和 1.75MW·h、3.156MW·h 和 1.814MW·h，这说明当微电网处于并网运行模式后，系统 DMS Agent 将根据整体负荷需求及各个微电网内部电源供需情况，协调控制不同微电网的优化运行，

这使得负荷需求较低的 MG2 与 MG3 中风电和光伏发电能够将剩余的电能跨区送至其他微电网以满足负荷需求。总体来说，需求响应参与清洁能源集成微电网有利于平滑用户负荷需求曲线，优化风电和光伏发电的并网。本章所提能量协调控制机制能够为微电网处于孤网运行模式和并网运行模式进行优化决策。

## 5.5 本章小结

本章重点研究需求响应参与清洁能源集成微电网的运行优化机制，提出了一种基于 MAS 的微电网能量协调控制机制，采用分布式 Agent 架构协调微电网运行优化，运用激励信号构建 Agent 的基本通信和协调模型，综合考虑系统整体运行目标和微电网内部及分布式电网的运行目标。相对集中式结构，分布式 Agent 结构中任意节点目标的改变都不会影响整体和其他节点运行。首先，本章介绍了微电网的定义特征以及运行模式，为开展基于 MAS 的微电网功能需求分析奠定了理论基础。其次，引入 MAS 开展了微电网的功能需求分析，建立了微电网的基本结构。最后，基于微电网的功能需求分析，建立了基于 MAS 的微电网控制协调策略，并选择欧盟 More Microgrids 项目作为仿真系统。实例分析表明，所提能量协调控制机制是不同运行模式下微电网优化决策的有效工具。

# 第 6 章　虚拟电厂调度运行优化模型

本章研究多种清洁能源集成虚拟电厂调度优化模型。首先，介绍虚拟电厂的基本定义、关键技术以及与微电网的差异特征；其次，将需求响应集成至虚拟电厂中，并将调度阶段划分为日前调度和时前调度，以风电和光伏发电日前预测功率作为随机变量，超短期或者实时功率作为随机变量的实现，建立虚拟电厂双层调度优化模型；最后，分析虚拟电厂运营过程中的不确定性因素，建立虚拟电厂随机调度优化模型，并通过算例分析验证所提模型及算法的有效性。

## 6.1　概　　述

能源危机与环境污染日益严峻，驱使以太阳能、风能为代表的分布式可再生能源在能源格局中扮演着越来越重要的角色[71]。但受制于分布式能源容量小、间歇性、分散性等自身特性的影响，分布式能源难以独立加入电力市场运营[72]。虚拟电厂的提出为分布式能源加入电力市场运营提供了新的思路，在不改变分布式电源并网方式的前提下，虚拟电厂通过先进的控制、计量、通信等技术聚合分布式电源、储能、可控负荷等不同类型的分布式能源，并通过更高层面的软件构架实现多个分布式能源的协调优化运行[73]。不同于微电网，虚拟电厂通过先进的控制、计量、通信等技术将不同位置、不同类型、不同容量的分布式能源整合起来，利用不同分布式能源之间的时空互补性，消纳间歇性分布式能源的出力随机性，提高了虚拟电厂整体上网时的稳定性和进入电力市场时的竞争力[74]。

近年来，许多国家相继开展了虚拟电厂的试点项目。2007 年卡塞尔大学将遍布德国各地的 28 个风力涡轮机、太阳能系统、沼气电站和水电站连在一起，作为最大的虚拟电厂试点项目，测试了虚拟电厂概念[75]。2009 年，丹麦电动汽车智能并网项目考虑大规模风电出力不确定性，采用虚拟电厂技术实现了对电动汽车智能充放电的管理[76]。2012 年，德国莱茵集团开始运营第一家商用规模的虚拟电厂，采用西门子公司设计的一套能源管理系统，将这些绿色能源设备的输出组合在一起，实现稳定供电，并获得政府补贴[45]。2008 年，中国广州大学城分布式能源站投入运行，主要是燃气-蒸汽联合循环机组发电，满足大学城用电和用热需求[77]。2011 年，中国风光储输试点项目在张北建成投产，是目前世界上规模最大的，集风电、光伏发电、储能、智能输电于一体的新能源综合利用平台[78]。2014 年，中国国电集团公司云南小中甸风光水分布式电源示范工程成功并入中国南方电网，进行商业运行[79]。

然而，上述研究存在一定的不足。首先，尽管部分文献考虑了风电和光伏发电的不确定性，并讨论了不确定性对虚拟电厂运行的影响，但均是通过预测或者模拟风电和光伏发电输出功率，未能讨论其波动性对虚拟电厂运行的作用。其次，由于需求响应能够优化用户侧用电行为，衔接发电侧和用户侧协同消纳清洁能源，实现虚拟电厂的最优化运行。部分文献讨论了 IBDR 如何参与虚拟电厂发电调度，但鲜有文献涉及 PBDR 优化用户侧需求负荷以及对虚拟电厂运行的优化效应。最后，大部分文献研究主要针对日前调度阶段，实际电力系统调度属于时前调度，甚至时段调度。因此，本章结合上述研究不足，在构建虚拟电厂调度模型时，分别建立了虚拟电厂双层调度优化模型以及考虑不确定性下的虚拟电厂随机调度优化模型，并针对性地建立模型求解算法，通过实际案例检验所提模型的有效性和适应性。

## 6.2　虚拟电厂的基本内涵

近年来，智能电网技术受到了国内外的广泛关注，各国陆续出台了智能电网发展激励政策，推动了超高压电网和配电网的发展进程，促进了分布式能源优化利用，增强了电网、电源和用户负荷间的智能互动，这为虚拟电厂发展提供了坚实的保障。本节重点介绍虚拟电厂的定义、关键技术，为研究虚拟电厂调度提供理论基础。

### 6.2.1　虚拟电厂的定义

目前，虚拟电厂的研究与实施主要集中在北美和欧洲地区。相关机构统计，2009 年底，全球虚拟电厂累计装机容量为 19.4GW，其中，美国虚拟电厂占比为 44%，欧洲虚拟电厂占比为 51%。2011 年底，全球虚拟电厂累计装机容量已增长至 58.6GW。但美国和欧洲虚拟电厂的实施有着较大的差异，欧洲虚拟电厂主要以提高分布式电源可靠并网和优化电力市场效益为项目出发点，而美国虚拟电厂主要源于需求响应计划，同时兼顾分布式可再生能源的优化利用，两者分别以分布式电源和可控负荷作为虚拟电厂的关键组件。这也使得尽管虚拟电厂的概念已被提出多年，但世界范围尚未形成统一的标准定义。

“虚拟电厂”术语最早源于 Shimon Awerbuch 博士在 1997 年发表著作《虚拟公共设施：新兴产业的描述、技术及竞争力》中提出的虚拟公共设施的定义，即虚拟公共设施主要是指以市场为驱动的多个独立实体间通过灵活合作为消费者提供高效电能服务，这些独立实体并不需要拥有相应的资产。与虚拟公共设施功能内涵相似，虚拟电厂通过先进的控制、计量、通信等技术聚合分布式电源、储能、可控负荷等不同类型的分布式能源，并通过更高层面的软件构架实现多个分布式能源间的协调优化运行。虚拟电厂并不改变分布式能源的并网形式，只是通过协调组合分布式能源提升并网效果，有利于提高分布式能源并网的社会经济效益，降低电力市场中分布式能源独自运行可能带来的失衡风险，保证了有序合理的配电管理，提高了系统的安全可靠运行。图 6-1 为欧洲 flexible electricity network to integrate the expected energy solution（FENIX）项目中的虚拟电厂概念。

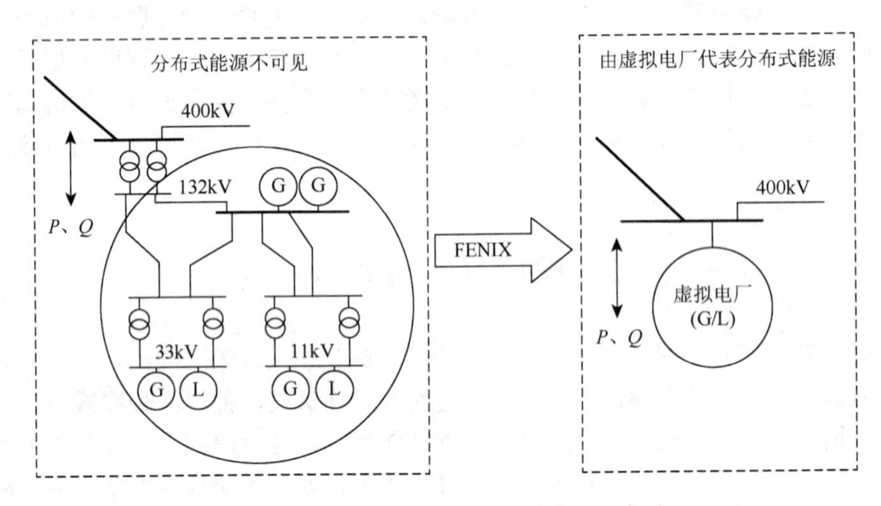


图 6-1　欧洲 FENIX 项目中的虚拟电厂概念

虚拟电厂的最大优势是能够聚合不同分布式能源参与能源市场调度和辅助服务市场调度，有利于支撑配电网和输电网优化运行。按功能不同，虚拟电厂可以划分为商业型虚拟电厂（commercial VPP，CVPP）和技术型虚拟电厂（technical VPP，TVPP）两个模块。商业型虚拟电厂主要是从商业收益角度出发，实现不同分布式能源优化投资组合，主要功能是基于用户负荷预测和分布式能源输出功率预测制定虚拟电厂最优发电计划，深入参与电力市场竞标，商业型虚拟电厂以传统发电厂相同的并网方式整合分布式能源参与电力市场，但并不考虑虚拟电厂对配电网的影响。技术型虚拟电厂更多地从系统整体管理角度出发，考虑虚拟电厂并网对配电网的影响，兼顾分布式能源投资组合的运行成本特性，基本功能包括为调度中心提供系统管理、平衡和辅助服务。中国目前尚未形成发电、输电、配电、售电完全独立的电力市场模式，故本章主要以商业型虚拟电厂为研究对象构建虚拟电厂调度优化模型。

## 6.2.2　虚拟电厂的关键技术

虚拟电厂调度运行依赖先进的智能化和信息化技术，实现虚拟电厂内部分布式能源的优化整合，强化虚拟电厂内部分布式能源的信息传输，增强虚拟电厂与电网间的交互互动。整体来说，为实现虚拟电厂的最优化运行，需加强虚拟电厂协调控制技术、智能计量技术和信息通信技术的建设与发展，具体介绍如下。

1）协调控制技术

虚拟电厂主要通过聚合不同分布式能源，如分布式电源、储能系统和可控负荷，实现虚拟电厂整体最优化运行，以最优的功能和效果对外呈现，这使得聚合不同分布式能源实现满足系统高要求和多约束的电能输出成为虚拟电厂的协调控制关键点。特别是，虚拟电厂聚合了以风电、光伏发电为代表的分布式电源，由于发电出力具有随机特性，虚拟电厂运行面临着诸多不确定性，这就要求虚拟电厂内部建立合理的配合机制，提高虚拟电厂输出电能质量和经济特性。为了实现该目标，国内外学者相继提出了两种虚拟电厂控制结构——集中式控制结构和分散式控制结构。图 6-2 为虚拟电厂集中式控制结构图和分散式控制结构图。

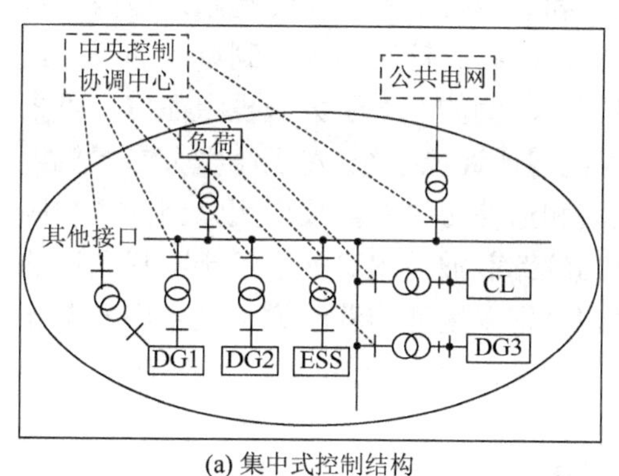


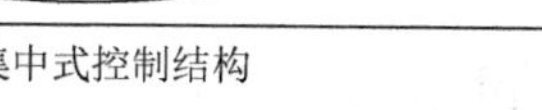
(a) 集中式控制结构

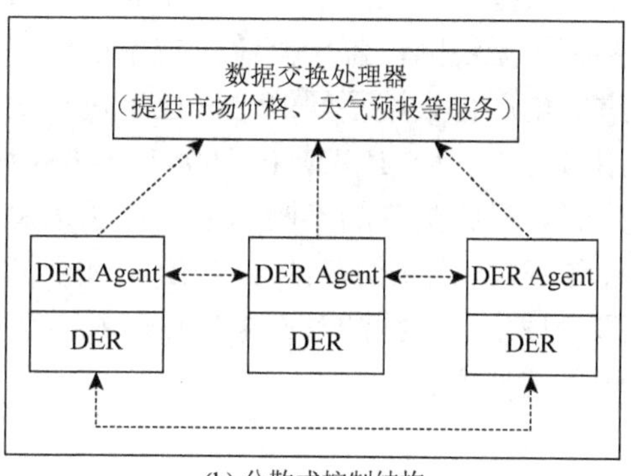

(b) 分散式控制结构

图 6-2　虚拟电厂集中式控制结构和分散式控制结构

集中式控制结构通过设置中央控制单元（又称中央控制协调中心）来完成虚拟电厂全部的优化决策。虚拟电厂中各单元均通过信息技术与中央控制单元进行交互联系。中央控制单元一般采用能量管理系统协调机组潮流、储能系统和可控负荷。能量管理系统根据虚拟电厂运行目标，如发电成本最小、经济效益最大、弃能电量最小等，收集各单元状态信息，选择最优决策方案，实现虚拟电厂的最优化运行。分散式控制结构通过将决策权完全下放至虚拟电厂内部各分布式单元，设置信息交换代理替代中央控制单元，信息交换代理仅负责向所控制结构表的分布式单元提供价格信号、数据采集和天气预报等有价值服务。集中式控制结构易于实现虚拟电厂最优运行，但拓展性和兼容性较差，分散式控制结构能够实现即插即用，具备较好的开放性和拓展性。

2）智能计量技术

智能计量技术是虚拟电厂的重要组成部分之一，是实现监测和控制虚拟电厂内部分布式单元状态信息的基础。智能计量技术的重要作用是主动测量和获取用户住宅内冷、热、电、气、水的消费量或生产量，也就是通常所说的“自动抄表”，为虚拟电厂实时监控电源和负荷提供了信息获取工具。未来，随着智能化技术的不断成熟，智能计量技术能够逐步实现自动计量管理和高度计量体系，实现远程监测和管理用户信息数据，并将信息自动发送给相关各方。对终端用户来说，全部的计量数据均可通过用户室内网平台，在计算机上进行读取，便于直观地展示用户消费和生产的电量、电费等相关信息，有利于用户制定合理的调节措施。

3）信息通信技术

虚拟电厂需要实施双向通信技术，既能够接收内部各分布式单元的状态信息，又能够向所控制的分布式单元发送相应的控制信息。虚拟电厂主要采用的通信技术包括基于互联网技术、电力线路载波技术和无线技术等。在终端用户室内，主要利用无线网、蓝牙等通信技术搭建室内通信网络。针对不同控制单元的特点，虚拟电厂可采用不同的通信技术进行信息交互。例如，对于大型机组而言，可采用 IEC60870-8-101 或 IEC60870-8-104 协议的普通遥控系统。对于小型分布式机组来说，机组数量的不断递增凸显了信息渠道和通信协议的重要作用，但为了控制通信成本，未来简单的 TCP/IP 适配器和电力线路载波技术可能会逐步取代昂贵的遥测技术。在欧洲虚拟电厂中，荷兰和德国分别采用通用移动通信技术、双向无线通信技术。

## 6.3 虚拟电厂的基本特征

### 6.3.1 虚拟电厂的基本结构

本章将风电（wind power plant，WPP）、光伏发电（photovoltaic generation，PV）、燃气轮机发电（combustion-gas turbine，CGT）、储能系统（energy storage system，ESS）和 IBDR 组合为虚拟电厂，并在用户侧对可调节性负荷实施 PBDR。微电网主要通过集成各分布式电源形成微电网，并以就地利用为基本原则，需求响应未能作为微电网的基本组件，而是作为外部协调途径，实现微电网最优化运行。虚拟电厂将 IBDR 纳入虚拟电厂，将用户侧节省用电负荷看作虚拟发电机组，研究其与分布式电源和储能系统的协同优化运行。从整体上来说，虚拟电厂为获得超额经济效益往往会根据用户负荷需求利用储能系统充放电功能转移部分时段用电负荷或利用需求响应参与能源市场或备用市场调度。从整体上来看，虚拟电厂能够根据用户负荷需求分布，优化调整分布式电源输出功率、储能系统运行行为和需求响应策略，以获取最佳的虚拟电厂运营效益。

由于电力系统调度属于事前调度，风电和光伏发电需要根据实时来风与太阳能辐射强度来确定，这意味着系统需在获取确定的风电和光伏发电输出功率前制定调度计划。本节将调度阶段划分为日前调度阶段和时前调度阶段，建立虚拟电厂双层调度优化模型。其中，在日前调度阶段，应用相关场景模拟方法确定风光日前输出功率，制订虚拟电厂日前调度计划。为提升虚拟电厂的调节特性，风电、光伏发电和储能系统在日前阶段被调用形成初始调度方案，IBDR 在时前阶段被调用来修正日前阶段调度方案。最大化运营效益作为虚拟电厂日前调度目标函数，综合考虑负荷供需平衡约束、分布式电源出力约束和系统备用约束。在时前调度阶段，风电和光伏发电时前预测功率用于修正日前调度方案，最大化风电和光伏发电利用率、最小化系统净负荷波动和最小化系统发电成本作为目标函数，第一个目标函数用于优化储能和需求响应运行策略实现风光输出功率最大化，第二个目标函数用于优化燃气轮机发电运行计划实现发电成本最小化。其中，IBDR 在时前阶段被调用参与能源市场和备用市场调度，以实现系统运营方案最优化的目标。图 6-3 为虚拟电厂基本结构图。

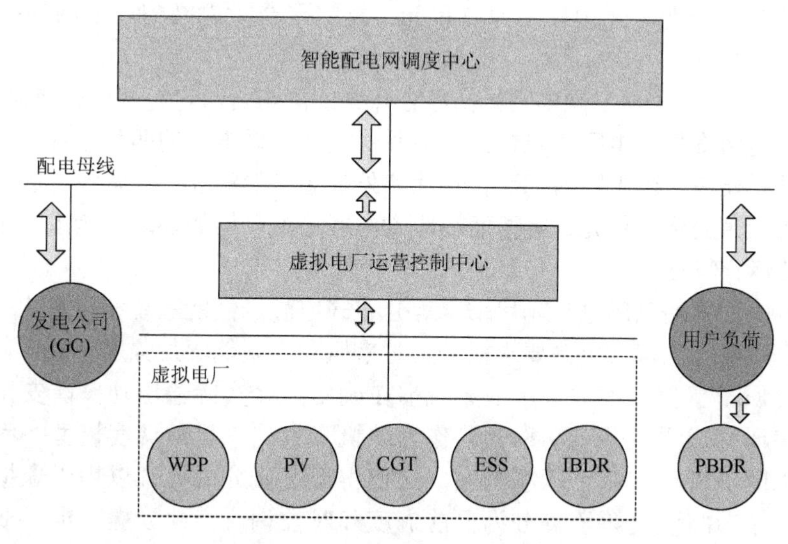


图 6-3　虚拟电厂基本结构图

### 6.3.2 虚拟电厂与微电网的区别

虚拟电厂和微电网是实现分布式电源并网的两种具有创造力与吸引力的重要形式。微电网技术的提出旨在解决分布式电源并网运行时的主要问题，同时由于它具备一定的能量管理功能，并尽可能维持功率的局部优化与平衡，可有效降低系统运行人员的调度难度。虚拟电厂的提出是为了整合各种分布式能源，包括分布式电源、可控负荷和储能装置等。尽管微电网和虚拟电厂均可以解决分布式电源与其他组件相互组合并网的问题，但两者仍具有较大的差异，具体介绍如下。

（1）基本设计理念。微电网主要采取自下而上的设计理念，以“自治”为核心，建立以分布式电源和用户就地应用为核心的设计目标，通过设置静态开关控制微电网并网运行或孤网运行。虚拟电厂则以“参与”为核心，通过吸引和聚合不同分布式能源为一个类似于常规电厂的整体参与电力市场和辅助服务市场，以协调和控制整体对外呈现功能效果为目标。

（2）主要构成方式。微电网主要依赖于元件构成，但为了控制电网拓展成本，微电网地理位置上靠近分布式电源，不能够涵盖地理位置偏远的分布式发电设施。虚拟电厂则主要依赖于软件技术构成，通过先进的信息通信技术和智能计量技术，为不同分布式能源参与集成运行提供保障。虚拟电厂的辖域范围和市场交互主要取决于信息可覆盖范围，虚拟电厂通过中央控制单元或信息代理单元协调分布式能源，无须拓展原有单元，能够聚合微电网辖域范围外的分布式电源。

（3）运行模式特性。微电网根据静态开关闭闸与否决定并网运行或孤网运行，虚拟电厂则始终与大电网相连，只处于并网模式。微电网的两种运行模式决定了其运行时需要考虑微电网内部运行特性和外部系统的相互作用特性。虚拟电厂作为分布式能源的聚合单元，需要面临比微电网更为严格的要求，满足常规电厂需要考虑的运行特性。

虚拟电厂主要以风电与光伏发电等分布式电源、储能系统和需求响应作为基本组件，风电与光伏发电需要求根据实时来风和太阳能辐射强度来确定，但电力系统调度属于事前调度类型，故系统需在确定风光实际输出功率前安排调度方案。现有研究成果主要以功率预测作为随机变量建立日前调度模型，而电力系统调度以时前调度或分钟调度为主，这使得现有研究成果难以用于虚拟电厂优化调度。本节将调度阶段划分为日前调度和时前调度，建立虚拟电厂双层调度优化模型。

# 6.4　计及需求响应的虚拟电厂双层调度优化模型

## 6.4.1　上层日前调度优化模型

在日前调度阶段，WPP、PV、CGT和ESS被调用，对WPP和PV输出功率进行模拟，得到不同情景下WPP和PV输出功率模拟结果，本节以运营收益最大化为目标，构建虚拟电厂日前调度优化模型，具体目标函数如下：

$$\max R=\sum_{t=1}^{T}\sum_{s=1}^{S}\gamma_s(\pi_{W,t}+\pi_{\mathrm{PV},t}+\pi_{\mathrm{ESS},t}+\pi_{\mathrm{CGT},t})_s \tag{6-1}$$

式中，$R$为虚拟电厂运营收益最大化目标函数；$\gamma_s$为场景$s$的权重系数；$\pi_{W,t}$、$\pi_{\mathrm{PV},t}$、$\pi_{\mathrm{ESS},t}$、$\pi_{\mathrm{CGT},t}$分别为WPP、PV、ESS和CGT在场景$s$下的运营收益，分别由式（5-26）、式（5-30）、式（5-9）和式（5-18）计算。

WPP、PV、CGT和ESS在上层日前调度优化模型中调用，IBDR主要考虑在下层时前调度优化模型中调用，但PBDR可以在日前阶段影响用户负荷需求分布。因此，上层日前调度优化模型需要考虑的约束条件包括负荷供需平衡约束、ESS运行约束、PBDR运行约束和系统备用约束等，具体约束条件如下。

1）负荷供需平衡约束

$$\underbrace{g_{W,t}(1-\varphi_W)+g_{\mathrm{PV},t}(1-\varphi_{\mathrm{PV}})+(g_{\mathrm{ESS},t}^{\mathrm{dis}}-g_{\mathrm{ESS},t}^{\mathrm{chr}})+g_{\mathrm{CGT},t}(1-\varphi_{\mathrm{CGT}})}_{\text{虚拟电厂日前调动出力}}+g_{\mathrm{GC},t}=L_t-u_{\mathrm{PB},t}\Delta L_{\mathrm{PB},t} \tag{6-2}$$

式中，$g_{\mathrm{GC},t}$为虚拟电厂在时刻$t$向发电商购买的电量；$u_{\mathrm{PB},t}$为PBDR运行约束，0-1变量，1为PBDR被实施，0为PBDR未被实施；$\Delta L_{\mathrm{PB},t}$为PBDR产生的负荷变动量；当$\Delta L_{\mathrm{PB},t}\geqslant 0$时，负荷发生转移或削减，反之，其他时段负荷转增至该时段。

2）PBDR运行约束

负荷削减和负荷转移均能够发生在PBDR中，因此，为了平缓用电负荷需求曲线，PBDR产生的负荷变动量需要满足如下约束条件：

$$|\Delta L_{\mathrm{PB},t}|\leqslant u_{\mathrm{PB},t}\Delta L_{\mathrm{PB},t}^{\max} \tag{6-3}$$

$$u_{\mathrm{PB},t}\Delta \underline{L}_{\mathrm{PB}}\leqslant \Delta L_{\mathrm{PB},t}-\Delta L_{\mathrm{PB},t-1}\leqslant u_{\mathrm{PB},t}\Delta \overline{L}_{\mathrm{PB}} \tag{6-4}$$

$$\sum_{t=1}^{T}\Delta L_{\mathrm{PB},t}\leqslant \Delta L_{\mathrm{PB}}^{\max} \tag{6-5}$$

式中，$\Delta L_{\mathrm{PB},t}^{\max}$为时刻$t$最大负荷变动量；$\Delta \overline{L}_{\mathrm{PB}}$和$\Delta \underline{L}_{\mathrm{PB}}$分别为负荷变动量上坡和下坡极限；$\Delta L_{\mathrm{PB}}^{\max}$为最大负荷变动量。

3）系统备用约束

$$g_{\mathrm{VPP},t}^{\max} - G_{\mathrm{VPP},t} + \Delta L_{\mathrm{PB},t} \geqslant r_1 \cdot L_t + r_2 \cdot g_{W,t} + r_3 \cdot g_{\mathrm{PV},t} \tag{6-6}$$

$$g_{\mathrm{VPP},t} - g_{\mathrm{VPP},t}^{\min} \geqslant r_4 \cdot g_{W,t} + r_5 \cdot g_{\mathrm{PV},t} \tag{6-7}$$

式中，$g_{\mathrm{VPP},t}^{\max}$和$g_{\mathrm{VPP},t}^{\min}$分别为虚拟电厂在时刻 $t$ 的最大和最小输出功率；$g_{\mathrm{VPP},t}$为虚拟电厂在时刻 $t$ 的输出功率；$r_1$、$r_2$和$r_3$分别为 WPP 和 PV 上旋转备用系数；$r_4$和$r_5$分别为 WPP 和 PV 下旋转备用系数。

除此之外，ESS 运行约束主要包括充放电约束、储能电池容量约束和充放电状态约束，具体可见式（5-10）～式（5-14）和式（5-17）。CGT 运行约束主要包括发电出力约束、爬坡约束和启停约束，具体可见式（5-22）～式（5-25）。结合式（6-2）～式（6-7）得到日前调度模型的全部约束条件。

### 6.4.2 下层时前调度优化模型

在下层时前调度优化模型中，WPP 和 PV 实时功率用于修正时前调度方案，特别是修正 ESS 和 CGT 发电计划。同时，IBDR 被调用来提供上下旋转备用。以系统净负荷最小化和系统运营成本最小化作为下层时前调度优化模型目标函数，在时刻 $t$–1，下层时前调度优化模型根据实时功率通过调整 ESS 运行行为和利用 IBDR 提供备用服务修正日前调度方案下时刻 $t$ 发电调度计划，具体包括两个步骤。

1）ESS 输出功率修正模型

最小化系统净负荷作为优化目标，由于 IBDR 在下层时前调度优化模型被调用为 WPP 和 PV 提供上下旋转备用服务，ESS 出力计划具体修正如下：

$$\min N_t = \left| -(g_{\mathrm{ESS},t}^{\mathrm{dis}} - g_{\mathrm{ESS},t}^{\mathrm{chr}}) - g_{\mathrm{PV},t} - g_{W,t} + (g_{\mathrm{ESS},t}^{\mathrm{dis}} - g_{\mathrm{ESS},t}^{\mathrm{chr}})^* + g'_{\mathrm{PV},t} + g'_{W,t} + \Delta L_{\mathrm{IB},t} \right| \tag{6-8}$$

$$\Delta L_{\mathrm{IB},t} = \sum_{i=1}^{I} (\Delta L_{i,t}^{\mathrm{E}} + \Delta L_{i,t}^{\mathrm{R,dn}} - \Delta L_{i,t}^{\mathrm{R,up}}) \tag{6-9}$$

式中，$g'_{W,t}$和$g'_{\mathrm{PV},t}$分别为 WPP 和 PV 在时刻 $t$ 的输出功率；$\Delta L_{\mathrm{IB},t}$为 IBDR 提供的备用容量；$(g_{\mathrm{ESS},t}^{\mathrm{dis}} - g_{\mathrm{ESS},t}^{\mathrm{chr}})^*$为 ESS 修正的输出功率，同样需要满足式（5-10）～式（5-14）和式（5-17）的约束条件；同时，ESS 在时刻 $t$ 修正后发电出力不应影响时刻 $t$ 以后的出力计划，这要求 ESS 运行需要满足如下约束条件。

当 ESS 处于放电状态时，

$$Q_{t'+1} = Q_{t'} - g_{\mathrm{ESS},t'}^{\mathrm{dis}} (1 + \rho_{\mathrm{ESS},t'}^{\mathrm{dis}}) \tag{6-10}$$

当 ESS 处于充电状态时，

$$Q_{t'+1} = Q_{t'} + g_{\mathrm{ESS},t'}^{\mathrm{chr}} (1 + \rho_{\mathrm{ESS},t'}^{\mathrm{chr}}) \tag{6-11}$$

式中，$Q_{t'}$为 ESS 在时刻$t'$储存电能；$\rho_{\mathrm{ESS},t'}^{\mathrm{chr}}$和$\rho_{\mathrm{ESS},t'}^{\mathrm{dis}}$分别为 ESS 在时刻$t'$充放电

电能损耗率；$g_{\mathrm{ESS},t'}^{\mathrm{chr}}$ 和 $g_{\mathrm{ESS},t'}^{\mathrm{dis}}$ 分别为ESS在时刻 $t'$ 充放电功率，$t'=t+1$。当IBDR被引入后，负荷供需平衡约束修正如下：

$$\left\{\underbrace{\begin{bmatrix} g'_{W,t}(1-\varphi_W)+g'_{\mathrm{PV},t}(1-\varphi_{\mathrm{PV}})+ \\ (g_{\mathrm{ESS},t}^{\mathrm{dis}}-g_{\mathrm{ESS},t}^{\mathrm{chr}})^*+ \\ g_{\mathrm{CGT},t}(1-\varphi_{\mathrm{CGT}}) \end{bmatrix}}_{\text{虚拟电厂修正出力}}+g_{\mathrm{GC},t}+\sum_{i=1}^{I}(\Delta L_{i,t}^{\mathrm{E}}+\Delta L_{i,t}^{\mathrm{R,dn}})\right\}=\left\{\begin{matrix} L_t-u_{\mathrm{PB},t}\Delta L_{\mathrm{PB},t}+ \\ \sum_{i=1}^{I}(\Delta L_{i,t}^{\mathrm{R,up}}) \end{matrix}\right\} \tag{6-12}$$

其次，类似于PBDR，IBDR产生的负荷削减量需要满足最大负荷变动量约束和负荷变动量上下坡约束，具体见式（6-3）～式（6-5）。此外，IBDR产生的负荷削减量要比PBDR产生的负荷削减量更加灵活，因此可看作虚拟发电机组，这意味着虚拟发电机组需要满足如下约束：

$$[X_{t-1}^{\mathrm{on}}-T_{\mathrm{U}}](u_{\mathrm{IB},t-1}-u_{\mathrm{IB},t})\geqslant 0 \tag{6-13}$$

$$[X_{t}^{\mathrm{off}}-T_{\mathrm{D}}](u_{\mathrm{IB},t}-u_{\mathrm{IB},t-1})\geqslant 0 \tag{6-14}$$

式中，$X_t^{\mathrm{on}}$ 和 $X_t^{\mathrm{off}}$ 分别为时刻 $t$ 负荷削减量的启停时间约束；$T_{\mathrm{U}}$ 和 $T_{\mathrm{D}}$ 分别为时刻 $t$ 负荷削减量最短启动时间和最短停机时间；$u_{\mathrm{IB},t}$ 为IBDR运行状态，1为IBDR被调用，0为IBDR未被调用。

2）IBDR运行修正模型

需求响应能够平缓用电负荷曲线，降低系统缺电惩罚成本，但系统也需要承担需求响应实施成本。因此，以系统运行成本最小化作为目标函数，具体如下：

$$\min\pi=\sum_{t=1}^{T}\sum_{s=1}^{S}\gamma_s[(\pi_t^{\mathrm{PB}}+\pi_t^{\mathrm{IB}})+(\pi_{\mathrm{CGT},t}^{\mathrm{pg}}+\pi_{\mathrm{CGT},t}^{\mathrm{ss}})+\rho_{\mathrm{GC},t}g_{\mathrm{GC},t}+\rho_{\mathrm{SP},t}g_{\mathrm{SP},t}] \tag{6-15}$$

式中，$\rho_{\mathrm{GC},t}$ 和 $g_{\mathrm{GC},t}$ 分别为系统向发电公司购买电能的电价和电量；$\rho_{\mathrm{SP},t}$ 和 $g_{\mathrm{SP},t}$ 分别为系统缺电惩罚电价和缺电量。修正CGT运行计划后的系统负荷供需平衡如下：

$$\left\{\begin{matrix}\underbrace{\begin{bmatrix} g'_{W,t}(1-\varphi_W)+g'_{\mathrm{PV},t}(1-\varphi_{\mathrm{PV}})+ \\ (g_{\mathrm{ESS},t}^{\mathrm{dis}}-g_{\mathrm{ESS},t}^{\mathrm{chr}})^*+g_{\mathrm{CGT},t}^*(1-\varphi_{\mathrm{CGT}}) \end{bmatrix}}_{\text{虚拟电厂修正出力}}+ \\ g_{\mathrm{GC},t}+\sum_{i=1}^{I}(\Delta L_{i,t}^{*\mathrm{E}}+\Delta L_{i,t}^{*\mathrm{R,dn}}) \end{matrix}\right\}=L_t-u_{\mathrm{PB},t}\Delta L_{\mathrm{PB},t}+\sum_{i=1}^{I}(\Delta L_{i,t}^{*\mathrm{R,up}}) \tag{6-16}$$

式中，$g_{\mathrm{CGT},t}^*$ 为CGT在时刻 $t$ 的修正发电出力；$\Delta L_{i,t}^{*\mathrm{E}}$ 为IBDR参与能源市场的修正出力计划；$\Delta L_{i,t}^{*\mathrm{R,up}}$ 和 $\Delta L_{i,t}^{*\mathrm{R,dn}}$ 分别为IBDR参与备用市场的修正发电出力计划；CGT和IBDR的修正出力与运行状态需要满足式（5-10）～式（5-14）和式（5-17）、式（5-22）～式（5-25）的约束条件。

在下层时前调度优化模型中，CGT和ESS的运行状态由日前调度优化模型确定，本节设定下层时前调度优化模型仅能调整CGT和ESS的发电出力以保证虚拟电厂的稳定运行。但与发电公司签订的电力合约能够改变而不需要支付惩罚成本。根据虚拟电厂双层调度优化模型，能够获得 WPP、PV、CGT、ESS 和 IBDR 的最终出力计划与虚拟电厂的最佳调度方案。深入分析可知，由于 CGT 和 ESS 运行状态是已知的，但 WPP 和 PV 出力具有随机特性，为了能够缓解风光发电出力随机性对虚拟电厂调度优化运行的影响，本节引入鲁棒随机优化理论修正日前调度优化模型，定义 WPP 和 PV 出力预测功率误差系数$e_{\mathrm{WPP},t}$和$e_{\mathrm{PV},t}$，可以确定 WPP 和 PV 波动区间为$[(1-e_{\mathrm{WPP},t})\cdot g_{W,t},(1+e_{\mathrm{WPP},t})\cdot g_{W,t}]$和$[(1-e_{\mathrm{PV},t})\cdot g_{\mathrm{PV},t},(1+e_{\mathrm{PV},t})\cdot g_{\mathrm{PV},t}]$。为保证虚拟电厂调度优化模型存在可行解，修正约束条件（式（6-2））如下：

$$\underbrace{\begin{bmatrix} g_{W,t}(1-\varphi_W)+g_{\mathrm{PV},t}(1-\varphi_{\mathrm{PV}})+ \\ (g_{\mathrm{ESS},t}^{\mathrm{dis}}-g_{\mathrm{ESS},t}^{\mathrm{chr}})+g_{\mathrm{CGT},t}(1-\varphi_{\mathrm{CGT}}) \end{bmatrix}}_{\text{虚拟电厂日前调动出力}}+g_{\mathrm{GC},t}\geqslant L_t-u_{\mathrm{PB},t}\Delta L_{\mathrm{PB},t} \tag{6-17}$$

设定$H_t$为系统净负荷，具体计算如下：

$$H_t=(g_{\mathrm{ESS},t}^{\mathrm{dis}}-g_{\mathrm{ESS},t}^{\mathrm{chr}})+g_{\mathrm{CGT},t}(1-\varphi_{\mathrm{CGT}})+g_{\mathrm{GC},t}-(L_t-u_{\mathrm{PB},t}\Delta L_{\mathrm{PB},t}) \tag{6-18}$$

其次，结合式（6-18），式（6-17）可以修正为

$$-[g_{W,t}(1-\varphi_W)\pm e_{\mathrm{WPP},t}\cdot g_{W,t}]-[g_{\mathrm{PV},t}(1-\varphi_{\mathrm{PV}})\pm e_{\mathrm{PV},t}\cdot g_{\mathrm{PV},t}]\leqslant H_t \tag{6-19}$$

式（6-19）显示随机性约束越强，随机特性的影响越大，为确保风光输出功率达到预测边界时，约束条件仍能满足要求，引入辅助变量$\theta_{\mathrm{WPP},t}$和$\theta_{\mathrm{PV},t}(\theta\geqslant 0)$加强约束条件（式（6-19）），设$\theta_{\mathrm{WPP},t}\geqslant|g_{W,t}(1-\varphi_W)\pm e_{\mathrm{WPP},t}\cdot g_{W,t}|$和$\theta_{\mathrm{PV},t}\geqslant|g_{\mathrm{PV},t}(1-\varphi_{\mathrm{PV}})\pm e_{\mathrm{PV},t}\cdot g_{\mathrm{PV},t}|$，则约束条件（式（6-19））可修正如下：

$$\begin{gathered}-(g_{W,t}+e_{\mathrm{WPP},t}W_{\mathrm{WPP},t})-(g_{\mathrm{PV},t}+e_{\mathrm{PV},t}W_{\mathrm{PV},t})\leqslant \\ -W_{\mathrm{WPP},t}+e_{\mathrm{WPP},t}|W_{\mathrm{WPP},t}|-W_{\mathrm{PV},t}+e_{\mathrm{PV},t}|W_{\mathrm{PV},t}|\end{gathered} \tag{6-20}$$

$$\begin{gathered}-W_{\mathrm{WPP},t}+e_{\mathrm{WPP},t}|W_{\mathrm{WPP},t}|-W_{\mathrm{PV},t}+e_{\mathrm{PV},t}|W_{\mathrm{PV},t}|\leqslant \\ -W_{\mathrm{WPP},t}+e_{\mathrm{WPP},t}\theta_{\mathrm{WPP},t}-W_{\mathrm{PV},t}+e_{\mathrm{PV},t}\theta_{\mathrm{PV},t}\leqslant H_t\end{gathered} \tag{6-21}$$

结合式（6-20）、式（6-21）、式（6-1）～式（6-7）、式（5-10）～式（5-14）和式（5-17），具备最强约束性的鲁棒随机优化模型建立。该模型具备最强的鲁棒性，能够导致模型解最保守，但在实际情况中，极端情绪发生的概率很低，本节引入鲁棒系数$\varGamma_{\mathrm{WPP}}$和$\varGamma_{\mathrm{PV}}$ $(\varGamma\in[0,1])$修正约束条件（式（6-20）和式（6-21）），具体如下：

$$\begin{gathered}-(g_{W,t}+e_{\mathrm{WPP},t}W_{\mathrm{WPP},t})-(g_{\mathrm{PV},t}+e_{\mathrm{PV},t}W_{\mathrm{PV},t})\leqslant \\ -W_{\mathrm{WPP},t}+\varGamma_{\mathrm{WPP}}e_{\mathrm{WPP},t}|W_{\mathrm{WPP},t}|-W_{\mathrm{PV},t}+\varGamma_{\mathrm{PV}}e_{\mathrm{PV},t}|W_{\mathrm{PV},t}|\end{gathered} \tag{6-22}$$

$$\begin{gathered}-W_{\mathrm{WPP},t}+\varGamma_{\mathrm{WPP}}e_{\mathrm{WPP},t}|W_{\mathrm{WPP},t}|-W_{\mathrm{PV},t}+\varGamma_{\mathrm{PV}}e_{\mathrm{PV},t}|W_{\mathrm{PV},t}|\leqslant \\ -W_{\mathrm{WPP},t}+e_{\mathrm{WPP},t}\theta_{\mathrm{WPP},t}-W_{\mathrm{PV},t}+e_{\mathrm{PV},t}\theta_{\mathrm{PV},t}\leqslant H_t\end{gathered} \tag{6-23}$$

结合式（6-22）、式（6-23）、式（6-1）～式（6-7）、式（5-10）～式（5-14）和式（5-17），建立具备自由调节鲁棒系数的随机调度优化模型，该模型能够为决策者提供不同鲁棒系数下的最优决策方案。

### 6.4.3　算例分析

1. 基础数据

本节选择中国东部沿海某岛屿（东经 122.40°，北纬 30.10°）的独立微电网作为实例分析对象。该微电网系统配置 2×1MW 风电机组、5×0.2MW 光伏机组、1×1MW 燃气轮机机组和 1×0.5MW 储能系统[65]。其中，燃气轮机机组主要为柴油发电机组，上下坡速率分别为 0.1MW/h 和 0.2MW/h，启停时间分别为 0.1h 和 0.2h，启停成本为 0.102 元/(kW·h)。参照文献[65]将其成本曲线分两段线性化，两段斜率系数分别为 110 元/MW 和 362 元/MW。设定储能系统最大充放电功率为 0.1MW，充放电过程损耗约为 4%，充放电价格服从实时电价[66]。设定风电机组参数为 $v_{\text{in}} = 3\text{m/s}$、$v_{\text{rated}} = 14\text{m/s}$ 和 $v_{\text{out}} = 25\text{m/s}$，形状参数和尺度参数 $\varphi = 2$ 和 $\vartheta = 2\overline{v}/\sqrt{\pi}$ [65]。根据该岛屿一周内光照强度变化曲线，拟合光照强度参数 $\alpha$ 和 $\beta$ 分别为 0.39 和 8.54[66]。设定风电和光伏发电预测误差系数为 0.08 和 0.03，鲁棒系数分别为 0 和 0.5。

设定燃气轮机机组发电上网价格为 0.52 元/(kW·h)，风电和光伏发电上网价格分别为 0.61 元/(kW·h)和 1.0 元/(kW·h)。PBDR 前用户用电价格为 0.59 元/(kW·h)，划分负荷峰、平、谷时段（12：00～21：00，0：00～3：00 和 21：00～24：00，3：00～12：00）。PBDR 后，设定电力需求价格弹性，平时段价格维持不变，峰时段用电价格上调 30%，谷时段用电价格下调 50%[64]。为避免用户过度参与 PBDR，导致峰谷倒挂现象，限定 PBDR 产生的负荷波动幅度不超过原负荷需求的 10%。典型负荷日用户负荷峰值为 9MW，用户负荷分布、风电和光伏发电预测值如图 6-4 所示。

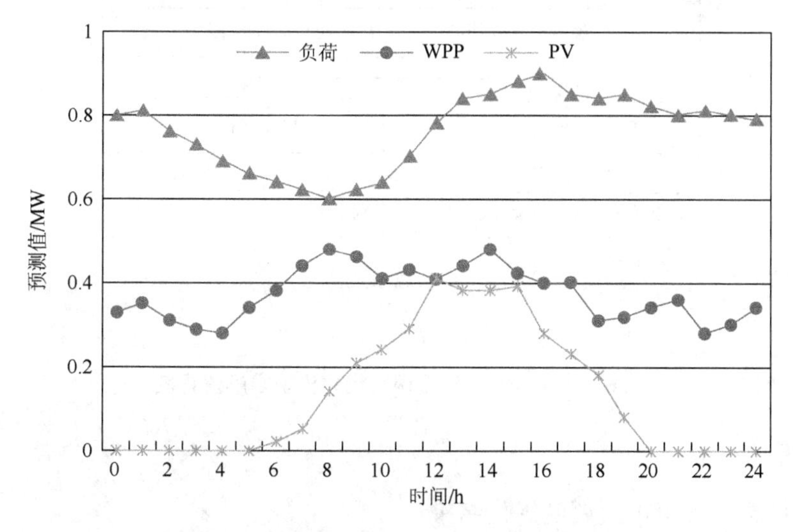


图 6-4　负荷、风电和光伏发电预测值

为分析风电和光伏发电随机性对虚拟电厂运营优化的影响，本节根据需求响应和储能系统是否参与优化调度划分四种仿真情景，即基础情景（情景 1）、需求响应情景（情景 2）、储能系统情景（情景 3）和综合情景（情景 4），对比分析不同情景下虚拟电厂调度优化结果，讨论需求响应和储能系统对虚拟电厂发电并网的优化效应。借助 GAMS 软件的 CPLEX 11.0 求解器求解所提模型。GAMS 软件在求解混合整数线性规划模型方面具有较强的优越性，能够在较短的求解时间内获得最优的满意解，本节所提模型的求解时间短于 20s，图 6-5 为虚拟电厂双层调度优化模型求解流程图。

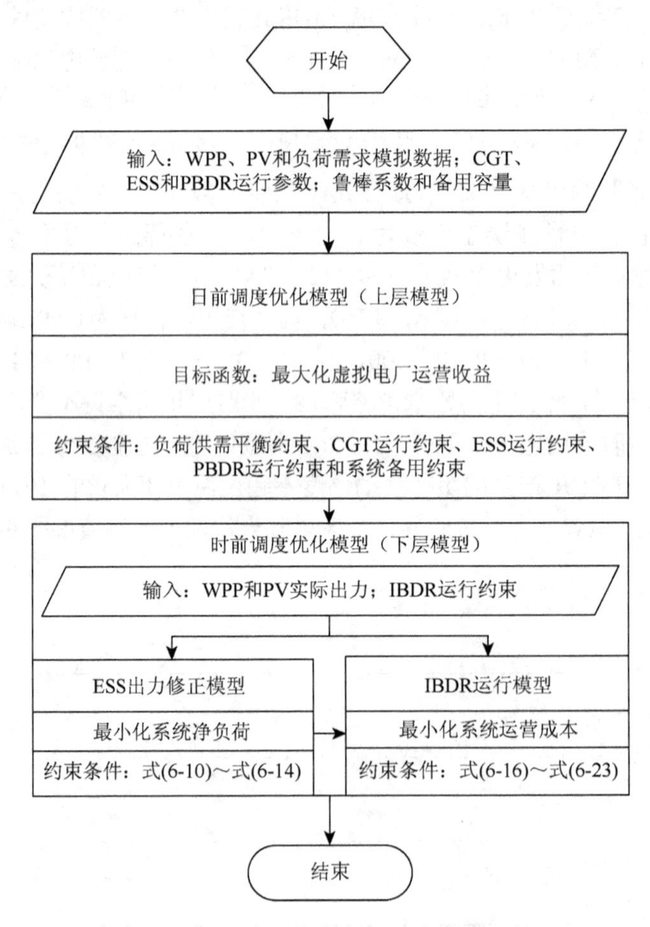


图 6-5　虚拟电厂双层调度优化模型求解流程图

2. 算例结果

1）情景 1 虚拟电厂调度优化结果

情景 1 主要用于分析双层调度优化模型的适用性和讨论鲁棒随机优化理论在

克服虚拟电厂发电出力随机性方面的适用性。情景 1 中，风电和光伏发电实际可用出力分别为 8.97MW·h 和 3.28MW·h。在日前阶段和时前阶段，风电和光伏发电出力分别为 9.105MW·h 和 3.346MW·h、8.253MW·h 和 3.018MW·h。也就是说，如果按照风电和光伏发电日前预测结果安排系统调度，系统将会面临一定的缺电风险，相应地承担缺电惩罚成本，导致虚拟电厂运行收益降低。虚拟电厂在日前阶段和时前阶段运行收益分别为 11 814.8 元和 11 958.96 元，图 6-6 为虚拟电厂双层调度优化结果。

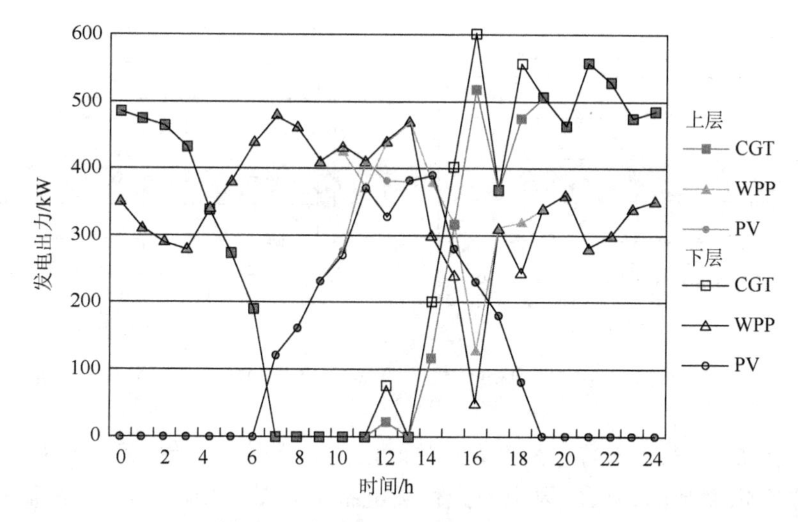


图 6-6　虚拟电厂双层调度优化结果

其次，为了分析鲁棒随机优化理论在解决风电、光伏发电输出功率随机性方面的适用性，本节讨论四种情形下虚拟电厂调度优化结果，具体如表 6-1 所示。

表 6-1　不同鲁棒系数下虚拟电厂调度优化结果

| $(\Gamma_{WPP},\Gamma_{PV})$ | 虚拟电厂发电出力/(MW·h) | | | 弃能/(MW·h) | | 收益/元 |
| --- | --- | --- | --- | --- | --- | --- |
| | CGT | WPP | PV | WPP | PV | |
| (0, 0) | 7.371 | 8.253 | 3.018 | 0.717 | 0.262 | 11 958.96 |
| (0.5, 0) | 7.999 | 7.625 | 3.018 | 1.345 | 0.262 | 11 908.72 |
| (0, 0.5) | 7.601 | 8.253 | 2.788 | 0.717 | 0.492 | 11 850.86 |
| (0.5, 0.5) | 8.230 | 7.624 | 2.788 | 1.346 | 0.492 | 11 800.54 |

对比鲁棒系数引入前，风电和光伏发电鲁棒系数的设置会降低风电和光伏发

电出力随机性给系统带来的影响，也就说，为了降低风电和光伏发电随机性带来的风险，系统会降低风电和光伏发电出力。当$\varGamma_{\mathrm{WPP}}=0.5$和$\varGamma_{\mathrm{PV}}=0$时，风电出力降低 0.628MW·h。当$\varGamma_{\mathrm{WPP}}=0$和$\varGamma_{\mathrm{PV}}=0.5$时，光伏发电出力降低 0.23MW·h。当$\varGamma_{\mathrm{WPP}}=0.5$和$\varGamma_{\mathrm{PV}}=0$时，风电和光伏发电出力均有所降低。风电和光伏发电出力的减少，降低了系统运营风险，最大化避免了系统缺电惩罚成本，但可能也会降低虚拟电厂的运营收益。图 6-7 和图 6-8 分别为$\varGamma_{\mathrm{WPP}}=\varGamma_{\mathrm{PV}}=0.5$时虚拟电厂调度优化结果以及不同鲁棒系数下燃气轮机机组发电出力。

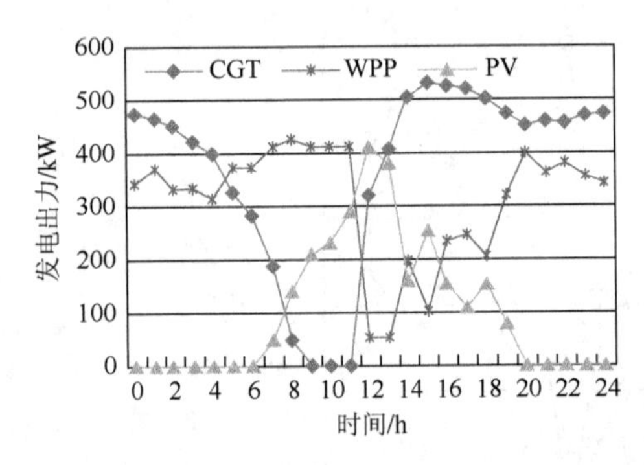


图 6-7　$\varGamma_{\mathrm{WPP}}=\varGamma_{\mathrm{PV}}=0.5$时虚拟电厂调度结果

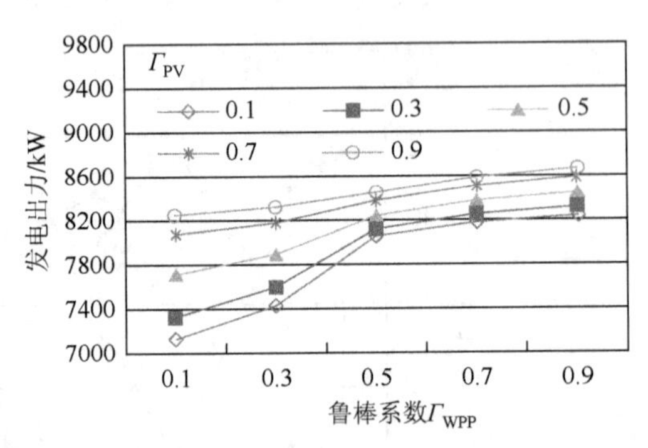


图 6-8　不同鲁棒系数下燃气轮机机组发电出力

对比图 6-6，若引入鲁棒系数，在峰时段，负荷需求较高，燃气轮机机组被调用满足系统供需平衡约束，风电、光伏发电备用容量降低，为降低系统缺电惩罚成本，系统会减少调用风电和光伏发电出力。在非峰时段，负荷需求相对降低，燃气轮机机组可以为风电和光伏发电提供较多的备用容量，风电和光伏发电出力有所增加，如 21：00～24：00 时段和 0：00～4：00 时段。同时，为了维持系统供需平衡，燃气轮机机组和风电机组出力基本维持逆向匹配关系，这说明燃气轮机机组是风电和光伏发电的主要备用电源。由于虚拟电厂运营风险主要源于风电和光伏发电出力随机性，为了最小化系统调度风险，系统会减少风电和光伏发电出力，相应地增加调用燃气轮机机组发电出力。

根据图 6-8 可知，从单鲁棒系数作用来看，当$\varGamma_{\mathrm{WPP}}$或者$\varGamma_{\mathrm{PV}}$为常数时，随着鲁棒系数的增加，系统会增加调度燃气轮机机组发电出力。从双鲁棒系数作用来看，燃气轮机机组出力增加趋势可分为三段：$\varGamma\leqslant0.3$，鲁棒系数较小，表明决策者风险态度偏好，故燃气轮机机组出力增加斜率未达到最高；$\varGamma\in(0.3,0.5)$，鲁棒系数较大，决策者呈现风险厌恶，故燃气轮机机组出力增加斜率达到最高；$\varGamma\geqslant0.5$后，燃气轮机机组已接近出力上限，为利用风电和光伏发电增加调度效益，燃气轮机机组出力增加斜率比较平缓。也就是说，鲁棒优化理论能够为不同风险态度决策者提供决策工具。

总的来说，双层调度优化模型的构建能够便于系统提前安排调度计划，并结合风电、光伏发电实际出力调整调度计划，有利于降低系统缺电惩罚成本，提高虚拟电厂运营收益。鲁棒随机优化理论能够通过设置不同的鲁棒系数，为不同风险偏好型决策者提供调度决策依据。因此，所提双层调度优化模型能够均衡虚拟电厂运营风险和收益，实现系统的最优化运行。

2）情景 2 虚拟电厂调度优化结果

情景 2 主要用于讨论需求响应对虚拟电厂运行的优化效应，设定 $\varGamma_{\mathrm{WPP}} = \varGamma_{\mathrm{PV}} = 0.5$，逐步讨论 PBDR、IBDR 和需求响应参与下系统调度优化结果。三种情形下虚拟电厂运营收益为 11 721.68 元、12 888.5 元和 12 993.22 元。图 6-9 为需求响应后负荷需求曲线。

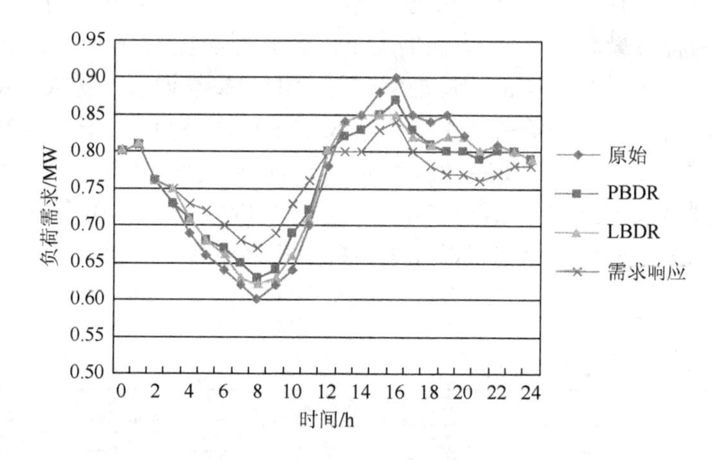


图 6-9　需求响应后负荷需求曲线

根据图 6-9 可知，相比需求响应引入前，PBDR 的引入具有显著的削峰填谷效应，峰负荷为 0.87MW，谷负荷为 0.63MW，分别降低和增加了 0.03MW，峰谷比由 1.5 降低至 1.38。IBDR 的引入能够直接削减峰时段用电负荷，峰负荷为 0.85MW，降低了 0.05MW，但填谷效应没有 PBDR 明显，仅增加了 0.01MW，峰谷比为 1.39，高于 PBDR。同时引入 PBDR 和 IBDR 后，系统负荷曲线平缓化程度最高，峰负荷降低 0.06MW，谷负荷增加 0.05MW，峰谷比为 1.29，达到最低。总的来说，在日前调度阶段引入 PBDR 有利于平缓用电负荷曲线，增加系统备用容量。在时前调度阶段引入 IBDR 能够调用用户侧为虚拟电厂发电提供上下旋转备用，有利于促进虚拟电厂中风电和光伏发电并网。表 6-2 为需求响应引入前后虚拟电厂运营优化结果。

表 6-2　需求响应引入前后虚拟电厂运营优化结果

| 条件 | 虚拟电厂发电出力/(MW·h) | | | | 弃能/(MW·h) | | 负荷需求/MW | | 峰谷比 |
|---|---|---|---|---|---|---|---|---|---|
| | CGT | WPP | PV | IBDR | WPP | PV | 峰负荷 | 谷负荷 | |
| 原始 | 8.23 | 7.624 | 2.788 | — | 1.346 | 0.492 | 0.9 | 0.6 | 1.5 |
| PBDR | 7.255 | 8.073 | 2.952 | — | 0.897 | 0.328 | 0.87 | 0.63 | 1.38 |
| IBDR | 8.592 | 8.234 | 2.887 | ±0.17 | 1.076 | 0.394 | 0.85 | 0.61 | 1.39 |
| 需求响应 | 7.47 | 8.592 | 3.018 | ±0.31 | 0.718 | 0.262 | 0.84 | 0.65 | 1.29 |

根据表 6-2 可见，与图 6-9 分析结论一致，若同时引入 PBDR 和 IBDR，虚拟电厂运行结果将达到最佳。风电和光伏发电并网电量达到最低，用户响应虚拟电厂优化调度的程度最高，IBDR 提供的上下旋转备用容量为 0.31MW，高于单独引入 IBDR 情形，表明 PBDR 的实施能够促进 IBDR 参与调度，更大程度地削减峰负荷。同时，情景 2 下谷负荷高于单独引入 PBDR 时谷负荷，表明 IBDR 能够推动 PBDR 的填谷效应，即 PBDR 和 IBDR 间具有协同优化效应，系统弃风电量和弃光电量达到最低，分别为 0.718MW·h 和 0.262MW·h。图 6-10 和图 6-11 分别表示情景 2 虚拟电厂调度优化结果以及不同备用价格下备用容量。

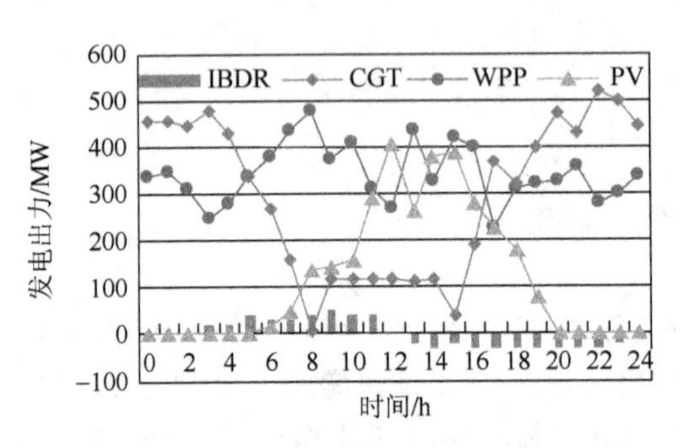


图 6-10　情景 2 虚拟电厂调度优化结果

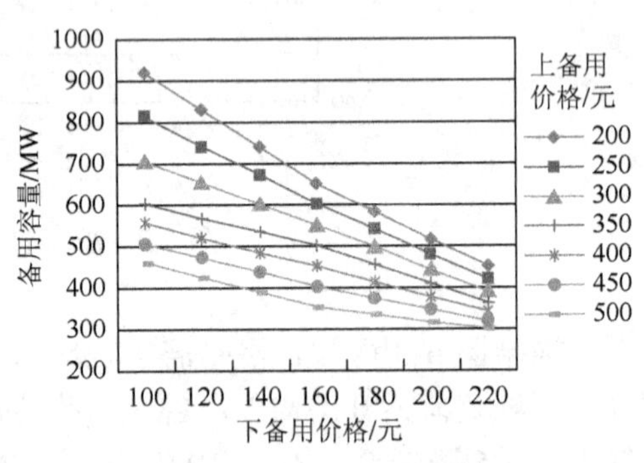


图 6-11　不同备用价格下备用容量

对比图 6-7 可知，由于需求响应的引入平缓了负荷需求曲线，在峰时段，燃气轮机机组参与系统能源调度出力降低，为风电和光伏发电并网预留了更大的备用容量，风电和光伏发电的出力分别增加 0.425MW·h 和 0.152MW·h。在谷时段，用户用电负荷增加，提高了风电和光伏发电并网空间，燃气轮机机组在提供备用的同时参与能源调度，风电和光伏发电并网电量分别增加 0.21MW·h 和 0.08MW·h。同时，为配合虚拟电厂输出功率特性，IBDR 在峰时段主要提供下旋转备用，在谷时段主要提供上旋转备用。总的来看，相比需求响应引入前，风电和光伏发电出力分别增加 0.968MW·h 和 0.23MW·h，燃气轮机机组发电出力降低 0.76MW·h。这表明引入需求响应能够促进风电和光伏发电的并网。

进一步，讨论不同备用价格下，系统调度 IBDR 参与上下旋转备用情况。其中，上旋转备用价格主要由 100 元/(MW·h)逐步增加至 220 元/(MW·h)，下旋转备用价格主要由 200 元/(MW·h)逐步增加至 500 元/(MW·h)。从整体趋势来看，随着备用价格的提高，系统为降低虚拟电厂运行备用成本会减少调度 IBDR 提供上下备用容量，但为维持系统供需平衡，系统仍旧会调用部分备用容量。因此，无论从上旋转备用价格还是从下旋转备用价格来看，随着备用价格的增加，系统调度备用容量的降低速度均是先增加后减小，当备用容量降低速率达到拐点时，系统会倾向承担部分备用成本以避免缺电惩罚成本，从而实现系统的最优运行。

3）情景 3 虚拟电厂调度优化结果

情景 3 主要用于分析储能系统对虚拟电厂运行优化的影响，设定 $\varGamma_{\mathrm{WPP}}$ 和 $\varGamma_{\mathrm{PV}}$ 为 0.5，讨论储能系统参与下的系统调度优化结果。虚拟电厂运行收益为 12 238.22 元，风电和光伏发电并网电量分别为 8.772MW·h 和 3.050MW·h，储能系统充电电量为 0.3MW·h，放电电量为 0.22MW·h，弃风电量和弃光电量分别为 1.076MW·h 和 0.394MW·h。图 6-12 为情景 3 下虚拟电厂发电出力。

根据图 6-12 可知，在峰时段，储能系统进行放电能够替代部分燃气轮机机组出力，提高了风电和光伏发电的备用容量，增加风电和光伏发电并网。在谷时段，储能系统进行充电，提高了负荷需求，增加了风电和光伏发电容量空间。故与情景 1 相比，风电和光伏发电在谷时段与峰时段出力均明显增加，弃风电量和弃光电量分别减少 0.27MW·h 和 0.098MW·h。但在平时段，储能系统只在 23：00～24：00 时段进行少量充电，风电和光伏发电略有增加，在其他时段基本维持不变。

4）情景 4 虚拟电厂调度优化结果

情景 4 主要用于讨论储能系统和需求响应对虚拟电厂运营的协同优化效应，虚拟电厂运行收益是 12 358.48 元，风电和光伏发电并网电量分别为 8.772MW·h 和 3.050MW·h。图 6-13 为情景 4 下虚拟电厂发电出力。

根据图 6-13 可以看出，为配合虚拟电厂调度风电和光伏发电，储能系统和 IBDR 调度结果呈现反向分布。在谷时段，储能系统进行充电，IBDR 提供上旋转备用。在峰时段，储能系统进行放电，IBDR 提供下旋转备用。这既能降低系统对燃气轮机机组的备用需求，又能提高风电和光伏发电的并网空间。两者综合作用下风电和光伏发电电量均达到最高。燃气轮机机组在峰时段出力达到最低，这为风电和光伏发电提供了更大的备用容量，有利于控制风电和光伏发电随机性给系统带来的风险。

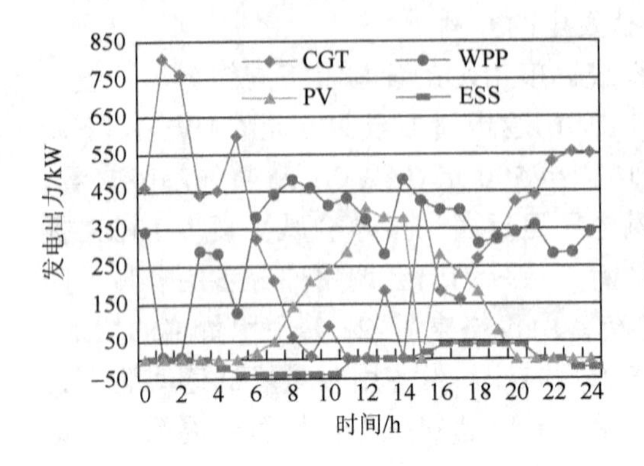


图 6-12　情景 3 下虚拟电厂发电出力

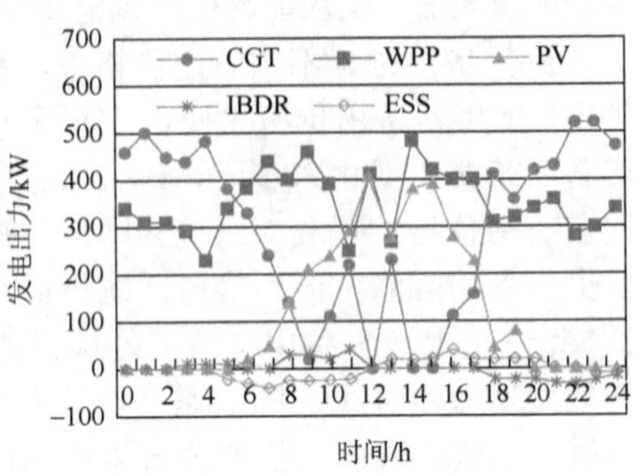


图 6-13　情景 4 下虚拟电厂发电出力

3. 对比分析

为了深入分析需求响应和储能系统对虚拟电厂调度的影响，本节收集整理四种情景下虚拟电厂调度优化结果，表 6-3 为不同情景下虚拟电厂运营优化结果。

**表 6-3　不同情景下虚拟电厂运营优化结果**

| 情景 | 虚拟电厂发电出力/(MW·h) | | | | | 弃能/(MW·h) | | 负荷需求/MW | | 峰谷比 |
|---|---|---|---|---|---|---|---|---|---|---|
| | CGT | WPP | PV | IBDR | ESS | WPP | PV | 峰负荷 | 谷负荷 | |
| 情景 1 | 8.272 | 7.624 | 2.788 | — | — | 1.346 | 0.492 | 0.9 | 0.6 | 1.50 |
| 情景 2 | 7.470 | 8.592 | 3.018 | ±0.31 | — | 0.718 | 0.262 | 0.84 | 0.65 | 1.29 |
| 情景 3 | 7.772 | 7.894 | 2.886 | — | (−0.3, 0.22) | 1.076 | 0.394 | 0.86 | 0.64 | 1.34 |
| 情景 4 | 6.939 | 8.772 | 3.050 | ±0.15 | (−0.21, 0.18) | 0.538 | 0.230 | 0.83 | 0.685 | 1.21 |

根据表 6-3 可知，需求响应和储能系统的引入均能促进虚拟电厂中风电与光伏发电并网，当同时引入两者后虚拟电厂运营结果达到最优。从负荷需求曲线来看，储能系统和需求响应均能响应负荷曲线分布特点，进行充放电行为和提供上下旋转备用，产生削峰填谷效应，但储能系统的优化效应要弱于需求响应。单独引入储能系统和需求响应后的峰谷比分别为 1.34 和 1.29，同时引入两者后的峰谷比降低至 1.21。图 6-14 和图 6-15 分别为不同情景下负荷需求曲线和不同情景下虚拟电厂发电出力。

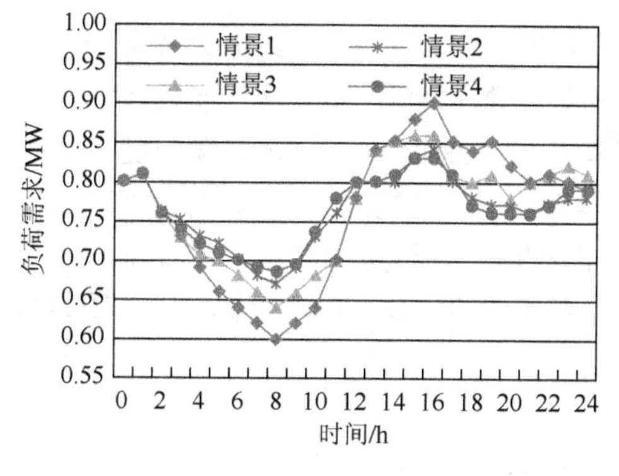


图 6-14　不同情景下负荷需求曲线

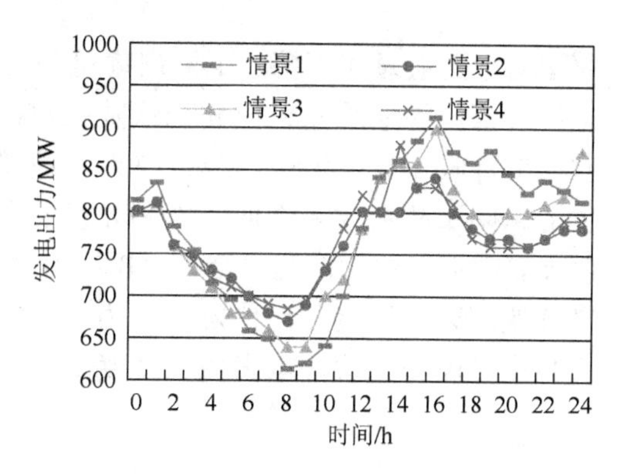


图 6-15　不同情景下虚拟电厂发电出力

进一步，讨论虚拟电厂发电出力情况。若在虚拟电厂中引入储能系统，储能系统通过利用自身充放电特性为风电和光伏发电提供备用服务，有利于平缓虚拟电厂输出功率，减少虚拟电厂对燃气轮机机组的备用需求，增加风电和光伏发电并网。而用户侧需求响应的引入能够平缓用电负荷曲线，在峰时段降低负荷需求以提升燃气轮机机组的备用能力，在谷时段增加负荷需求以增加风电和光伏发电的并网空间，最终实现平缓虚拟电厂输出功率的目标。同时引入需求响应和储能系统后的虚拟电厂输出功率曲线的平缓化程度将达到最高。图 6-16 为不同鲁棒系数下虚拟电厂运营收益。

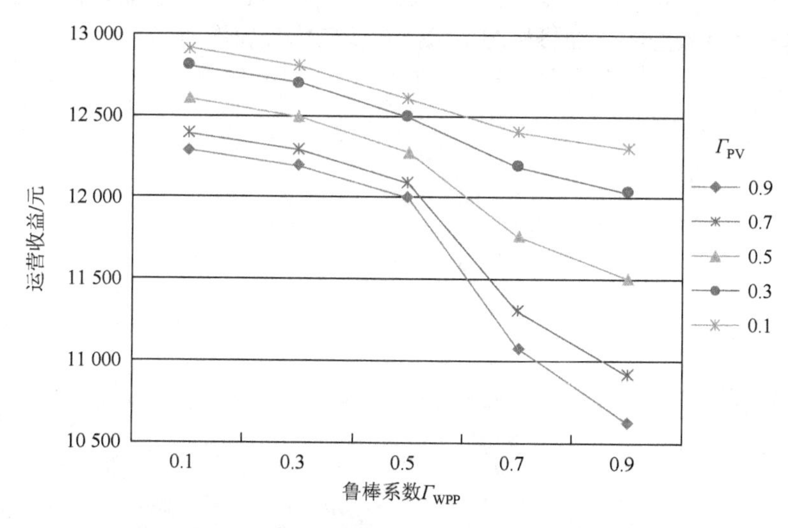


图 6-16　不同鲁棒系数下虚拟电厂运营收益

最后，讨论不同鲁棒系数下虚拟电厂运营收益，对风电和光伏发电鲁棒系数进行敏感性分析，鲁棒系数取值由 0.1 逐步增加至 0.9。随着鲁棒系数的增加，系统运营收益会逐步下降。下降斜率呈现三个阶段。当$\Gamma < 0.5$时，决策者属于风险态度良好，能够承受风电和光伏发电随机特性，愿意承受风险以获取风电和光伏发电的高收益。当$0.5 \leqslant \Gamma \leqslant 0.7$时，决策者不愿意承担风电和光伏发电随机性产生的风险，故会大幅降低风电和光伏发电出力，导致虚拟电厂运营收益下降较为明显。但值得注意的是，当$\Gamma < 0.7$后，由于虚拟电厂需要满足系统负荷需求，若继续快速减少风电和光伏发电出力，系统可能会产生缺电惩罚成本，故系统会放缓减少风电和光伏发电出力的速度。

## 6.5 本章小结

本章将需求响应与多种分布式电源集成为虚拟电厂，讨论虚拟电厂优化运营问题，并分析储能系统和需求响应对虚拟电厂优化运营的影响。首先，介绍了虚拟电厂的基本内涵，包括定义、关键技术以及与微电网区别。其次，设计了虚拟电厂的结构框架，引入两阶段优化理论建立虚拟电厂双层调度优化模型。其中，上层模型以虚拟电厂运营收益最大化为目标函数，将清洁能源发电日前预测功率作为随机变量和输入数据；下层模型以系统运行成本和净负荷波动最小作为目标函数，将清洁能源发电超短期或实时功率作为随机变量的实现。最后，选择实际工程对所提模型进行算例分析。结果显示，若将储能系统纳入虚拟电厂中，同时在用户侧匹配需求响应，能够充分发挥储能系统与需求响应的协同优化效应，能够兼顾系统运行成本、弃能成本和运行收益等方面目标的要求，实现整体最优均衡。

# 第7章　驱动清洁能源的多能互补运行优化模型

首先，本章建立由发电子系统、CCHP 子系统和辅助供热子系统构成的分布式清洁能源驱动冷热电联供（CCHP driven by distributed energy resources，DER CCHP）系统，也称为多能互补系统；其次，选择天然气驱动冷热电联供（CCHP driven by natural gas，NG CCHP）系统作为对比对象，从能源绩效、环境绩效和经济绩效三个层面建立 CCHP 系统运营绩效评估体系，并以能源利用效率最大化、运行成本最小化和环境效益最大化为目标，建立 CCHP 系统调度优化模型；最后，以广州大学城（Guangzhou Higher Education Mega Center，GHEMC）二期工程为实例对象，分析 DER CCHP 系统运营综合绩效，并讨论终端用户电能需求响应对其优化运营的影响，为探讨终端用户利用分布式能源满足多元化负荷提供实践依据。

## 7.1　概　　述

能源危机与温室效应正逐渐成为世界范围内越来越紧迫的问题，中国以化石能源为主的能源消费结构导致能源消耗与环境保护间的矛盾日益严峻[80]，这使得以天然气、太阳能和风能为代表的分布式能源以其资源丰富、污染小等优点在能源格局中正扮演着越来越重要的角色[81]。终端用户多种能源需求促进了多种能源的集成化利用以实现更高的能源利用效率，CCHP 系统已成为一种实现节约能源、提高经济效益和减少温室气体排放的有效途径[82]。如何优化利用分布式能源驱动 CCHP 系统并建立合理的绩效评估体系，对于实现节能减排有着重要的意义。

近年来，中国陆续开展了多项 CCHP 试点项目，积累了大量的实践经验。上海闵行医院项目、上海环球国际金融中心项目、上海科技项目分别于 2002 年 4 月、2008 年 8 月和 2010 年 6 月开始实施 NG CCHP 试点项目[83]。北京京能未来科技城燃气热电冷联产工程项目于 2013 年 10 月开始实施，该试点项目主要由一套 E 级燃气-蒸汽联合循环供热机组组成[84]。GHEMC 一期工程于 2009 年 10 月开始实践燃气-蒸汽联合循环机组的 CCHP 系统[85]。GHEMC 覆盖面积达到 $18km^2$，包含 10 所大学和一个中央商务区。根据 GHEMC 发展规划，二期工程建设规模与一期相同。相比其他试点项目，GHEMC 更能够代表 CCHP 系统的发展方向，因此，本章选择 GHEMC 作为实例项目，对比分析 DER CCHP 系统和 NG CCHP 系统的运营结果。

现有文献已针对 CCHP 系统优化运行开展了深入的研究，但仍存在一些不足：第一，CCHP 系统的主要驱动源为天然气、太阳能、生物质能和地热源等，但鲜有文献涉及风光为代表的 DER CCHP 系统。特别是风能既可直接用来满足电负荷需求，也可通过蓄热式电锅炉间接满足热负荷和冷负荷需求[86]。中国目前风电装机容量巨大，但弃风率也较高，故研究利用风能驱动 CCHP 系统对于促进风电并网有着重要的实际意义。第二，已有文献开展了关于 CCHP 系统运营模式的研究，即以热定电（following the electric load，FEL）模式[87]和以电定热（following the thermal load，FTL）模式[88]，但未能讨论环境约束对 CCHP 系统运行的影响。随着环境问题的日益严峻，CCHP 系统的环境友好性将会成为影响其发展的又一重要因素。第三，部分文献从能源和经济两个维度建立绩效评估指标，少部分文献针对 NG CCHP 系统建立了考虑多方面绩效的评估指标，但未能考虑 DER CCHP 系统运行环境绩效。

基于上述分析，首先，本章提出 DER CCHP 系统，主要包括 CCHP 子系统、发电子系统和辅助供热子系统。其次，提出 DER CCHP 多目标运营优化和评估模型，并讨论能源绩效最优、经济绩效最优、环境绩效最优以及综合绩效最优四种运营模式。再次，基于单目标优化模型的投入产出表，运用熵权法求解不同目标函数的权重系数。最后，从能源、经济和环境三方面建立绩效评估指标，并选择 GHEMC 二期工程作为实例对象，对比 NG CCHP 系统和 DER CCHP 系统的运营优化结果。

## 7.2　清洁能源集成 DER CCHP 系统

为了充分利用分布式能源满足终端用户多元化负荷需求，本节建立 DER CCHP 系统。该系统主要由三个子系统构成，即发电子系统、CCHP 子系统和辅助供热子系统。CCHP 子系统主要作为用户电负荷、热负荷和冷负荷的供应主体。发电子系统主要用于满足用户电力负荷需求，盈余电能转入辅助供热子系统中的电采暖设备。辅助供热子系统主要用于满足用户热负荷需求，当 CCHP 子系统无法满足用户热负荷时，由辅助供热子系统向用户补充供热。

### 7.2.1　发电子系统

发电子系统主要由太阳能光伏发电站（Solar PV）、风电场（WPP）和燃气轮机（gas turbine，GT）组成。风电、光伏发电和燃气轮机发电均属于分布式能源发电，具有能源容量小、间歇性、分散性等特性。虚拟电厂通过先进的控制、计量、通信等技术聚合不同类型的分布式能源，实现分布式能源的协调优化运行。因此，本章借助虚拟电厂技术运营发电子系统。风能和太阳能主要输送至风力发电机和太阳能光伏发电机用来产生电能。天然气输送至燃气轮机进行发电，主要用于为风电和光伏发电提供备用服务。当风电和光伏发电不足时，燃气轮机能够产生电能以满足负荷需求。同时，发电子系统与外部公共电网（utility electricity grid，UEG）相连，当发电子系统电能不足时，该子系统可向公共电网进行购买电能满足负荷需求，反之，当发电子系统电能盈余时，该子系统可向公共电网出售电能获取经济收益。图 7-1 为 DER CCHP 系统能源流向图。

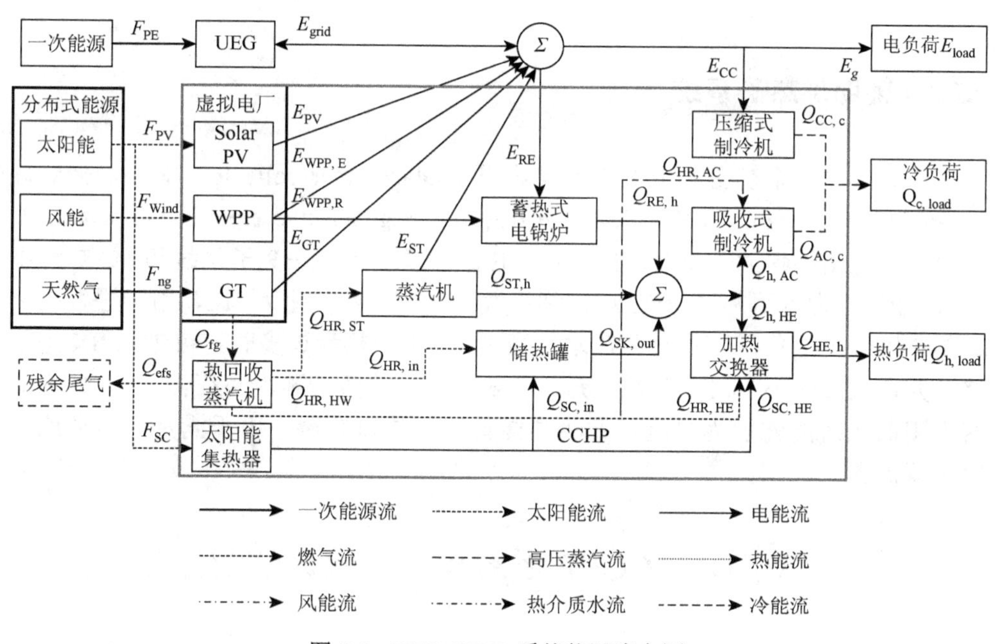


图 7-1　DER CCHP 系统能源流向图

### 7.2.2　CCHP 子系统

CCHP 子系统主要由热回收蒸汽机（heat recover steam generator，HRSG）、蒸汽机（steam turbine，ST）、电压缩式制冷机（electrical compression chiller，EC）、吸收式制冷机（absorption chiller，AC）和加热交换机（heating exchanger，HE）组成，主要用于满足电负荷、热负荷和冷负荷。GT、HRSG 和 ST 组成了燃气-蒸汽联合循环（gas-steam combine cycle，GSCC）系统。热能主要由 HRSG 通过向 ST 抽取由 HRSG 产生的高压气流进行制热。冷能主要由 EC 利用发电子系统

输送电能和 AC 利用 ST 与 HRSG 产生的热能以及 HRSG 产生的热介质水进行制冷。关于 CCHP 子系统的详细描述和运营规则可参见文献[85]。

当 CCHP 子系统处于运行状态时，GT 通过消耗天然气产生电能和高温气体，HRSG 回收高温气体产生高压蒸汽和低压蒸汽。高压蒸汽进入 ST 产生电能，低压蒸汽被 HRSG 吸收。在 HRSG 末端的加热膜能够产生用于制热和制冷的热介质水。ST 能够通过抽取蒸汽进行制热以满足热负荷需求。热介质水用于供应热水后，剩余部分进入 AC 进行制冷。进入 HE 的蒸汽可用于进行热水供给或进入 AC 进行制热。ST 和 GT 产生的电能用于满足终端用户的电能负荷需求，同时 EC 可用系统盈余电能或向公共电网购买电能进行制冷，以满足剩余冷负荷需求。

### 7.2.3 辅助供热子系统

辅助供热子系统主要由太阳能集热器（solar heater collector，SC）、储热罐（thermal storage tank，SK）和蓄热式电锅炉（regenerative electric boiler，RE）组成。当太阳能辐射不足时，SK 作为主要热源。当 CCHP 子系统和 SC 热量不足时，RE 作为备用热源。SC 通过利用太阳能产生热量进入 HE，用于进行制冷或制热以满足冷负荷和热负荷需求，当 SC 产生的热量过多时，可进入 SK 进行储存并在太阳能不足时释放热能进入 HE 以满足热负荷和冷负荷需求。SC 主要将太阳的辐射能转换为热能，并将热能传递到传热介质中用于满足热负荷或者冷负荷需求。

## 7.3 DER CCHP 系统运营绩效评估指标

常规 CCHP 系统以天然气作为主要能源输出，通过 GSCC 系统实现冷热电负荷供应，本章提出集成风能、太阳能和天然气作为能源输入的 DER CCHP 系统。本节选择 NG CCHP 系统作为对比对象，设定 DER CCHP 系统运营策略，并从能源、经济和环境三个层面建立 DER CCHP 系统运营绩效评估指标体系，为建立 DER CCHP 系统运营优化模型奠定基础。

### 7.3.1 NG CCHP 系统

本章选择广州的 NG CCHP 系统作为对比对象，以 GHEMC 二期工程分别建设 NG CCHP 系统或建立 DER CCHP 系统两套方案进行对比分析，分析不同建设方案的能源效率、经济和环境效益。图7-2为GHEMC二期工程NG CCHP系统能源流向图。

NG CCHP系统主要由天然气驱动，系统包括GT、HRSG、ST和辅助发电及其他模块，如EC、AC和HE等。NG CCHP系统的工作原理可见DER CCHP系统中CCHP子系统工作原理的描述，即GT和ST主要用于满足电负荷和为部分EC提供冷负荷，HRSG和ST主要通过热蒸汽或热介质水进入AC用于制冷和进入HE用于制冷，以满足冷负荷和热负荷，最终实现满足终端用户冷热电负荷的需求。

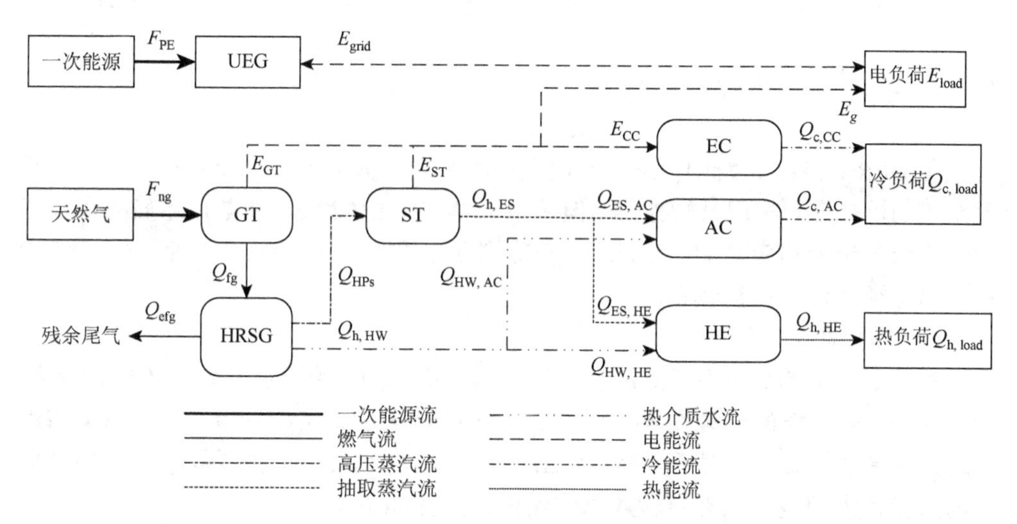


图7-2　GHEMC二期工程NG CCHP系统能源流向图

## 7.3.2　DER CCHP系统运营策略

一般来说，CCHP系统存在两种运行模式，即FEL模式和FTL模式。FEL模式下，原动机根据电负荷进行装载，由该负载产生的余热进行回收用于满足热负荷，当回收热量不能满足热负荷需求时，需要调用CCHP系统的辅助锅炉进行供热。FTL模式下，原动机根据热负荷和冷负荷进行装载，此时，回收余热能够满足热负荷和冷负荷，但产生的电能可能是不足的，难以满足电负荷需求。综合上述分析，FTL模式和FEL模式均存在一定的问题，这使得优化运行策略对提高CCHP运行效率和满足系统负荷需求有着重要的影响。因此，为了建立DER CCHP多目标运营优化模型，本节做出如下假设。

（1）设定CCHP系统与公共电网相互连接。当CCHP系统发电能力不足时，系统可向公共电网购电。反之，当CCHP系统发电能力过剩时，可向公共电网售电。

（2）设定来自公共电网的电能效率为固定值，CCHP 系统的各组件工作效率也为恒值，如 AC、ST、HRSG 和 HE。

（3）设定风电和光伏发电预测精度能够满足调度要求，不考虑两者的随机特性。在 DER CCHP 系统中，由于风能和太阳能具有随机特性，对系统运行产生一定的影响，但本章侧重分析所提 CCHP 系统的运行效率，因此不对其随机特性进行研究。

（4）设定外部气温环境对 CCHP 系统的运营和设备绩效的影响很低，本章忽略该因素的影响。同时，CCHP 系统产生的残余尾气为无害的，不产生治理成本。

### 7.3.3 系统运营绩效评估指标

在 DER CCHP 系统中，系统会优先利用风能和太阳能满足冷热电负荷，降低天然气的消耗量，实现节能减排。但是由于 WPP、PV 和 SC 集热成本较高，系统的运营成本也会相应增加。因此，本节从能源、环境和经济三个方面构建 CCHP 系统运营绩效评估指标体系。

1）能源绩效指标

对于 CCHP 系统，主要能源绩效指标为能源利用效率，由于 DER CCHP 系统和 NG CCHP 系统的能源输入不同，需要分开测算 DER CCHP 系统和 NG CCHP 系统的能源利用效率。对于 DER CCHP 系统，能源利用效率主要取决于冷热电负荷与风能、太阳能、天然气输入量的比值，具体如下：

$$\mathrm{ER}=\frac{Q_{\mathrm{h,load}}+Q_{\mathrm{c,load}}+E_{\mathrm{load}}}{F_{\mathrm{ng}}+F_{\mathrm{PV}}+F_{\mathrm{WPP}}+F_{\mathrm{Solar}}} \tag{7-1}$$

式中，ER 为 DER CCHP 系统的能源利用效率；$Q_{\mathrm{h,load}}$、$Q_{\mathrm{c,load}}$ 和 $E_{\mathrm{load}}$ 分别为系统热负荷、冷负荷和电负荷；$F_{\mathrm{ng}}$、$F_{\mathrm{PV}}$、$F_{\mathrm{WPP}}$ 和 $F_{\mathrm{Solar}}$ 分别为天然气输入量、PV 可发电量、WPP 可发电量和太阳能光热量。其中，WPP 主要由自然来风风速决定，具体可根据式（5-28）计算，PV 主要与太阳能辐射强度有关，太阳能辐射强度服从 Beta 分布，具体可根据式（5-34）计算。SC 的有效能输入主要与太阳能光热强度有关，具体如下：

$$F_{\mathrm{Solar}}=A_{\mathrm{p}}I_{\mathrm{FC}}\left[1+\frac{1}{3}\left(\frac{T_{\mathrm{a}}}{T_{\mathrm{s}}}\right)^{4}-\frac{4}{3}\left(\frac{T_{\mathrm{a}}}{T_{\mathrm{s}}}\right)\right] \tag{7-2}$$

式中，$A_{\mathrm{p}}$ 为太阳能集热板面积；$T_{\mathrm{s}}$ 为太阳温度，等于 6000K；$T_{\mathrm{a}}$ 为太阳能集热板的环境温度；$I_{\mathrm{FC}}$ 为太阳能集热板接收的辐射强度。

对于 NG CCHP 系统，能源利用效率主要取决于冷热电负荷与天然气输入量的比值，具体如下：

$$\mathrm{ER}^{\mathrm{NG}}=\frac{Q_{\mathrm{h,load}}+Q_{\mathrm{c,load}}+E_{\mathrm{load}}}{F_{\mathrm{ng}}^{\mathrm{NG}}} \tag{7-3}$$

式中，$\mathrm{ER}^{\mathrm{NG}}$ 为 NG CCHP 系统的能源利用效率；$F_{\mathrm{ng}}^{\mathrm{NG}}$ 为 NG CCHP 系统的天然气输入量。

由于风能和太阳能属于可再生能源，在评价 CCHP 系统能源绩效时，可通过天然气节省率（NG saving rate，NSR）来反映系统消纳风能和太阳能的容量，具体如下：

$$\mathrm{NSR}=\frac{F_{\mathrm{ng}}^{\mathrm{NG}}-F_{\mathrm{ng}}}{F_{\mathrm{ng}}^{\mathrm{NG}}} \tag{7-4}$$

2）经济绩效指标

对于 CCHP 系统，经济绩效主要表现在总运营成本（total operation cost，TOC）、投资净现值（net present value，NPV）和内部收益率（internal rate of return，IRR）三个方面。

（1）TOC。对于 DER CCHP 系统，TOC 主要由电网购电成本、燃气消耗成本和其他运营成本（年运营成本、检修成本、员工福利等）组成，具体计算如下：

$$\mathrm{TOC}=E_{\mathrm{buy}}\cdot p_{\mathrm{el,buy}}-\begin{pmatrix}E_{\mathrm{el,export}}^{\mathrm{WPP}}\cdot p_{\mathrm{el,export}}^{\mathrm{WPP}}+E_{\mathrm{el,export}}^{\mathrm{PV}}\\ \cdot p_{\mathrm{el,export}}^{\mathrm{PV}}+E_{\mathrm{el,export}}^{\mathrm{GT}}\cdot p_{\mathrm{el,export}}^{\mathrm{GT}}\end{pmatrix}+F_{\mathrm{GT}}\cdot p_{\mathrm{NG}}+\mathrm{Cost}_{\mathrm{oth}} \tag{7-5}$$

式中，$E_{\mathrm{buy}}$ 为 DER CCHP 系统向电网购电量；$p_{\mathrm{el,buy}}$ 为 DER CCHP 系统向电网购电价格；$p_{\mathrm{el,export}}^{\mathrm{WPP}}$、$p_{\mathrm{el,export}}^{\mathrm{PV}}$ 和 $p_{\mathrm{el,export}}^{\mathrm{GT}}$ 分别为 DER CCHP 系统向电网出售 WPP、PV 和 GT 发电的价格；$F_{\mathrm{GT}}$ 为天然气消耗量；$p_{\mathrm{NG}}$ 为天然气价格；$\mathrm{Cost}_{\mathrm{oth}}$ 为 DER CCHP 系统运营成本。

对于 NG CCHP 系统，TOC 可根据式（7-6）计算：

$$\mathrm{TOC}^{\mathrm{NG}}=E_{\mathrm{buy}}^{\mathrm{NG}}\cdot p_{\mathrm{el,buy}}-E_{\mathrm{el,export}}^{\mathrm{NG,GT}}\cdot p_{\mathrm{el,export}}^{\mathrm{NG,GT}}+F_{\mathrm{GT}}^{\mathrm{NG}}\cdot p_{\mathrm{NG}}+\mathrm{Cost}_{\mathrm{oth}}^{\mathrm{NG}} \tag{7-6}$$

式中，$\mathrm{TOC}^{\mathrm{NG}}$ 为 NG CCHP 系统的运营成本；$E_{\mathrm{buy}}^{\mathrm{NG}}$ 为 NG CCHP 系统向电网购电量；$F_{\mathrm{GT}}^{\mathrm{NG}}$ 为 NG CCHP 系统燃气消耗量；$\mathrm{Cost}_{\mathrm{oth}}^{\mathrm{NG}}$ 为 NG CCHP 系统运营成本。

DER CCHP 系统能够利用 WPP 和 PV 替代 GT 发电，利用 SC 替代 HRSG 和 ST 供热，能够减少系统天然气消耗量。DER CCHP 系统成本节省率（cost saving ratio，CSR）可由式（7-7）计算：

$$\mathrm{CSR}=\frac{\mathrm{TOC}^{\mathrm{NG}}-\mathrm{TOC}}{\mathrm{TOC}^{\mathrm{NG}}} \tag{7-7}$$

（2）NPV。DER CCHP 系统能够充分利用风能和光能满足系统负荷需求，降低系统天然气消耗量，减少系统运行成本，其系统节省成本可由式（7-8）计算：

$$\mathrm{CS}=\mathrm{TOC}^{\mathrm{NG}}-\mathrm{TOC} \tag{7-8}$$

DER CCHP 系统能够通过降低运行成本产生经济效益，但是 WPP、PV 和 SC 的投资成本要高于 GT，这会增加系统总的投资成本。如何选择建设方案，需综合衡量投资成本和运行成本。NPV 能够用于投资决策，通过核算项目投资运营周期内各年的净现金流量，在确定的折现率下估算初始 NPV：

$$\mathrm{NPV}=\sum_{j=1}^{J}\frac{(1-i)^{j}-1}{i(1-i)^{j}}\mathrm{CS}_{j}-(I_{\mathrm{NG}}^{0}-I^{0}) \tag{7-9}$$

式中，$i$ 为折现率；$J$ 为运营周期；$I_{\mathrm{NG}}^{0}$ 和 $I^{0}$ 分别为 NG CCHP 系统和 DER CCHP 系统的初始投资成本。NPV≥0 表示 DER CCHP 系统的投资效益要优于 NG CCHP 系统，否则 DER CCHP 系统的经济优势不够明显。

（3）IRR。IRR 就是资金流入现值总额与资金流出现值总额相等、净现值等于零时的折现率，主要用来反映项目投资所期望的报酬率。对于投资项目，当内部收益率高于期望报酬率时，才具备可行性，系统 IRR 可由式（7-10）计算：

$$\sum_{j=1}^{J}\frac{(1-\mathrm{IRR})^{j}-1}{\mathrm{IRR}(1-\mathrm{IRR})^{j}}\mathrm{CS}_{j}-(I_{\mathrm{NG}}^{0}-I^{0})=0 \tag{7-10}$$

除 TOC、NPV、IRR 外，动态投资回收期（dynamic payback period，DPP）能够反映资本投入回收时间。DPP 越小表明项目投资回收速度越快，项目营运能力越强，DPP 可由式（7-11）计算：

$$\sum_{t=1}^{P_t}\frac{(1-i)^{t}-1}{i(1-i)^{t}}\cdot\mathrm{CS}_{t}-(I_{\mathrm{NG}}^{0}-I^{0})=0 \tag{7-11}$$

式中，$P_t$ 为 DER CCHP 系统相比 NG CCHP 系统增量 DPP。

3）环境绩效指标

为了评估 CCHP 系统的环境绩效，需要分别核算 DER CCHP 系统和 NG CCHP 系统的等效碳排放量，并引入碳减排量（carbon emission reduction，CER）作为环境绩效指标，具体计算如下：

$$\mathrm{CE}=\gamma F_{\mathrm{ng}}+\varphi E_{\mathrm{buy}} \tag{7-12}$$

$$\mathrm{CE}^{\mathrm{NG}}=\gamma F_{\mathrm{ng}}^{\mathrm{NG}}+\varphi E_{\mathrm{buy}}^{\mathrm{NG}} \tag{7-13}$$

$$\mathrm{CER}=\mathrm{CE}^{\mathrm{NG}}-\mathrm{CE} \tag{7-14}$$

式中，CE 和 $\mathrm{CE}^{\mathrm{NG}}$ 分别为 DER CCHP 系统和 NG CCHP 系统的等效碳排放量；CER 为 DER CCHP 系统的碳减排量；$\gamma$ 为单位天然气燃烧的碳排放量；$\varphi$ 为单位电能的碳排放量；$E_{\mathrm{buy}}^{\mathrm{NG}}$ 和 $E_{\mathrm{buy}}$ 分别为 NG CCHP 系统和 DER CCHP 系统向公共电网购买的电量。

# 7.4　DER CCHP 系统多目标运营优化模型

通过从能源、经济和环境三个方面建立绩效评估指标体系，能够量化分析 CCHP 系统的运营效果。为了实现 CCHP 系统最优绩效运行，需要对 CCHP 系统运营策略进行优化。为了满足自身利益诉求，决策者一般会优先关注能源绩效和经济绩效，即与能源利用效率和系统运行成本相关的指标。但随着温室效应加剧，系统运行需要承担更加严格的温室气体排放约束，碳排放量将成为影响系统运行策略的又一重要因素。因此，本章选择 ER、TOC 和 CER 作为优化目标，建立 DER CCHP 系统多目标运营优化模型，并提出了基于单目标模型投入产出表的模型求解算法。

## 7.4.1　DER CCHP 系统运营目标

对于 DER CCHP 系统，ER 值越高意味着系统能源利用效率越高，相应的能源绩效也就越佳；TOC 值越低意味着系统运行成本越低，相应的经济绩效越佳；CER 越低意味着系统具备较少的碳排放量，相应的环境绩效越佳。均衡三者之间的相互关系是系统运行策略优化的主要目的，具体的目标函数定义如下：

$$f_1 = \mathrm{ER} = \max\left\{\frac{\sum_{t=1}^{T}[Q_{\mathrm{h,load}}(t)+Q_{\mathrm{c,load}}(t)+E_{\mathrm{load}}(t)]}{\sum_{t=1}^{T}[F_{\mathrm{GT}}(t)+F_{\mathrm{PV}}(t)+F_{\mathrm{WPP}}(t)+F_{\mathrm{Solar}}(t)]}\right\} \tag{7-15}$$

$$f_2 = \mathrm{TOC} = \min\sum_{t=1}^{T}\left\{\begin{array}{l} E_{\mathrm{buy}}(t)\cdot p_{\mathrm{el,buy}} - \left(\begin{array}{l} E_{\mathrm{el,export}}^{\mathrm{WPP}}(t)\cdot p_{\mathrm{el,export}}^{\mathrm{WPP}} + E_{\mathrm{el,export}}^{\mathrm{PV}}(t) \\ \cdot p_{\mathrm{el,export}}^{\mathrm{PV}} + E_{\mathrm{el,export}}^{\mathrm{GT}}(t)\cdot p_{\mathrm{el,export}}^{\mathrm{GT}} \end{array}\right) \\ +F_{\mathrm{GT}}(t)\cdot p_{\mathrm{NG}} + \mathrm{Cost}_{\mathrm{oth}} \end{array}\right\} \tag{7-16}$$

$$f_3 = \mathrm{CER} = \max\sum_{t=1}^{T}\{[\gamma F_{\mathrm{ng}}(t)+\varphi E_{\mathrm{buy}}(t)]-[\gamma F_{\mathrm{ng}}^{\mathrm{NG}}(t)+\varphi E_{\mathrm{buy}}^{\mathrm{NG}}(t)]\} \tag{7-17}$$

式中，$t$ 为时间；$T$ 为总的运营周期；$f_1$、$f_2$ 和 $f_3$ 分别为 DER CCHP 系统的目标函数，包括能源利用效率最高、运行成本最低和碳减排量最高三个目标。

## 7.4.2　DER CCHP 系统运营约束条件

DER CCHP 系统主要面临的约束条件有能源供需平衡约束、GSCC 系统运行约束、辅助供热子系统运行约束、电源输出功率约束和其他模块运行约束等。其中，其他模块主要包括 AC、CC、HE 和 RE 等制冷或制热设备。

### 1. 能源供需平衡约束

DER CCHP 系统能源供需平衡约束主要包括电负荷供需平衡约束、热负荷供需平衡约束和冷负荷供需平衡约束，具体约束条件如下。

1）电负荷供需平衡约束

$$[E_{GT}(t)+E_{ST}(t)+E_{PV}(t)+E_{WPP}(t)]\cdot(1-e)=E_{RE}(t)+E_{EC}(t)+E_{g}(t) \tag{7-18}$$

$$E_{g}(t)+E_{grid}(t)=E_{load}(t) \tag{7-19}$$

式中，$E_{GT}(t)$ 为 GT 在时刻 $t$ 的发电出力；$E_{ST}(t)$ 为蒸汽机在时刻 $t$ 的发电出力；$E_{PV}(t)$ 和 $E_{WPP}(t)$ 分别为在时刻 $t$ 的 PV 出力和 WPP 出力；$e$ 为 DER CCHP 系统自身的用电损耗率；$E_{RE}(t)$ 为 RE 在时刻 $t$ 的消耗电量；$E_{EC}(t)$ 为 EC 在时刻 $t$ 的消耗电量；$E_{g}(t)$ 为时刻 $t$ 的总发电量；$E_{load}(t)$ 为时刻 $t$ 的电负荷需求量；$E_{grid}(t)$ 为时刻 $t$ 系统向公共电网的购电量。

2）热负荷供需平衡约束

$$Q_{ST,h}(t)+Q_{RE,h}(t)+Q_{SK,out}(t)+Q_{SC,HE}=Q_{h,AC}(t)+Q_{h,HE}(t) \tag{7-20}$$

$$Q_{HR,HW}(t)=Q_{HR,AC}(t)+Q_{HR,HE}(t) \tag{7-21}$$

$$Q_{HR,AC}(t)\cdot Q_{HR,HE}(t)=0 \tag{7-22}$$

$$Q_{HE,h}(t)\geqslant Q_{h,load}(t) \tag{7-23}$$

式中，$Q_{ST,h}(t)$ 为 ST 在时刻 $t$ 产生的热能；$Q_{RE,h}(t)$ 为 RE 在时刻 $t$ 产生的热能；$Q_{SK,out}(t)$ 为 SK 在时刻 $t$ 产生的热能；$Q_{h,AC}(t)$ 和 $Q_{h,HE}(t)$ 分别为 AC 和 HE 在时刻 $t$ 产生的热能；$Q_{HR,HW}(t)$ 为 HRSG 在时刻 $t$ 产生的热能；$Q_{HR,AC}(t)$ 和 $Q_{HR,HE}(t)$ 分别为 AC 和 HE 在时刻 $t$ 产生的热能；$Q_{HE,h}(t)$ 为 HE 在时刻 $t$ 产生的热能；$Q_{h,load}(t)$ 为时刻 $t$ 的热负荷需求。

3）冷负荷供需平衡约束

$$Q_{AC,c}(t)+Q_{EC,c}(t)\geqslant Q_{c,load}(t) \tag{7-24}$$

式中，$Q_{EC,c}(t)$ 和 $Q_{AC,c}(t)$ 分别为 EC 和 AC 在时刻 $t$ 产生的冷能；$Q_{c,load}(t)$ 为时刻 $t$ 的冷负荷需求。

### 2. GSCC 系统运行约束

GSCC 主要由 GT、ST 和 HRSG 构成，这使得 GSCC 系统需要满足 GT 运行约束、HRSG 运行约束和 ST 运行约束，具体约束条件如下。

GT 运行需要满足发电约束、燃气消耗约束和高温燃气约束。其中，发电约束和燃气消耗约束主要由机组发电出力功率系数、电能转化效率与天然气热值决定。高温燃气约束主要由 GT 发电功率、电能转化效率和热损失率三个因素决定，具体计算如下：

$$E_{GT}=E_{r,GT}\cdot PLR \tag{7-25}$$

$$Q_{ng}(t)=\frac{E_{GT}(t)\cdot(1-\eta_{el,GT}-\eta_{loss,GT})}{\eta_{el,GT}} \tag{7-26}$$

式中，$E_{GT}$ 为 GT 的负载电能；$E_{r,GT}$ 为 GT 的额定负载；PLR 为 GT 的电能负载率；$Q_{ng(t)}$ 为 GT 的输入天然气量；$\eta_{el,GT}$ 为 GT 电能转化效率；$\eta_{loss,GT}$ 为 GT 热损失率。

相比 NG CCHP 系统，DER CCHP 系统中增加了 SC 和 SK，使得 HRSG 的能源流出增加了流向 SK 的途径，即 HRSG 产生的高压蒸汽和热介质水流、残余尾气和最终流向 SK 的热能四种途径，具体约束条件如下：

$$Q_{HR,ST}=Q_{ng}\cdot\eta_{ST} \tag{7-27}$$

$$Q_{HR,HW}=Q_{ng}\cdot\eta_{HR,HW} \tag{7-28}$$

$$Q_{HR,in}(t)=Q_{ng}\cdot\eta_{HR,in} \tag{7-29}$$

$$\eta_{ST}+\eta_{HR,in}+\eta_{HR,HW}+\eta_{EFL}=1 \tag{7-30}$$

式中，$\eta_{HR,in}$ 为 HRSG 的热能效率；$\eta_{ST}$ 为高压蒸汽率；$\eta_{HR,HW}$ 为热介质水率；$\eta_{EFL}$ 为残余尾气率；$Q_{HR,in}(t)$ 为 HRSG 流向 SK 的热能。

ST 利用高压蒸汽流进行发电和供热，如何分配用于两者的高压蒸汽对 ST 的出力分布有着重要的影响，具体计算如下：

$$Q_{ST,h}(t)=\delta(t)\cdot Q_{HR,ST}(t)\cdot\eta_r\cdot\eta_{ES} \tag{7-31}$$

式中，$Q_{HR,ST}(t)$ 为 HRSG 在时刻 $t$ 产生的高压蒸气；$\eta_r$ 和 $\eta_{ES}$ 分别为管道和抽取蒸气的传输效率；$\delta(t)$ 为 ST 抽取的蒸气比例，$\delta\in(0,1)$。ST 抽取蒸气的剩余比例主要用于发电，具体如下：

$$E_{ST}(t)=[Q_{HR,ST}(t)-Q_{ST,h}(t)]\cdot[1-\eta_{loss,ST}(t)]\cdot\eta_{g,ST} \tag{7-32}$$

式中，$\eta_{loss,ST}(t)$ 为 ST 在时刻 $t$ 的热能损耗率；$\eta_{g,ST}$ 为 ST 的发电效率。

### 3. 辅助供热子系统运行约束

辅助供热子系统主要由 SC、SK 和 RE 三个模块组成，故需要满足 SC 运行约束、SK 运行约束和 RE 运行约束。

1）SC 运行约束

SC 主要用于收集太阳能辐射以满足热负荷需求。SK 主要用作备用热源，当太阳能辐射不足时，可用于提供热能。

$$Q_{SC}(t)=F_{Solar}(t)\cdot\eta_{Solar,SC} \tag{7-33}$$

$$Q_{SC}(t)=Q_{SC,in}(t)+Q_{SC,HE}(t) \tag{7-34}$$

式中，$Q_{SC}(t)$ 为 SC 在时刻 $t$ 的实际集热量；$\eta_{Solar,SC}$ 为 SC 在时刻 $t$ 的热转换效率；$Q_{SC,in}(t)$ 和 $Q_{SC,HE}(t)$ 分别为 SC 在时刻 $t$ 产生的用于 SK 和 HE 的热能。

2）SK 运行约束

SK 用于 SC 和 CCHP 子系统间的缓冲区，具有良好的绝缘性和保温特性，这使得 SK 中的水温仅与时间有关，具体如下：

$$\rho\cdot C_p\cdot[V_w(t)+V_k(t)]\frac{\mathrm{d}T_L}{\mathrm{d}t}=Q_{SK}(t-1)Q_{SC,in}(t)+Q_{HR,in}(t)-Q_{SK,out}(t)-U_kA_k(T_L-T_a) \tag{7-35}$$

式中，$Q_{SK}(t-1)$ 为时刻 $t$–1 SK 存储热量；$Q_{SC,in}(t)$ 和 $Q_{HR,in}(t)$ 分别为 SC 和 HR 在时刻 $t$ 产生用于 SK 的热能；$\rho$ 为储水槽中水密度；$C_p$ 为定压比热容；$V_w(t)$ 和 $V_k(t)$ 分别为 SK 中储水容量和 SK 容量；$T_L(t)$ 为 SK 在时刻 $t$ 的水温度函数；$T_a(t)$ 为时刻 $t$ 的环境温度；$U_k$ 为 SK 热转换效率；$A_k$ 为 SK 面积。关于 SK 的工作原理和数学模型可参见文献[89]。

3）RE 运行约束

RE 主要在夜间低谷时段运行，在满足基础供暖的同时进行蓄热。RE 的运行分为两个阶段：一是在低谷时段，RE 投入运行，产生的热量一部分直接对用户供热，满足基本用热需求，另一部分加热 SK 中的水来储存热量，满足非低谷时段的供热需求；二是在非低谷时段，RE 停止运行，利用 SK 内的热水对用户供热。RE 低谷时段用电负荷应满足如下条件：

$$\int_{t_s}^{t_d}E_{WPP,R}(t)\mathrm{d}t=\int_{t_s}^{t_d}Q_{RE,h}(t)\mathrm{d}t+\int_{t_d}^{t_d^*}Q_{RE,h}(t)\mathrm{d}t+\int_{t_d}^{t_d^*}\Delta Q_{SRE,h}(t)\mathrm{d}t \tag{7-36}$$

$$0\leqslant Q_{RE,h}(t)\leqslant E_{WPP,R}(t) \tag{7-37}$$

式中，$Q_{RE,h}(t)$ 为 RE 在时刻 $t$ 的供热负荷；$E_{WPP,R}(t)$ 为夜间低谷时段 RE 在时刻 $t$ 的用电负荷；$\Delta Q_{SRE,h}(t)$ 为非低谷时段 SK 蓄热的热量损失功率；$t_s$、$t_d$、$t_d^*$ 分别为低谷时段开始时间、结束时间、非低谷时段的结束时间。RE 运行需要满足功率约束、蓄热量约束和功率波动约束，RE 的工作原理及数学模型见文献[90]。

4. 电源输出功率约束

对比 NG CCHP 系统，DER CCHP 系统运营会受到 WPP 和 PV 出力波动性影响，为维持系统的安全稳定运行，部分时刻实际 WPP 和 PV 可用出力并不能完全并网，产生弃能。WPP 和 PV 出力约束具体如下：

$$0\leqslant E_{WPP,E}(t)+E_{WPP,R}(t)+E_{WPP,ex}(t)\leqslant F_{WPP}(t) \tag{7-38}$$

$$0\leqslant E_{PV}(t)+E_{PV,ex}(t)\leqslant F_{PV}(t) \tag{7-39}$$

式中，$E_{\mathrm{WPP,E}}(t)$ 为 WPP 为满足电负荷需求进行的发电出力；$F_{\mathrm{WPP}}(t)$ 和 $F_{\mathrm{PV}}(t)$ 分别为时刻 $t$ 实际来风可发电量和实际光伏可发电量。

5. 其他模块运行约束

DER CCHP 系统包括 EC、AC 和 HE，相应的约束条件也包括上述三个模块的运行条件。

1）HE 运行约束

$$Q_{\mathrm{HE,h}}(t)=[Q_{\mathrm{HR,HE}}(t)+Q_{\mathrm{SC,HE}}(t)+Q_{\mathrm{h,HE}}(t)+Q_{\mathrm{RE,h}}(t)]\cdot\eta_{\mathrm{HE}} \tag{7-40}$$

式中，$Q_{\mathrm{HE,h}}(t)$ 为 HE 在时刻 $t$ 产生的热能；$Q_{\mathrm{HR,HE}}(t)$ 为 HRSG 在时刻 $t$ 产生的用于 HE 的高压蒸气；$Q_{\mathrm{SC,HE}}(t)$ 和 $Q_{\mathrm{h,HE}}(t)$ 分别为 SC 与其他组件在时刻 $t$ 产生用于 HE 的热能流；$\eta_{\mathrm{HE}}$ 为 HE 在时刻 $t$ 的热转换效率。

2）AC 运行约束

$$Q_{\mathrm{AC,c}}(t)=[Q_{\mathrm{HR,AC}}(t)+Q_{\mathrm{h,AC}}(t)]\cdot\mathrm{COP}_{\mathrm{AC}} \tag{7-41}$$

式中，$Q_{\mathrm{AC,c}}(t)$ 为 AC 在时刻 $t$ 产生的冷能；$Q_{\mathrm{HR,AC}}(t)$ 为 HRSG 在时刻 $t$ 产生的用于 AC 的热介质水流；$Q_{\mathrm{h,AC}}(t)$ 为其他组件在时刻 $t$ 产生的用于 AC 的热蒸汽流；$\mathrm{COP}_{\mathrm{AC}}$ 为 AC 冷转换效率。

3）EC 运行约束

$$Q_{\mathrm{EC,c}}(t)=E_{\mathrm{EC}}(t)\cdot\mathrm{COP}_{\mathrm{EC}} \tag{7-42}$$

式中，$Q_{\mathrm{EC,c}}(t)$ 为 EC 在时刻 $t$ 产生的冷能；$E_{\mathrm{EC}}(t)$ 为 EC 在时刻 $t$ 产生的用于制冷的电能；$\mathrm{COP}_{\mathrm{EC}}$ 为 EC 的冷转换效率。

### 7.4.3　模型求解过程

本章所建立的 DER CCHP 系统优化运行模型是多目标优化模型，主要求解途径包括直接求解路径和间接求解路径。直接求解路径通过借助群体智能算法寻找能够兼顾不同目标要求的全局最优解，如遗传算法[91]、PSO 算法[92]和蚁群算法[93]等。直接求解路径能够从全局范围内搜索模型最优解，综合考虑各目标函数要求，但编码过于复杂，尤其是含整数变量、连续变量和离散变量的数学模型，导致求解结果不够理想。间接求解路径是对各目标函数赋予权重系数，将多目标模型加权为综合单目标模型，一般做法是决策者根据主观经验进行赋权，这能够充分利用决策者自身经验知识，但也容易受决策者主观性影响，权重系数可能存在误差，但相比直接求解路径，该路径求解复杂度降低，易于得到模型最优解。为克服主观赋权法的不足，本节根据目标函数的投入产出矩阵，应用熵权法进行赋权，具体步骤如下。

（1）分别以目标函数 $f_i(i=1,2,\cdots,n)$ 作为优化目标，求解所提模型得到模型优化结果。$f_{ij}^*$ 表示以目标函数 $f_i$ 进行单目标求解时目标函数 $f_j$ 的函数值。

（2）根据步骤（1）中单目标函数值和综合目标函数值，可得到目标函数的投入产出表。

（3）根据投入产出表，对目标函数值进行一致化和无量纲化处理，得到预处理后的目标函数值集合。

（4）应用熵权法求取目标函数权重系数。如果极大型目标函数和极小型目标函数的权重系数分别为 $\overline{\lambda}_{i'}$ 和 $\overline{\lambda}_{i''}$，可得到加权综合目标函数 $\overline{f}$，具体如下：

$$\overline{f}=\min\left\{\sum_{i'\in i}\overline{\lambda}_{i'}\frac{\max_{i'}\{f_{i'j}^*\}-f_{i'}}{\max_{i'}\{f_{i'j}^*\}-\min_{i'}\{f_{i'j}^*\}}+\sum_{i''\in i,i''\neq i'}\overline{\lambda}_{i''}\frac{f_{i''}-\min_{i''}\{f_{i''j}^*\}}{\max_{i''}\{f_{i''j}^*\}-\min_{i''}\{f_{i''j}^*\}}\right\},\quad \{i'\}\cup\{i''\}=\{i\} \tag{7-43}$$

综合上述四个步骤，本章建立多目标优化模型的求解算法。在确定不同目标函数权重系数后，应用所提算法可以获得兼顾能源利用效率、系统运行成本和碳减排量等绩效指标的 DER CCHP 系统最优解。

### 7.4.4 算例分析

1. 基础数据

为对比 NG CCHP 系统和 DER CCHP 系统的运营绩效水平，本章选择 GHEMC 作为实例对象。根据 GHEMC 发展规划，二期工程建设规模与一期相同，二期工程完工后，将满足 43km$^2$ 和 30 万人口的用能需求[84]。设定两种建设方案，具体如下。

NG CCHP 系统：将一期工程规模扩建一倍，仍由 GSCC 系统驱动，具体系统组件和运行参数见文献[85]。二期工程主要包括 GT、ST、HR、HRSG、AC 和 EC 等组件，各组件类型与一期工程相同。GT、ST、HRSG 的运行参数见文献[82]。二期工程完工后，GT 的额定容量将达到 240MW，ST 的辅助发电额定容量为 72MW。设定 ST 最大抽气量为 165t/h，额度抽气压力为 0.981MPa，GT 背压为 7.2kPa。

DER CCHP 系统：为充分利用分布式能源，WPP、PV、RE 和 SC 用于满足冷负荷、热负荷与电负荷。同时，新增一套 AC、EC 和 HE 满足系统用能需求。SK 作为太阳能辐射不足时的热源。GT、ST、AC、EC 和 HE 的参数与 NG CCHP

系统相同。由于部分高压蒸汽流向 SK，HRSG 的运行参数相应变化，设定$\eta_{ST}$、$\eta_{HR,in}$、$\eta_{HR,HW}$和$\eta_{EFL}$分别为 0.7118、0.1361、0.084 52 和 0.067 58。SC 和 SK 的运行参数见文献[94]。当辅助供热子系统和 CCHP 子系统不能满足热能需求时，RE 可利用风电进行蓄热作为供热源，具体运行参数见文献[86]。结合 GHEMC 的内外部环境，转换 SC、RE 和 SK 的热输出功率，得到 SC、RE、SK 最大输出功率分别为 30MW、65MW 和 25MW。WPP 和 PV 的额定容量分别为 120MW 和 60MW，运行参数见文献[95]。表 7-1 为 DER CCHP 系统的初始投资成本和运营成本。

**表 7-1　DER CCHP 系统的初始投资成本和运营成本**

| 成本参数 | | WPP | PV | RE | SC | SK | 其他 |
|---|---|---|---|---|---|---|---|
| 初始投资成本/$10^6$美元 | 设备采购成本 | 87.42 | 50.43 | 8.91 | 47.775 | 18.408 | 77.55 |
| | 工程建设成本 | 15.195 | 8.76 | 1.56 | 8.3 | 3.192 | 13.48 |
| | 工程安装成本 | 13.77 | 7.935 | 1.43 | 7.525 | 2.892 | 12.21 |
| | 其他费用 | 25.005 | 14.415 | 2.535 | 13.675 | 5.268 | 22.18 |
| | 施工期利息 | 3.525 | 2.025 | 0.39 | 1.925 | 0.744 | 3.12 |
| 其他运行成本/($10^6$美元/年) | 长期借记利息 | 1.98 | 1.14 | 0.845 | 1.075 | 0.288 | 4.04 |
| | 材料费用 | 0.57 | 0.33 | 0.26 | 0.3 | 0.084 | 1.16 |
| | 工资和福利基金费用 | 0.405 | 0.24 | 0.195 | 0.225 | 0.06 | 0.84 |
| | 维护成本 | 3.105 | 1.785 | 1.3 | 1.7 | 0.444 | 16.31 |
| | 其他费用 | 1.125 | 0.645 | 0.455 | 0.625 | 0.156 | 2.30 |
| 总成本/$10^6$美元 | | 152.1 | 87.705 | 17.88 | 83.125 | 31.536 | 153.19 |

基于历史数据对风速、太阳能辐射强度和光热强度进行回归拟合与预测，预测结果的精确程度直接影响调度方案。由于本章的研究重心是分析 DER CCHP 系统的经济效益，故不对风速、光伏和光热预测方法进行研究，而是选取年平均风速、辐射强度和光热强度作为输入数据。其中，年来风风速分布数据和太阳能辐射强度分布数据见文献[96]，年太阳能光热强度分布数据见文献[95]。风电和光伏发电上网价格分别为 94.80 美元/(MW·h)和 155.4 美元/(MW·h)。燃气轮机发电上网电价为 87.020 美元/(MW·h)。天然气价格约为 374.87 美元/t。

为充分利用光伏发电、风电和维持系统负荷供需平衡，DER CCHP 系统可向公共电网进行购电或售电。参照文献[85]可知，GHEMC 实施峰谷分时电价，谷、平、峰时段分别为 0：00～8：00、8：00～18：00 和 18：00～24：00。相应地，谷、平、峰时段电价分别为 52.08 美元/(MW·h)、99.37 美元/(MW·h)和 160.86 美元/

(MW·h)。GHEMC 一期工程的年平均热、电、冷负荷根据文献[85]获取。进一步，以人口增长率预测电负荷，以面积增长率预测二期工程热负荷和冷负荷。图 7-3 表示 GHEMC 平均冷、热和电负荷需求。

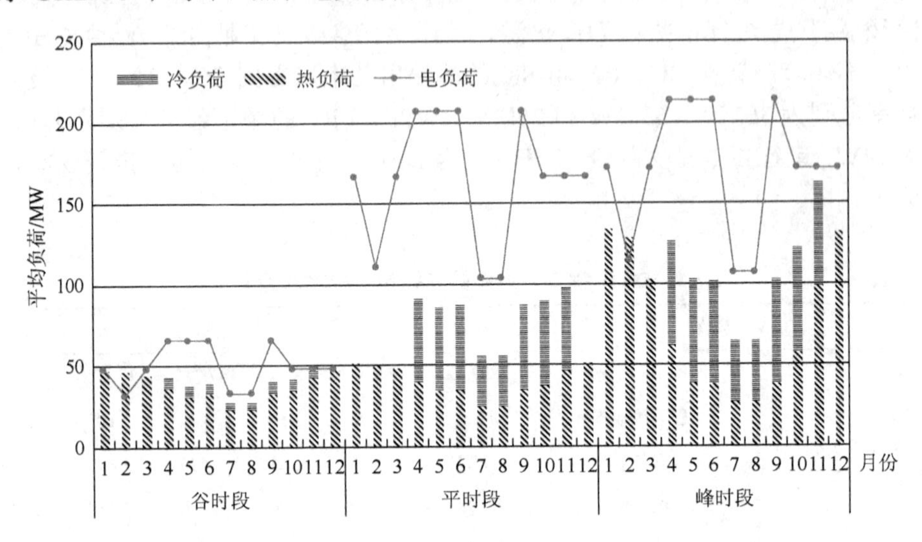


图 7-3　GHEMC 不同时段各小时平均冷、热和电负荷需求

2. 算例结果分析

根据上述相关数据，借助 GAMS 软件求解所提模型，求取单目标下模型优化结果，得到目标函数的投入产出表，应用熵权法求取目标函数权重，形成加权单目标优化模型，并获得综合最优结果。

1）ER 优化模式下系统运行结果

ER 优化模式以 DER CCHP 系统运营能源绩效最优为目标，得到 DER CCHP 系统运营优化结果。其中，ER、TOC 和 CER 分别为 77.9%、39 433.023 万元和 167.736 万 t。风能、太阳能和天然气的输入量分别为 604 077.975MW·h、604 179.844MW·h 和 29 002.02kg。为了最优化 DER CCHP 系统运行能源绩效，在满足冷、热、电负荷供给的前提下，系统会减少能源消耗，这会激励系统在平时段和峰时段向公共电网购买电能，平均购电比例分别为 18.05%和 19.73%。对于热负荷需求来说，SC、SK 和 RE 优先用于满足热能需求。当热能供给不足时，HRSG 的热介质水和 ST 的蒸汽可用于满足剩余热能需求。HRSG 和 RE 剩余的热水以及 ST 的剩余蒸汽用于满足冷负荷需求。SC、SK 和 RE 提供的热能平均比例约为 85.83%。对于冷负荷来说，HRSG、ST 和 RE 主要用于满足冷负荷需求。当负荷供给不足时，EC、SC 和 ST 用于满足剩余冷负荷需求，HRSG、ST 和 RE 提供的冷负荷比例约为 69.16%。图 7-4 为 ER 优化模式下各时段冷、热、电负荷供应。

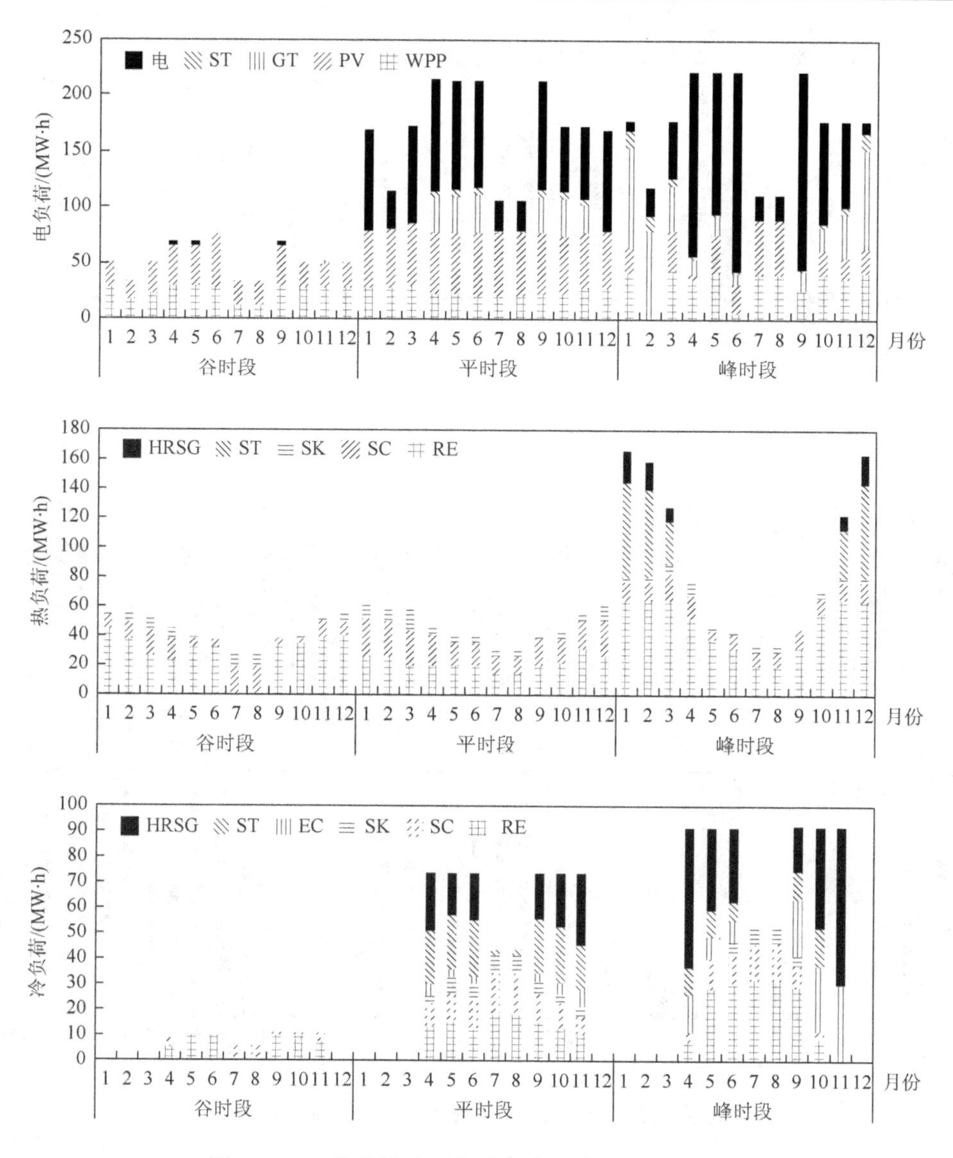


图 7-4　ER 优化模式下各时段冷、热、电负荷供应

2）TOC 优化模式下系统运行优化结果

TOC 优化模式以系统运行总成本最小作为优化目标，不考虑 DER CCHP 系统能源绩效和环境绩效的影响。ER、TOC 和 CER 值分别为 58.6%、29 916.735 万元和 127.048 万 t。风能、太阳能和天然气的输入量分别为 460 188.371MW·h、576 811.063MW·h 和 134 500.033kg。图 7-5 表示 TOC 优化模式下各时段冷、热、电负荷供给量。

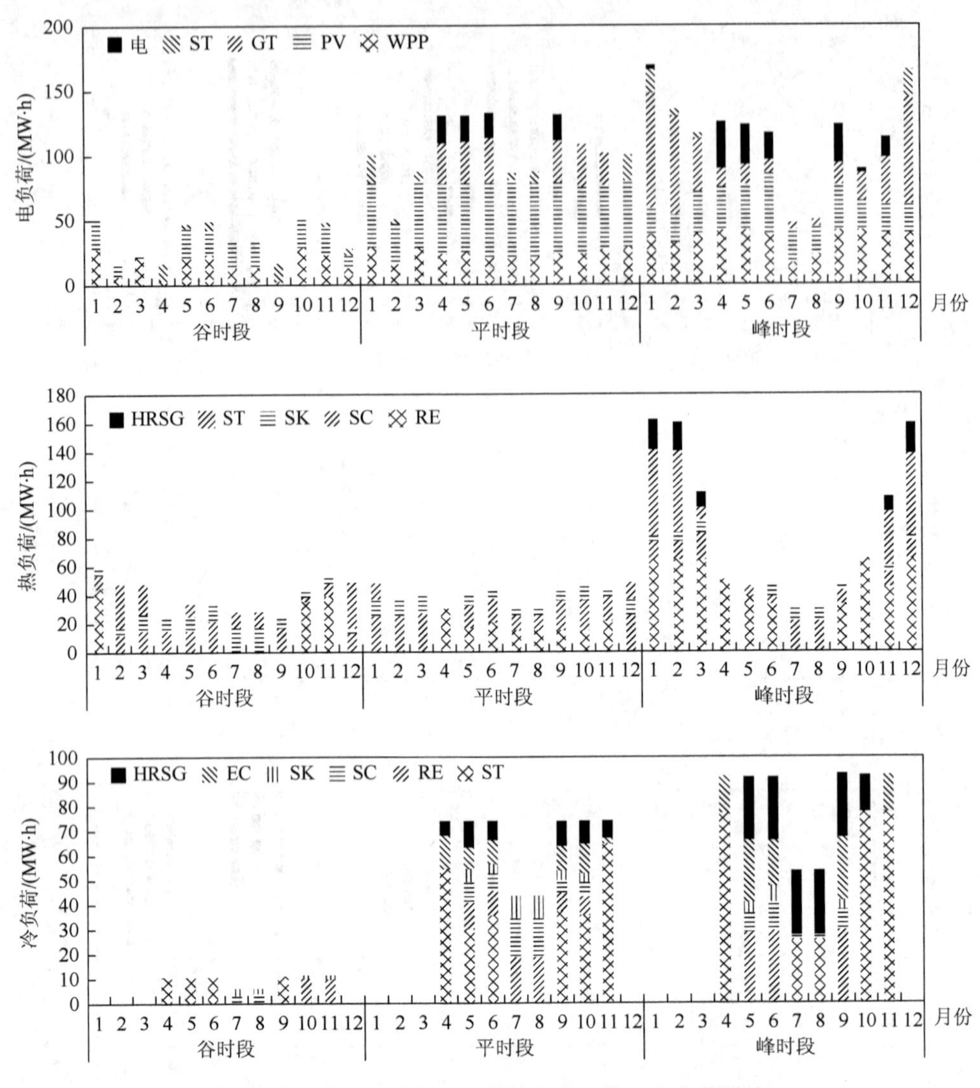


图 7-5　TOC 优化模式下各时段冷、热、电负荷供应

系统为最小化总运行成本，会充分利用风能、太阳能和天然气满足冷、热、电负荷需求，降低向公共电网购买的电量。在平时段和峰时段，系统向公共电网购电比例仅为 1.65%和 2.80%。与 ER 优化模式不同，热负荷优先由 ST、SK 和 RE 满足，剩余热能由 HRSG 和 SC 提供热水满足。ST、SC 和 RE 提供热能的平均比例约为 73.64%。与 ER 优化模式相同，冷负荷优先由 HRSG、ST 和 RE 供给，EC、SC 和 ST 用于满足剩余能量需求。HRSG、ST 和 RE 提供的冷负荷占比达到 75.15%。

3）CER 优化模式下系统运行结果

CER 优化模式以系统最大化碳减排量作为优化目标，不考虑 DER CCHP 系统能源绩效和经济绩效的影响。ER、TOC 和 CER 值分别为 72.9%、37 387.848 万元和 180.374 万 t。风能、太阳能和天然气的输入量分别为 643 550.455MW·h、619 359.3 MW·h 和 45 798.417kg。图 7-6 表示 CER 优化模式下各时段冷、热、电负荷供给。

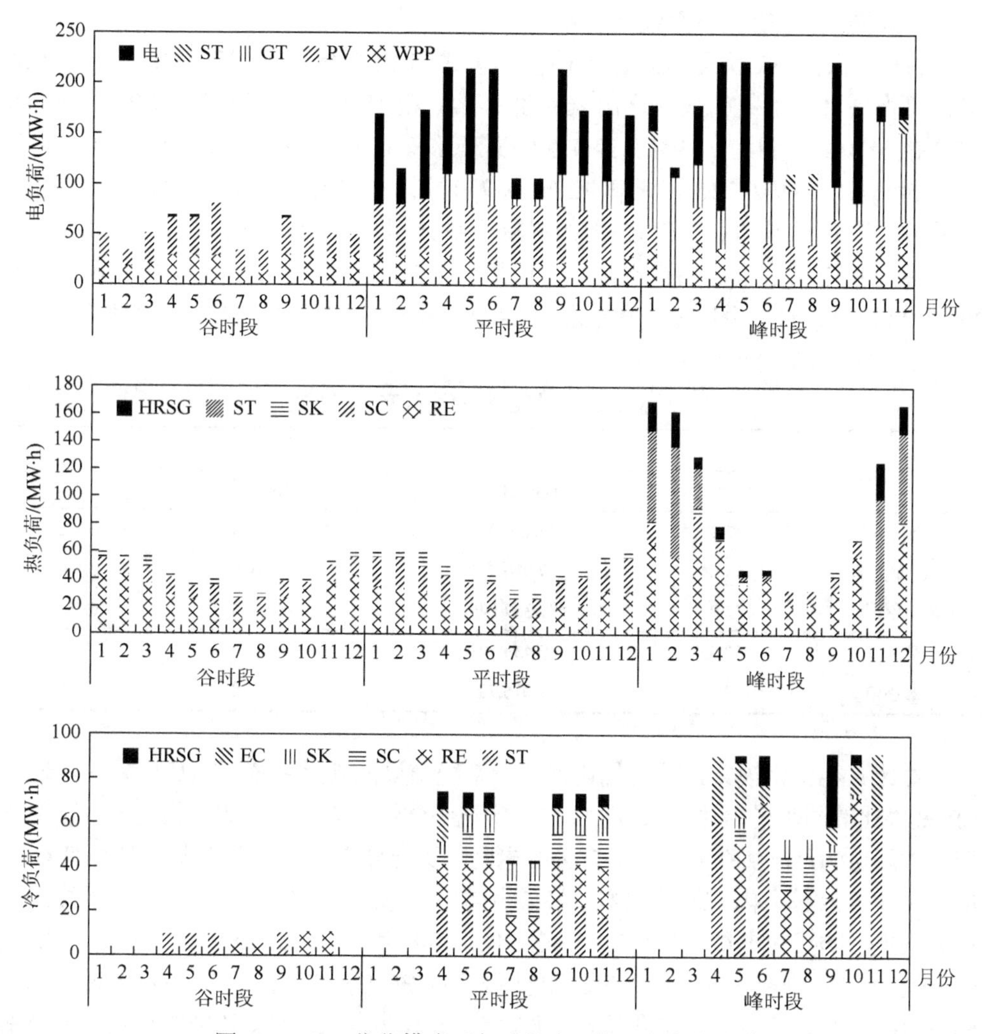


图 7-6　CER 优化模式下各时段冷、热、电负荷供给

系统为最大化碳减排量，会优先利用风能和太阳能满足冷、热、电负荷需求。其次，公共电网出售电能将作为满足电负荷补充途径，峰时段和谷时段平均购电比例分别为 18.47%和 14.73%。对比 ER 最优模式，系统向公共电网购电量由 1831.29MW·h 下降至 1629.20MW·h。与 ER 优化模式相同，ST、SC 和 RE 优先用于满足热负荷需求，剩余热能需求主要通过 HRSG 提供热水和 ST 抽气满足。ST、SC 和 RE 提供热能的平均比例约为 85.20%。其中，由风能和太阳能满足的

热负荷分别为159.44MW·h和669.28MW·h。不同于ER优化模式，冷负荷优先由RE、SC和ST供给。HRSG、EC和SK用于满足剩余能量需求。RE、SC和ST提供的冷负荷占比达到74.23%。

4）综合优化模式下系统运行结果

首先，根据ER优化模式、TOC优化模式和CER优化模式下系统运行优化结果，可得到目标函数的投入产出表（表7-2），根据表7-2可以获得ER、TOC和CER的最大值分别为77.9%、39 433.023万元和180.374万t，相应地，最小值分别为58.6%、29 916.735万元和127.048万t。其次，应用熵权法求取目标函数权重系数，得到ER、TOC和CER的权重系数分别为0.303、0.407和0.290。进一步，应用所得权重系数加权不同目标函数，形成综合优化目标函数以求解所提模型，得到ER、TOC和CER值分别为64.5%、32 331.813万元和138.474万t。

**表7-2　目标函数的投入产出表**

| 优化目标 | 目标函数值 | | | 权重 |
|---|---|---|---|---|
| | ER/% | TOC/$10^4$元 | CER/$10^4$t | |
| ER优化模式 | 77.9 | 39 433.023 | 167.736 | 0.303 |
| TOC优化模式 | 58.6 | 29 916.735 | 127.048 | 0.407 |
| CER优化模式 | 72.9 | 37 387.848 | 180.374 | 0.290 |
| 最大值 | 77.9 | 39 433.023 | 180.374 | — |
| 最小值 | 58.6 | 29 916.735 | 127.048 | |

对比其他优化模式，综合优化模式下系统结果能满足系统不同目标要求，追求ER最大化的同时最小化TOC和CER，实现整体优化均衡。首先，系统充分利用风能和太阳能满足电负荷需求，并向公共电网购买部分电能以实现最大化ER和CER的目标。但为最小化系统总成本，将减少向公共电网购买的电量。因此，最终系统向公共电网购买的电量为800.55MW·h，低于ER优化模式和CER优化模式。GT提供电能为1703.56MW·h，高于ER优化模式和CER优化模式。对热负荷来说，RE、ST和SC优先用于提供热能供给，比例约为79.14%。风能和太阳能提供的热能分别为795.43MW·h和791.23MW·h。对冷负荷来说，RE、ST和HRSG用于优先满足冷负荷需求，SC、EC和SK用于满足剩余冷负荷需求。RE、ST和HRSG供给的冷负荷比例约为70.43%。图7-7表示综合优化模式下各时段冷、热、电负荷供给。

其次，分析不同优化模式下系统向公共电网购买的电量情况（图7-8）。当系统向公共电网出售电能时，系统能够获得相应的售电收益，四种优化模式的售电量分别为143.91MW·h、147.50MW·h、281.80MW·h和283.39MW·h。在平时段，ER优化模式和CER优化模式将会向公共电网购买电能以实现最大化CER和ER

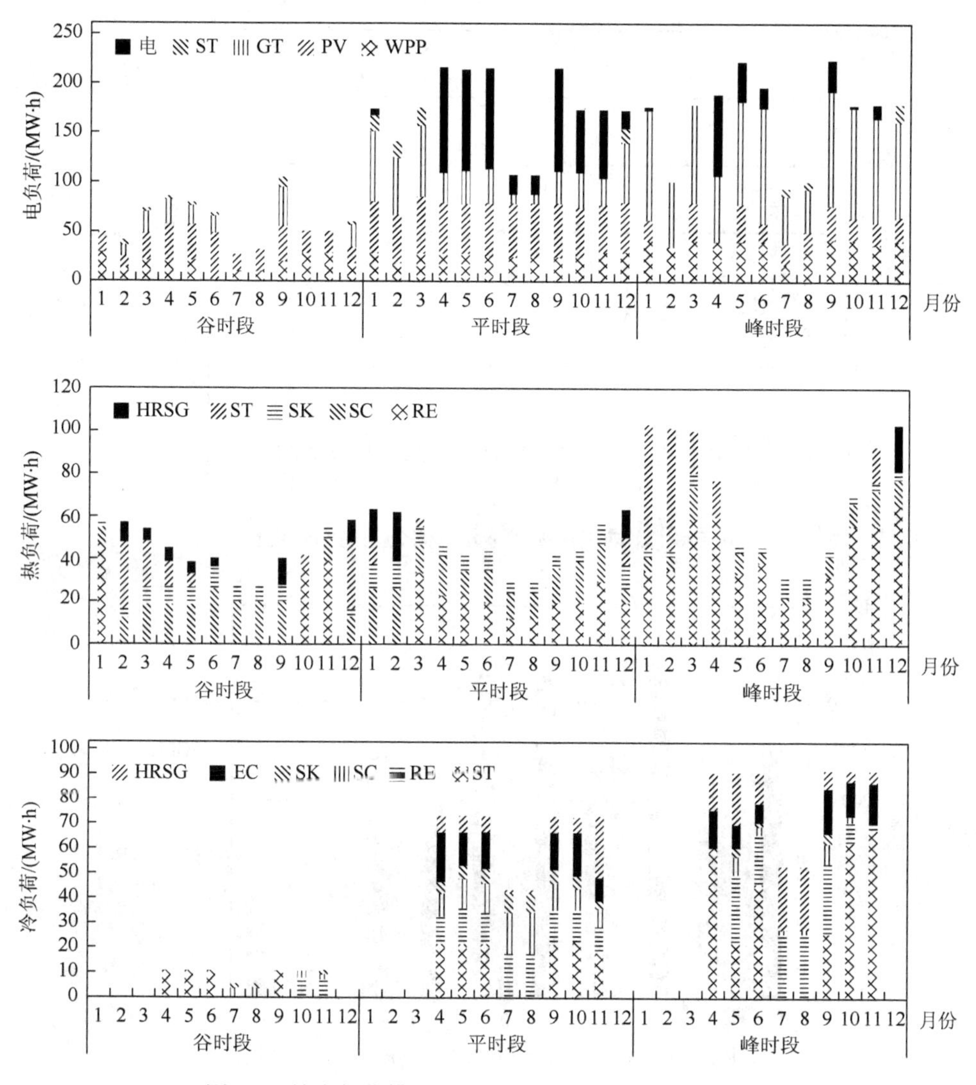


图 7-7　综合优化模式下各时段时冷、热、电负荷供给

的目标。TOC 优化模式主要向公共电网购电，但在 2 月和 3 月会向公共电网售电，售电量分别为 58MW·h 和 25.26MW·h，在峰时段，TOC 优化模式仅仅向公共电网购买少部分电量以规避附加购电成本，特别是在 7 月和 8 月，向公共电网的售电量分别为 113.47MW·h 和 123.48MW·h。综合优化模式兼顾各优化模式的特点，在谷时段和平时段主要向公共电网购电，部分时刻向公共电网输出电量，例如，在 2 月平时段向公共电网售出电量为 42MW·h，在 7 月和 8 月峰时段向公共电网售出电量分别为 24.62MW·h 和 24MW·h。图 7-9 为不同优化模式下 DER CCHP 系统能源消耗总量。

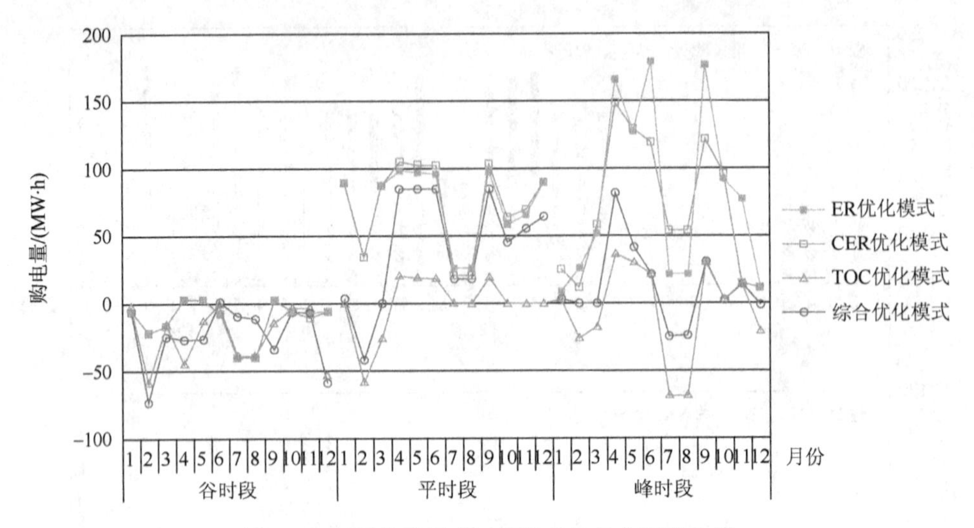


图 7-8 不同优化模式下系统向公共电网购电量

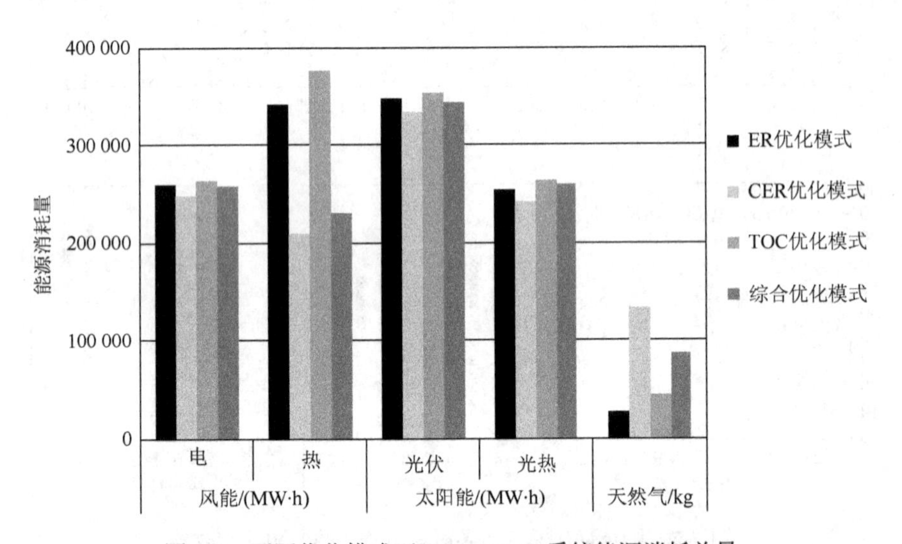


图 7-9 不同优化模式下 DER CCHP 系统能源消耗总量

对比不同优化模式下 DER CCHP 系统的能源消耗总量。在 ER 优化模式和 CER 优化模式下，系统会优先消耗风能和太阳能满足负荷需求，但为了最大化 ER 值，ER 优化模式会向公共电网购买更多的电量，这使得其天然气消耗量将低于 CER 优化模式。在 TOC 优化模式下，系统会消耗更多的天然气以降低向公共电网的购电量，风能和太阳能提供的热负荷与电负荷要低于其他优化模式。在综合优化模式下，能源消耗结果为各种优化模式下能源消耗结果的均值。风能和太阳能消耗量要高于其他优化模式，但天然气消耗量要低于其他优化模式。表 7-3 为不同优化模式下 DER CCHP 系统运营优化结果。

表 7-3　不同优化模式下 DER CCHP 系统运营优化结果（单位：MW·h）

| 模式 | 电负荷 | | | | | 热负荷（冷负荷） | | | | | |
|---|---|---|---|---|---|---|---|---|---|---|---|
| | WPP | PV | GT | ST | 公共电网 | RE | SC | SK | ST | HRSG | EC |
| ER 优化模式 | 1008 | 1247 | 612 | 107 | 1831 | 1177（324） | 499（171） | 249（85） | 239（182） | 79（363） | 131 |
| TOC 优化模式 | 911 | 1123 | 2408 | 157 | 218 | 788（170） | 495（104） | 286（52） | 345（580） | 327（196） | 156 |
| CER 优化模式 | 982 | 1220 | 905 | 73 | 1629 | 1159（296） | 446（164） | 223（83） | 306（473） | 109（99） | 142 |
| 综合优化模式 | 952 | 1208 | 1704 | 141 | 801 | 795（268） | 527（126） | 263（63） | 292（452） | 125（182） | 166 |

根据表 7-3 可知，从系统能源输入来看，在单目标优化情形下，为了追求 ER、TOC 和 CER 的最优化，系统会相应调整风能、太阳能和天然气的输入量。在 ER 优化模式和 CER 优化模式下，为充分利用风能和太阳能的高能效与零排放特性，系统消纳风能和太阳能总量均要高于 TOC 优化模式。但在 ER 优化模式下，系统为追求系统 ER 最优，会考虑天然气的利用效率，而在 CER 中仅追求系统减排量最大，天然气需要承担额外的风能和太阳能输入所产生的备用需求，导致系统 ER 低于 ER 优化模式。在 TOC 优化模式下，由于天然气消耗成本较低，系统会增加天然气输入量，减少风能和人阳能的输入量，系统 ER 和 CER 均明显下降。在综合优化模式下，系统运营绩效能够兼顾各优化目标诉求，实现整体均衡优化。图 7-10 为不同优化模式下 GSCC 系统平均时段负载率。

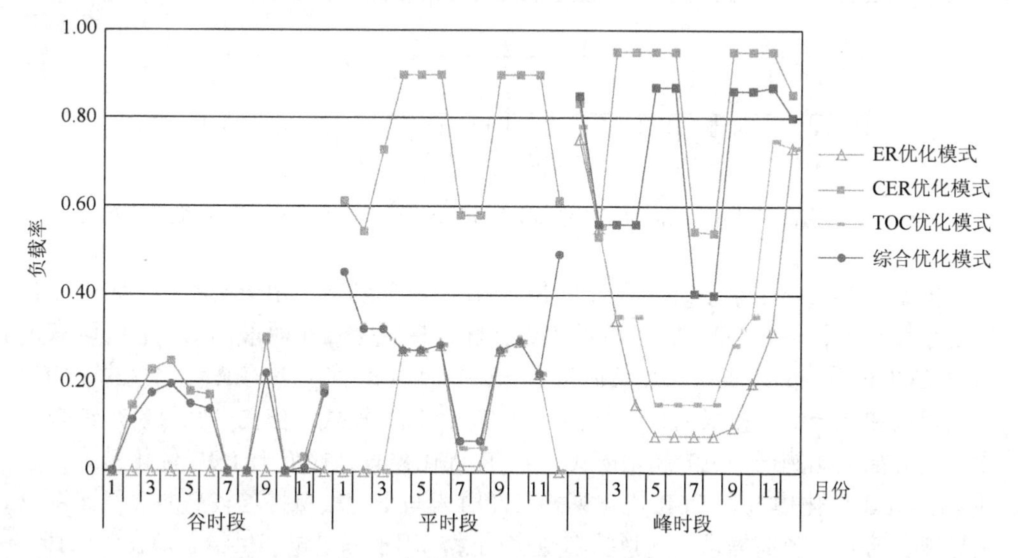


图 7-10　不同优化模式下 GSCC 系统平均时段负载率

根据图 7-10 可知，不同模式下 GSCC 系统的部分负载率在谷时段较低，特别是 ER 优化模式和 CER 优化模式。由于风能和太阳能能够满足系统负荷需求，为了最大化 ER 和 CER，系统不会调动 GSCC 系统满足负荷需求。在平时段，TOC 优化模式的部分负载率要高于其他优化模式，这是由于风能和太阳能能够满足大部分负荷需求，综合优化模式下的部分负载率在 4～7 月和 9～11 月保持相同，但在其他月份要高于其他优化模式。在峰时段，TOC 优化模式部分负载率在全部月份保持较高负荷，综合优化模式的部分负载率也相应地增加，总体趋势与 TOC 优化模式相同，但低于 TOC 优化模式。由于 GSCC 系统用于满足热负荷和冷负荷，ER 优化模式和 CER 优化模式的部分负载率要低于其他优化模式，同时，系统会向公共电网购买电能。图 7-11 表示不同优化模式下 DER CCHP 系统为满足冷负荷和热负荷向系统抽取蒸汽的比例。

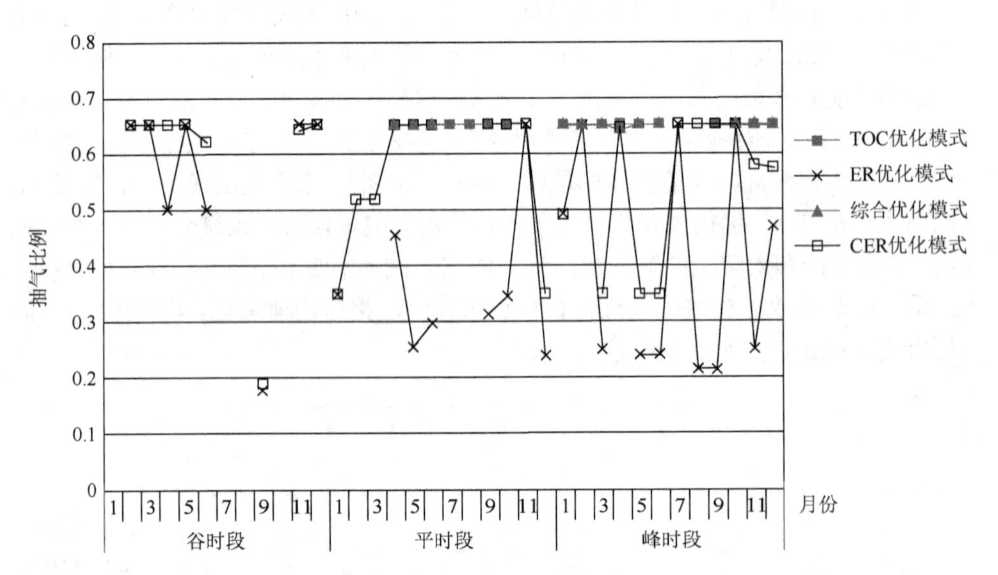


图 7-11　不同优化模式下 DER CCHP 系统为满足冷负荷和热负荷向系统抽取蒸汽的比例

根据图 7-11 可见，在最大化 ER 和 CER 目标驱动下，由于风能和太阳能能够满足系统热能需求，TOC 优化模式和综合优化模式会在平时段向 ST 抽气以满足 DER CCHP 系统的冷负荷和热负荷需求。在峰时段和平时段，ER 优化模式、CER 优化模式和综合优化模式的抽气比例高于 TOC 优化模式。但在一些月份，综合优化模式的抽气比例低于 ER 优化模式和 CER 优化模式，接近于 TOC 优化模式。总的来说，ER 优化模式和 CER 优化模式在峰时段与平时段保持着较高的抽气比例以满足冷负荷和热负荷需求，这意味着更多的蒸汽用于满足电能供给。但在谷时段，TOC 优化模式的抽气比例较高，这意味着更多的蒸汽用于满足电能供给。

### 3. 运营绩效评估

基于上述分析可以看到，综合优化模式由于兼顾不同目标函数的约束，其运营结果要优于其他优化模式。综合优化模式在最优化 DER CCHP 系统运营成本的同时最小化 ER 值和 CER 值。为了突出 DER CCHP 系统优势，本节选择 NG CCHP 系统作为对比系统，并以综合优化模式作为运行模式。

1）NG CCHP 系统对比评估

本节重点从能源绩效、经济绩效和环境绩效三个维度评估 DER CCHP 系统的运营结果。对比 NG CCHP 系统，就能源绩效来说，ER 优化模式、CER 优化模式和综合优化模式下 DER CCHP 系统的 ER 值要高于 NG CCHP 系统。就经济绩效来说，TOC 优化模式下 DER CCHP 系统 TOC 值要低于其他优化模式，IRR 要大于预期 IRR（8%），TOC 优化模式下预期 IRR 为 13.75%。就环境绩效来说，DER CCHP 系统能够充分利用风能和太阳能替代天然气满足冷、热、电负荷需求，以减少系统碳排放量，CER 优化模式的最大碳减排量为 180.38 万 t。总的来说，DER CCHP 系统具备较高的能源绩效、经济绩效和环境绩效。表 7-4 为不同优化模式下年度 ER、TOC、CER、NPV 和 IRR 值。

**表 7-4　不同优化模式下年度 ER、TOC、CER、NPV 和 IRR 值**

| 模式 | ER/% | TOC/$10^6$ 美元 | | | | CER/$10^3$t | | | | NPV/$10^6$ 美元 | IRR/% |
|---|---|---|---|---|---|---|---|---|---|---|---|
| | | 谷 | 平 | 峰 | 年 | 谷 | 平 | 峰 | 总计 | | |
| ER 优化模式 | 77.9 | 34.508 | 60.75 | 35.11 | 130.368 | 608.39 | 618.77 | 450.2 | 1677.36 | 32.35 | 9.62 |
| TOC 优化模式 | 58.6 | 32.5 | 57.88 | 31.03 | 121.41 | 305.11 | 487.23 | 475.15 | 1267.49 | 120.94 | 13.75 |
| CER 优化模式 | 72.9 | 33.86 | 59.52 | 35.27 | 128.65 | 481.9 | 686.85 | 634.98 | 1803.73 | 49.67 | 10.45 |
| 综合优化模式 | 64.5 | 32.78 | 59.35 | 33.99 | 126.12 | 276.17 | 542.11 | 566.46 | 1384.74 | 74.39 | 11.62 |
| NG CCHP 系统 | 63.3 | 26.7 | 86.568 | 43.484 | 156.752 | | | | | | |

其次，分析不同时段的运营结果，对比 NG CCHP 系统，较高的运行成本将导致 DER CCHP 系统的 TOC 值要高于 NG CCHP 系统。在峰时段和平时段，风能和太阳能为主要电源，因此 DER CCHP 系统的 TOC 值要低于 NG CCHP 系统。对于 TOC 优化模式来说，为了最小化 TOC 值，系统会减少向公共电网的购电量，导致 TOC 优化模式的 ER 值要低于 NG CCHP 系统。对于环境绩效来说，由于 ER 优化模式会利用风能和太阳能满足谷时段与平时段负荷需求，并向公共电网购买电量以最大化 ER 值，这使得 ER 优化模式的 CER 值在谷时段和平时段高于 TOC 优化模式，但在峰时段低于 TOC 优化模式。为了最大化 CER 值，CER 优化模式的 CER 值要高于 TOC 优化模式和综合优化模式。总体来说，ER 优化

模式具有最好的能源绩效（ER 为 77.9%），TOC 优化模式具有最好的经济绩效（TOC 为 1.214 亿美元），CER 优化模式具有最好的环境绩效（CER 为 180.373 万 t）。综合优化模式能够兼顾各优化模式特性，形成最优均衡解。

图 7-12 为不同优化模式下 CCHP 系统的 ER。对比 NG CCHP 系统，DER CCHP 系统在 ER 优化模式、CER 优化模式、综合优化模式下的 ER 值要高于 NG CCHP 系统。在谷时段，DER CCHP 系统在 ER 优化模式、CER 优化模式的 ER 值完全高于 NG CCHP 系统，但在综合优化模式下 ER 值要低于 NG CCHP 系统。在平时段，DER CCHP 系统在 ER 优化模式和综合优化模式下 ER 值是相同的，CER 优化模式的 ER 值略低于 ER 优化模式和综合优化模式，但高于 NG CCHP 系统。除了 7 月和 8 月，DER CCHP 系统在综合优化模式下 ER 值要高于 NG CCHP 系统。在峰时段，DER CCHP 系统在 ER 优化模式、CER 优化模式和综合优化模式下的 ER 值要高于 NG CCHP 系统，但 TOC 优化模式的 ER 值与 NG CCHP 系统基本相同。

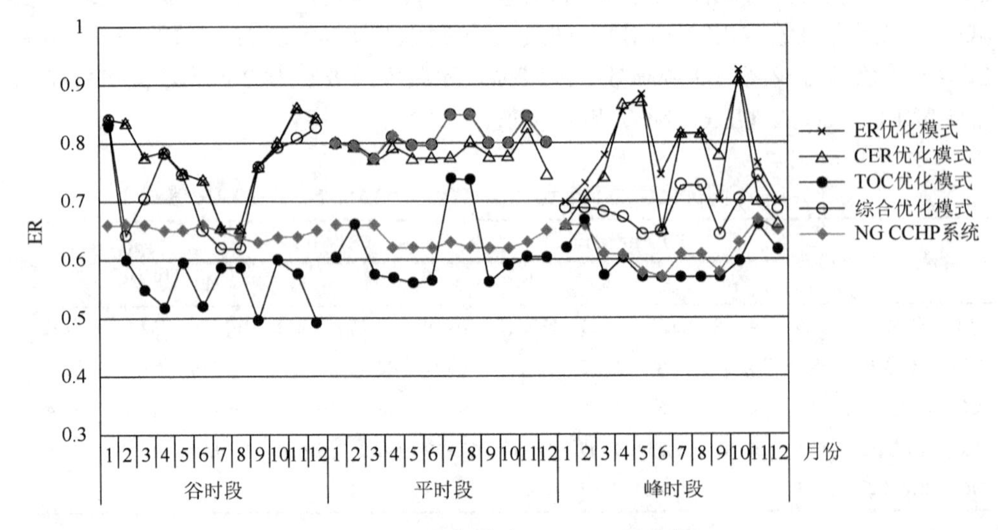


图 7-12　不同优化模式下 CCHP 系统的 ER

图 7-13 表示不同优化模式下 CCHP 系统的 TOC。根据图 7-13 可以看到，在谷时段，NG CCHP 系统的 TOC 值要低于 DER CCHP 系统，但在平时段和峰时段要高于 DER CCHP 系统。对比其他优化模式，综合优化模式的 TOC 值要低于 ER 优化模式和 CER 优化模式，高于 TOC 优化模式。总的来说，相比其他优化模式，TOC 优化模式显示了更好的经济绩效。

2）敏感性分析

DER CCHP 系统主要有三个绩效影响关键因素，即 AC 性能系数（coefficient of performance，COP）、NG 价格和风光价格。AC 性能系数影响 CCHP 子系统的

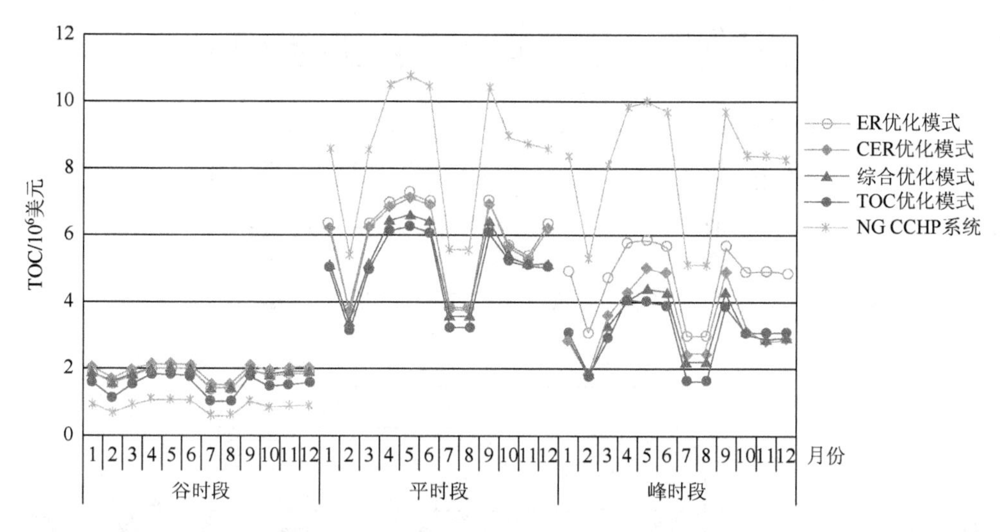


图 7-13　不同优化模式下 CCHP 系统的 TOC

运营状况，这也决定了风能、太阳能和天然气的输入量。NG 价格和风光价格分别影响 DER CCHP 系统的总运行成本和初始投资成本。随着 AC 性能系数的增加，不同优化模式的 ER 值逐步增加，相应地，不同优化模式的 TOC 值也逐步降低。

图 7-14 和图 7-15 分别表示不同优化模式下不同 AC 性能系数的 ER 和 TOC 变动情况以及 NG 价格对 DER CCHP 系统 IRR 和 NPV 的影响。

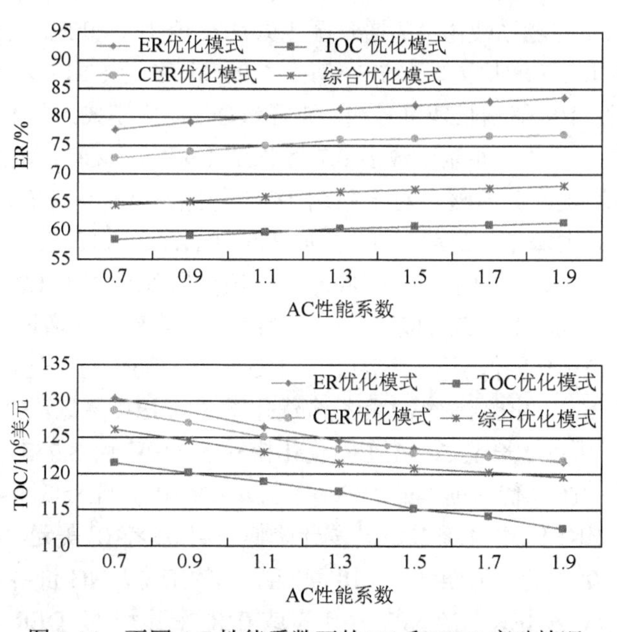


图 7-14　不同 AC 性能系数下的 ER 和 TOC 变动情况

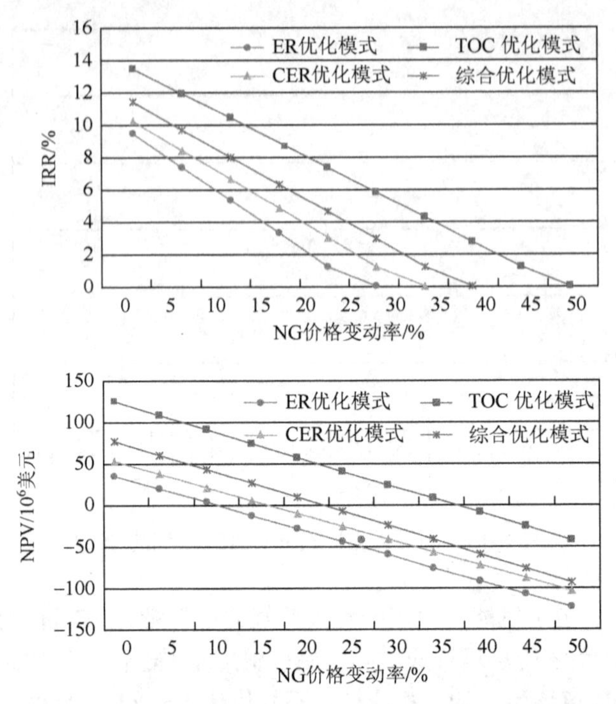


图 7-15 NG 价格对 DER CCHP 系统 IRR 和 NPV 的影响

就能源绩效来说，相比 NG CCHP 系统，ER 优化模式下的能源绩效提升效果最明显。随着 AC 性能系数由 0.7 增长至 1.9，ER 值由 77.90%增长至 83.50%。随着 AC 性能系数由 0.7 增长至 1.5，ER 值由 77.90%增长至 82.17%，但当 AC 性能系数为 1.5～1.9 时，ER 值增长速度较慢。对于 TOC 优化模式，其 ER 值随着 AC 性能系数变动较少。当 AC 性能系数由 0.7 增长至 1.9 时，TOC 优化模式的 ER 值相应地由 58.60%增长至 61.50%。对于系统 TOC 降低幅度来说，TOC 优化模式具有最大的降低幅度，由每年 $1.2141\times10^8$ 美元降低至 $1.1240\times10^8$ 美元。CER 优化模式的 TOC 降低幅度最少，仅由每年 $1.2865\times10^8$ 美元降低至每年 $1.2180\times10^8$ 美元。

就 NG 价格变动率对 IRR 的影响来说，当 NG 价格变动率增长至 25%时，ER 优化模式的 IRR 由 9.62%降低至零。同样，当 NG 价格变动率增长至 45%、30%和 35%时，TOC 优化模式、CER 优化模式和综合优化模式的 IRR 降低至零。对 NPV 来说，随着 NG 价格变动率增长至 50%，ER 优化模式的 NPV 由 $3.235\times10^7$ 美元降低至 $-1.25\times10^8$ 美元，TOC 优化模式的 NPV 由 $1.2094\times10^8$ 美元降低至 $-4.5\times10^7$ 美元，CER 优化模式的 NPV 由 $4.967\times10^7$ 美元降低至 $-1.05\times10^8$ 美元，综合优化模式的 NPV 由 $7.439\times10^7$ 美元降低至 $-9.5\times10^7$ 美元。总的来说，NG 价格下降会降低 DER CCHP 系统的 NPV 和 IRR，当 NPV 小于零或 IRR 等于零时，DER CCHP 系统经济绩效要差于 NG CCHP 系统。

图 7-16 表示风光价格对 DER CCHP 系统 IRR 和 NPV 的影响。

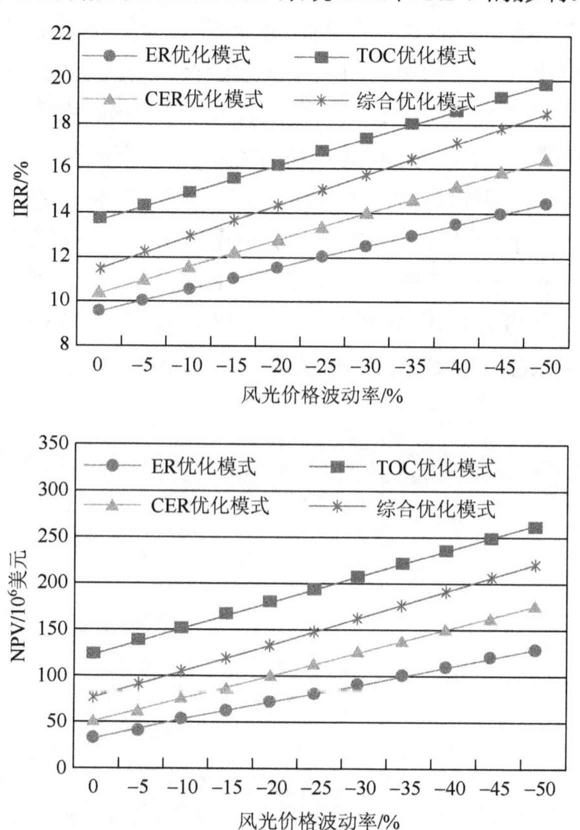


图 7-16　风光价格对 DER CCHP 系统 IRR 和 NPV 的影响

就风光价格波动率对 IRR 的影响来说，当风光价格波动率降低 50%时，ER 优化模式的 IRR 由 9.62%增长至 14.50%，TOC 优化模式、CER 优化模式和综合优化模式的 IRR 分别由 13.75%、10.45%、11.62%增长至 19.85%、16.45%和 18.525%。对 NPV 来说，当风光价格波动率降低 50%时，ER 优化模式下 NVP 由 $3.235\times10^7$ 美元增长至 $1.25\times10^8$ 美元，TOC 优化模式、CER 优化模式和综合优化模式下 NPV 分别由 $1.2094\times10^8$ 美元、$4.967\times10^7$ 美元和 $7.439\times10^7$ 美元增长至 $2.54\times10^8$ 美元、$1.70\times10^8$ 美元和 $2.12\times10^8$ 美元。这说明风光设备成本的下降会提升 DER CCHP 系统的 IRR 和 NPV。

## 7.5　本 章 小 结

本章建立了由多种分布式能源驱动的 DER CCHP 系统，包括发电子系统、CCHP 子系统和辅助供热子系统。发电子系统包括太阳能光伏发电机站、风电场和燃气轮机。CCHP 子系统主要包括 HRSG、ST、EC 和 HE 等。辅助供热子系统包括 SC、SK 和 RE 等。为获取最优的运营策略和分析不同时段的绩效水平，建立了多目标优化和绩效评估模型，并选择 GHEMC 二期工程作为实例对象。结果表示：对比单目标优化模式，ER 优化模式具有更好的能源绩效，TOC 优化模式具有更好的经济绩效，CER 优化模式具有更好的环境绩效。综合优化模式能够兼顾各优化模式特性，整体绩效水平最佳。相比 NG CCHP 系统，DER CCHP 系统能够利用风能和太阳能满足冷、热、电负荷需求，具有更好的能源绩效、经济绩效和环境绩效。进一步，敏感性分析表示 AC 性能系数的增长能够快速提升不同优化模式的 ER 值和降低不同优化模式的 TOC 值。NG 价格的增长能够快速降低不同优化模式的 IRR 和 NPV，风光设备成本的下降会提升 DER CCHP 系统的 IRR 和 NPV。

# 第 8 章　碳排放权交易机制协助清洁能源消纳优化模型

碳排放权交易的引入能够促进具有清洁特性的风电规模发展，实现电力系统的节能减排。但受制于风电出力随机性、间歇性，大规模风电并网将给电网安全稳定运行带来较大的冲击。储能系统具有充放电特性，能够平滑风电输出功率，抑制功率波动，同时，可为风电并网提供备用服务。因此，本章以碳排放权交易为契机，围绕清洁能源发电调度问题，设计碳排放权交易协助清洁能源并网消纳机制。通过梳理碳排放权交易的基本内涵，对比国内外碳排放权交易市场发展现状，测算火力发电的碳排放成本，建立含碳排放权交易的清洁能源发电调度优化模型，以期能够为制定清洁能源发电并网激励政策提供可供参考的政策建议。

## 8.1　概　　述

碳排放权交易是为促进全球温室气体减排，减少全球 $CO_2$ 排放所采用的市场机制。联合国政府间气候变化专门委员会于 1992 年 5 月通过《联合国气候变化框架公约》（Unite Nations Framework Convention on Climate Change，UNFCCC）。1997 年 12 月于日本京都通过了《联合国气候变化框架公约》第一个附加协议，即《京都议定书》。《京都议定书》把市场机制作为解决 $CO_2$ 为代表的温室气体减排问题的新路径，即把碳排放权作为一种商品，从而形成了碳排放权的交易，简称碳交易。碳交易分为以项目为基础的交易和以配额为基础的交易两种形式[97]。目前已经建立并运行的碳交易市场，从总量控制目标设定、涵盖温室气体种类、交易机制设计、管理规则和监控措施、惩罚与抵消机制、市场开放性等方面都不尽相同，各有特点[98]。

目前全球性的碳交易市场尚未形成，但在区域性市场、国家市场和地方市场等各层面都已开展了广泛的实践，如美国、欧盟、澳大利亚等。其中，最具代表性的是欧盟碳交易体系，它采用总量控制与交易形式，已自 2005 年运行至今，2013 年开始进入第三阶段，积累了很多值得其他国家和地区借鉴的宝贵经验[99]。近年来，我国的碳排放权交易也取得了快速发展。国家发展改革委在 2011 年 10 月制定颁发了《关于开展碳排放权交易试点工作的通知》，其中，上海、天津、北京和湖北等七省市已开展了广泛的碳排放权交易试点工作。至 2015 年 7 月，七个省市碳排放权交易试点在二级市场配额累计成交量超过 3800 万 t，累计成交额超过 11 亿元[100]。在《气候变化联合声明》中，中国承诺到 2017 年启动全国碳排放权交易体系，届时碳排放权交易总量可能达到 40 亿 t[101]（国家发展改革委已于 2017 年 12 月 19 日宣布正式启动全国碳排放权交易体系）。可见碳交易已经具备了较多的实践基础并具有广阔的应用前景。

关于碳排放权促进清洁能源发电并网的研究，文献[102]提出了将碳排放视为依附于潮流而存在的虚拟网络流，结合了碳排放与电力潮流分析，并构建了电力系统碳排放流的理念和理论框架。文献[103]在电力系统碳排放流分析理论的基础上，进一步分析了碳排放流和电力系统潮流计算之间的异同，以及电力系统碳排放流的影响因素。文献[104]研究了电力跨区输送的碳排放产权界定问题，基于构建的碳流追踪数学模型，提出了以公平性为基础的分摊原则。文献[105]采用 $\alpha$-超分位数方法求取碳排放权购买成本，进而建立了考虑碳排放权价格随机性的厂内碳捕集水平优化模型。文献[106]以电力行业为对象，分析了低碳电力调度与节能发电调度一致性的评估方法，从解的一致性和目标函数的一致性两个角度定义了评估指标，分析了两者一致的条件。文献[107]综合考虑碳排放对 CCHP 系统的影响，引入碳排放权交易成本函数，建立考虑碳交易成本、燃料成本、环境成本的 CCHP 系统低碳调度多目标优化模型，并提出一种模糊自修正 PSO 算法求解此优化问题。文献[108]在碳排放权交易下构建了发电商发电权交易优化模型，给出了发电商增量利润的分配模型。以上文献多在于探讨碳排放的影响因素和限制条件，而没有关注碳减排和碳交易的经济效益及风电储能引入之后的优化效果。

目前，我国实施的碳交易机制与国际先进水平相比仍存在较大差距，已有文献对碳交易机制对经济社会的影响进行了研究，部分文献通过构建碳交易优化模型，对资源进行了优化配置，但较少研究碳交易机制协助清洁能源消纳相关内容。因此本章结合上述研究不足，梳理碳排放权交易的基本概念和理论基础，对比国内外碳排放权交易市场发展现状，测算火力发电的碳排放成本，建立含碳排放权交易的清洁能源发电调度优化模型，并通过实际案例量化分析碳排放权交易政策对清洁能源发电并网的影响。

## 8.2　碳排放权交易市场

### 8.2.1　碳排放权交易

碳排放权交易（carbon emissions trading，CET）是对污染物排放的市场化管理而分化出的一种环境经济政策，污染物排放权交易（简称排污权交易）开始阶段多用在空气环境治理以及河流污染治理方面，美国、英国、德国等西方发达国家分别实施了针对自己国家的关于排污权交易的政策。随着气候变化逐渐受到各国重视，某些国家相继提出了对排污权交易的相关规则。排污权交易机制首先是由政府对各个地区环境对污染物的允许最大排放容量进行评估，随后将最大排放容量分为若干小部分排放份额，政府及市场会对这些排污权进行交易。排污权交易分为两级市场，一级市场由政府主导，通过招标有偿拍卖给排污者，一方面，排污者在付出一定成本的情况下得到对该种污染物的一定排放额度，另一方面，排污者也可在二级市场对排污权进行买卖。排污权交易一般局限于国内各个地区、各个排污者之间进行交易，而某些污染物影响全球生态环境，其排污权如碳排放权则是分配给各个国家排放配额，并允许国家之间进行分配。排污权交易模式一般分为基准-信用、总量控制与交易、抵消这三种模式。

基准-信用模式的“基准”是由政府的环保部门对一种污染物排放给不同的行业设定基准的排放水平，企业污染物排放量均应控制在该行业的基准水平之内，“信用”是指“减排信用额”，如在最早采取该模式的美国“大气层排放交易计划”中，一份“减排信用额”可指减排一吨某种指定气体，需要满足的条件是该企业的排放水平未达到行业的基准水平。

总量控制与交易模式和基准-信用模式具有一定的相似性，不同的是政府环保部门对本地区的某一时间阶段设定排放总量目标，将这一排放总量目标分解为若干排放配额，并逐个分配给各个行业以及行业内的各家企业。企业在得到政府配发的排放配额后，理应在该配额下进行生产排放，如果低于该排放配额，可以将剩余的配额出售给其他不足的企业，也可对其进行存储，以备未来使用。

抵消模式与前两种模式有很大不同，它主要针对的是企业新建或新增的排放量以及新企业增加的排放量所进行的交易模式。由于新增的排放量是一个国家或地区绝对增加的排放量，新增的部分具有天然的减排义务，为抵消自身的排放，需要购买相应的排放配额。

### 8.2.2　国际主要碳交易市场

2008 年的金融危机席卷全球，给每个国家都带来了深刻影响，在此背景下，国际碳交易价格不断下降，但是国际碳排放权交易量仍然以年均 11%的速度快速增加，到 2011 年底，全球碳交易市场的交易总额突破 1760 亿美元，交易量为 103 亿 t $CO_2e$。其中，欧盟碳交易体系作为世界上最大的碳交易所，碳交易量已经从 2005 年的 0.94 亿 t $CO_2e$ 快速增加到 2012 年的 79 亿 t $CO_2e$，交易额更是增加到 560 亿欧元。表 8-1 为全球主要碳交易市场交易情况。

表 8-1 全球主要碳交易市场交易情况（2010 年和 2011 年）

| 交易类型 | | 2010 年 | | 2011 年 | |
|---|---|---|---|---|---|
| | | 交易量/Mt $CO_2e$ | 交易额/$10^6$ 欧元 | 交易量/Mt $CO_2e$ | 交易额/$10^6$ 欧元 |
| 基于配额的交易 | EUETS | 6 721 | 132 262 | 7 774 | 146 370 |
| | NSW GGAS | 7 | 100 | 26 | 347 |
| | CCX | — | — | 4 | 63 |
| | RGGI | 208 | 453 | 119 | 247 |
| | AAUs | 61 | 620 | 47 | 315 |
| | 其他 | 93 | 150 | 30 | 51 |
| | 小计 | 7 090 | 133 585 | 8 000 | 147 393 |
| 基于项目的交易 | CDM | 1 469 | 22 897 | 1 978 | 25 060 |
| | JI | 47 | 618 | 103 | 1 108 |
| | 自愿市场 | 78 | 499 | 98 | 696 |
| | 小计 | 1 594 | 24 014 | 2 179 | 26 864 |
| 总计 | | 8 684 | 157 599 | 10 179 | 174 257 |

注：欧盟排放交易系统（European Union Emissions Trading System，EUETS）；澳大利亚新南威尔士州温室气体减排计划（New South Wales Greenhouse Gas Reduction Scheme，NSW GGAS）；美国芝加哥气候交易所（Chicago Climate Exchange，CCX）；美国区域性的碳排放权交易体系（Regional Greenhouse Gas Initiative，RGGI）；分配数量单位（Assigned Amount Units，AAUs）；清洁发展机制（Clean Development Mechanism，CDM）；联合履行机制（Joint Implementation，JI）

目前来看，全球碳交易市场包含以下特点。

（1）从涉及碳交易企业所属行业来看，经过几年的实践与推广，已经从当初的部分行业逐渐发展开来，特别是一些能源与电力行业，由于其拥有庞大的碳排放体量，往往得到一定的倾斜措施。这包括在开始阶段对其他高耗能行业的碳排放豁免方式以及按照历史排放量作为标准进行选择的方式。

（2）从交易机制方面来看，交易包括自愿交易与强制交易两种，其中大部分强制交易是总量控制与交易，且非履约企业可以自愿参加进来。

（3）从碳价格形成的方式来看，分为浮动定价与固定定价两种方式，其中多数采取浮动定价，但两种方式都有价格稳定机制。

（4）从建立市场过程来看，一般都是在某个地区进行试点。例如，中国从 2012 年 1 月起，开始在七个省市进行碳排放权交易试点。比较成熟的市场开展现货与衍生品同时交易，而其他则只采取现货交易。

（5）从碳排放配额的发放方式来看，试点初期大部分都是免费发放的形式，而后期则会增加拍卖方式的份额。

表 8-2 为国际碳交易市场比较。

**表 8-2 国际碳交易市场比较**

| 碳市场 | 实施周期 | 交易形式 | 市场情况 | 交易平台 | 交易产品 | 参与主体 |
|---|---|---|---|---|---|---|
| EUETS | 2005～2007 年；2008～2012 年；2013～2020 年 | 总量控制与交易 | 采用分配方式由免费到拍卖、覆盖气体由 $CO_2$ 到 6 种温室气体、行业范围逐步扩展等渐进形式。允许其他国家接轨，市场开放 | NordPool/BlueNext/EEX/ECX | EUA、CER、ERU、EUAA 的现货与衍生品 | 履约企业、金融机构、机构和个人投资者等 |
| CCX | 2003～2006 年；2007～2010 年 | 总量控制与交易 | 具有法律约束力的自愿减排市场，覆盖 6 种温室气体，曾是全球最大的碳交易平台和碳金融产品的开创者。2010 年被州际交易所收购，现停止运营 | CCX | CFI 配额；CER 期货和期权；EUA 期货 | 履约企业、机构投资者等 |
| RGGI | 2009～2011 年；2012～2014 年；2015～2018 年 | 总量控制与交易 | 覆盖美国 10 个州，覆盖 6 种温室气体，仅电力行业参与 | CCFE/、Green Exchange | 现货和期货 | 州政府、减排企业、经纪公司、美国机构投资者 |
| 韩国 | 2015～2017 年；2018～2020 年；5 年一周期 | 总量控制与交易 | 前两个周期 95%以上配额免费发放，贸易竞争性能源密集部门 100%免费发放；第一和第二周期第一年允许存储，第一周期允许预支 | — | — | 排放量≥12.5 万 t $CO_2e$ 的实体单位和排放量≥2.5 万 t $CO_2e$ 的独立设施；允许自愿加入 |
| 东京都 | 2010～2014 年；2015～2019 年 | 总量控制与交易 | 第一周期只有 $CO_2$ 交易，规定了相应的惩罚措施；允许项目减排量抵消机制 | — | 现货 | 门槛是年耗能至少 $1.5\times10^6$L（原油当量）的大型设施（建筑或工厂）；连续 3 年低于门槛成员允许退出 |
| 新西兰 | 2010～2015 年 | 总量控制与交易 | 规定每 NZU 价格为 25 新元，可换取 2t $CO_2e$ | Carbon Match | 现货 | 农业除外的其他产业履约主体 |
| 澳大利亚 | 2012/7/1～2015/6/30 | 总量控制与交易 | 第一周期固定价格，逐年递增，国内项目减排量抵消不超 5%，禁止国际碳信用参与交易；第二周期市场定价，规定上下限，取消国内减排量抵消比例限制，允许国际碳信用交易，到 2020 年不超过 50% | — | — | 固定排放源、交通、工业、废弃物等履约主体 |
| 印度 | 2011/3 启动 REC 机制；2012/4/1 引入 PAT 机制 | REC/PAT | 规定 2010～2020 年全国可再生能源电力比例每年递增 1%；参与者可购买或出售 REC，每单位 REC 等于 1MW·h | MCX/NCDEX IEX/PXIL | CFI mini；REC；ESCerts | PAT 机制覆盖 8 个能源密集型产业。给指定消费单位（DC）分配节能指标，对超过基准能效的 DC 签发 ESCerts，否则就需要购买 |

注：NZU 为新西兰排放单位（New Zealand units）；NordPool 为北方电力交易所；EEX 为欧洲能源交易所（European Energy Exchange）；ECX 为欧洲气候交易所（European Climate Exchange）；CCFE 为芝加哥气候期货交易所（Chicago Climate Futures Exchange）；Green Exchange 为绿色交易所；Carbon Match 为碳匹配平台；MCX 为多种商品交易所（Multi Commodity Exchange）；NCDEX 为国家商品及衍生品交易所（National Commodity and Derivatives Exchange）；IEX 为印度能源交易所（Indian Energy Exchange）；PXIL 为印度电力交易所（Indian Electricity Exchange）；EUA 为欧盟碳排放额度（European union allowances）；CER 为核证减排量（certified emission reduction）；ERU 为核证减排单位（certified emission reduction unit）；EUAA 为欧盟航空配额（European Union aviation allowances）；CFI 为碳金融合约（carbon financial instrument）；EUA 为欧盟排放配额（European Union emission allowance）；CFI mini 为微碳金融合约（mini carbon financial instrument）；REC 为可再生能源认证（renewable energy certification）；ESCerts 为节能证书（energy saving certificate）

### 1. 区域市场——EUETS

在全球碳交易市场中，世界上成立最早、交易量最大的是 EUETS，EUETS 也成为运行时间最长、交易最成功的碳交易市场。同时，EUETS 通过与欧洲各国（包含众多的欧盟成员国）的 $CO_2$ 总量交易体系对接的方式，使得在 EUETS 交易的碳排放量占欧盟的 45%，它还促进了欧盟各国碳金融产业的不断发展，一批国际碳交易的交易所纷纷成立，如未来电力交易所（Power Next）、ECX、EEX 以及北方电力交易所等。另外，欧盟也最早开始减排单位与核证减排量的期货交易，自从 2005 年开始，短短 4 年间，碳衍生品交易额已经迅速增加到 1190 亿美元，在世界碳交易占比达到 83%。表 8-3 为 EUETS 三阶段市场机制和运行情况比较。

**表 8-3　EUETS 三阶段市场机制和运行情况比较**

| 阶段 | 参与行业 | 减排目标 | 总量控制目标的设定 | 初始排放权分配 | 处罚额度 | 交易标的 |
| --- | --- | --- | --- | --- | --- | --- |
| 第一阶段（2005～2007 年） | 能源、炼油、钢铁、水泥、玻璃及造纸等 | 无明确目标 | 各国自主设定 | 免费分配 | 40 欧元/t | 仅 $CO_2$ |
| 第二阶段（2008～2012 年） | 纳入化工、矿石开采、食品制造、服务业等 | 在 1990 年基础上减排 8% | 各国自主设定 | 90%免费、10%拍卖 | 100 欧元/t | 六种温室气体 |
| 第三阶段（2013～2020 年） | 纳入航空、石油化工、制铝等 | 在 1990 年基础减排 20% | 欧盟委员会设定 | 尝试全部拍卖 | — | 六种温室气体 |

### 2. 国家市场——澳大利亚碳交易市场

澳大利亚碳交易市场的成立是降低碳排放量的机制和措施之一。澳大利亚政府承诺到 2020 年，$CO_2$ 的排放量会比 2000 年降低 5%，2011 年 11 月，为更好地为国内可再生能源产业的迅速发展提供资金支持，并保证完成 2020 年全国 20%的发电来自可再生能源发电目标，澳大利亚成立了清洁能源贷款公司，力争在十年内投入 100 亿加元，同时《清洁能源未来法案》的出台以及碳交易机制的实施，对全国 500 多家发电企业、工业企业以及其他碳排放量较多的企业实行监管。表 8-4 为澳大利亚碳交易市场的机制设计。

**表 8-4　澳大利亚碳交易市场的机制设计**

| 目标 | 2020 年全国碳排放量在 2000 年的基础上下降 5%，2050 年在 2000 年的基础上下降 80% |
| --- | --- |
| 阶段 | 第一阶段：2012 年 7 月 1 日～2015 年 6 月 30 日；<br>第二阶段：2015 年 7 月 1 日～2018 年 6 月 30 日；<br>第三阶段：2018 年 7 月 1 日 |

续表

| | |
|---|---|
| 交易品种 | 《京都议定书》规定的四种温室气体，$CO_2$、$CH_4$、$N_2O$、PFC |
| 涵盖部门 | 除林业、农业和部分交通部门外的其他部门 |
| 履约周期 | 每年 7 月 1 日至次年 6 月 30 日 |
| 交易价格 | 第一阶段：固定交易价格，定价 23 加元（合 18.5 欧元）；<br>第二阶段：以市场定价为主，设定价格上下限，价格下限为 15 加元，价格上限为国际碳价再加 20 加元；<br>第三阶段：完全市场定价 |
| 国际抵消机制 | 对 CER 的抵消比例有限制；第二阶段收取一定的抵消费用（surrender charge） |
| 补贴 | 对个人进行补贴；<br>对大部分参与交易的工业部门以免费发放排放配额的形式进行补贴 |

3. 地区市场——美国 RGGI

美国作为当今世界碳排放量第二，以及曾长期占据世界碳排放量第一的老牌资本主义工业强国，在碳交易方面虽然没有欧盟国家积极，但是由于其拥有健康庞大的资本市场，一旦机制措施制定得当，其碳交易市场成长非常迅速，运行良好。2009 年 1 月，RGGI 正式启动，主要在 Green Exchange 和 CCFE 进行交易，RGGI 包括新罕布什尔州、马萨诸塞州、缅因州、罗得岛州、马里兰州、特拉华州、康涅狄格州、佛蒙特州、纽约州、新泽西州等美国东北部区域的 10 个州（新泽西州后来退出）。为保证到 2018 年这部分区域的温室气体排放比 2010 年的温室气体减排 10%，RGGI 旨在对 10 个州的固定式发电站的温室气体排放总量进行控制，2012～2014 年，采取每年 1.65 亿 t 的固定排放总量控制，2015 年之后，每年的排放量要比上一年减排 2.5%，以更快地实现减排目标。另外，RGGI 允许所控制区域内的发电企业利用公司的环境友好项目抵消 3.3%的排放量，如甲烷回收项目以及垃圾填埋项目等。RGGI 自成立以来，在成熟市场以及政策支持下运行良好，对美国部分区域的 $CO_2$ 减排效果显著，并在一些制度措施上取得突出效果，如市场监控、碳排放权分配方式上，这主要在以下两个方面得到体现。

（1）在市场监控方面，RGGI 重点建设了市场监控体系，成立了“RGGI 排放配额跟踪系统”，主要是透明面对公众，公开重要的交易数据，定期公布检测报告，欢迎社会各界对其进行监督。

（2）在碳排放权初始配额的分配方面，RGGI 主要采用拍卖方式，以一季度为周期，利用初始分配拍卖价格为二级市场交易价格提供依据。另外，拍卖所得收入将用于支持公司和政府的清洁能源环境友好项目。

4. 自愿减排交易市场——CCX

世界第一家自愿减排交易市场是成立于 2003 年的 CCX。CCX 采用总量控制与交易的方式以及会员制，对自愿参与以及做出减排承诺的会员给予法律约束。CCX 自成立以来积极开展国际碳交易平台的合作与交流。例如，2004 年 CCX 在欧洲建立分支机构——ECX；2005 年 CCX 与印度商品交易所展开了合作，并在加拿大成立了分支机构——蒙特利尔气候交易所。2008 年开始，CCX 开始广泛地与中国展开交流和合作，例如，我国最早成立的气候交易所——天津排放权交易所（TCX），便是 CCX 与中石油资产管理公司和天津产权交易所合作的成果。2010 年 7 月，亚特兰大洲际交易所收购了 CCX。

CCX 开始时主要采用碳交易产品的现货交易，其产品主要是 CFI，即 100t $CO_2e$，2007 年之后，CCX 推出了 CFI 期货以及期权等衍生品交易产品。另外，CCX 制定的总量控制目标是 1998～2001 年的平均排放量作为基准排放量，2003～2006 年每年减排 1%，而到 2010 年底时，需要减排 6%。CCX 是世界自愿减排的典范，它曾经拥有会员企业 400 多个，包括世界五百强企业以及各级政府等。

### 8.2.3 我国碳交易试点

自从改革开放以来，我国实现了经济的跨越式发展，但与此同时，我国也面临越来越严重的环境资源问题，温室气体排放量快速增加，并于 2010 年超过美国，成为世界最大的碳排放国。虽然我国仍是一个发展中国家，但是减排任务的开展已经刻不容缓。2015 年 11～12 月召开的巴黎气候大会，是各缔约方对碳排放量减排额度博弈的重要大会，中国政府作为一个负责任的大国，付出巨大努力切实做到保护环境与发展经济并重，承诺在 2030 年左右，碳排放总量达到峰值。其实，中国政府对高耗能产业的节能减排以及改变国内经济发展方式和粗放型经济转变的政策措施已经纳入了“十一五”之后的历年五年规划中。随后在“十二五”规划中，利用市场机制实现单位 GDP 能耗下降 16%、碳强度下降 17%等任务目标。

国家发展改革委于 2011 年 10 月 29 日确定在北京、上海、天津、重庆、广东、湖北、深圳七个省市开展碳交易试点，利用市场机制积极探索节能减排新措施。2013 年 6 月 18 日，经过两年的试点运行阶段，率先在深圳成立了碳交易市场。在 2014 年 11 月亚洲太平洋经济合作组织（Asia-Pacitic Economic Cooperation，APEC）会议期间，中美联合发表的《气候变化联合声明》中承诺，中国将在 2017 年启动全国范围的碳交易体系。目前来看，各地碳交易的筹建进度不一，北京、上海、深圳等地的信息公开较为透明，交易机制发展得也比较快，而天津、重庆等地则在发展进度方面落后于北京、上海、深圳的碳交易市场。目前，我国的碳交易体系的建设有以下几种情况。

（1）在涉及的行业范围和纳入交易体系的企业数量方面。表 8-5 中详细列出了北京、上海、广东、深圳、重庆五个省市的碳交易主体方案。

（2）在碳排放权初始分配方式上。根据国际上碳排放权初始分配的经验，国内各地碳交易市场基本实行在历史排放量的基础上免费分配，在渡过初期的交易试点过程后，各碳交易市场引入拍卖碳排放权进行有偿分配，逐渐减少免费分配的比例，最终碳排放权全部实现拍卖，进行有偿分配。

（3）在确定历史排放量方面。上海市推行以“行业基准线”来对部分行业进行基准分配；北京市则将碳排放分为“直接排放”和“间接排放”两类排放量进行分类；广东省在考虑历史排放量的前提下，引入新增固定资产投资项目，并将碳排放达标作为投资项目获得审批的基本条件；湖北省以淘汰落后产能作为目标，在初始分配时将配额量融入产业结构升级改造的政策倾斜上。

（4）在交易平台方面。各个试点都成立了环境类交易所，表 8-5 中列出了我国主要碳交易试点的交易主体方案。

**表 8-5　我国主要碳交易试点的交易主体方案**

| 试点 | 纳入行业和企业标准 | 纳入行业和企业数量 |
| --- | --- | --- |
| 北京 | 市辖区内 2009～2011 年年平均碳排放量在 1 万 t 以上的重点排放者强制纳入，排放量在 5000t 以上的一般排放者可自愿加入 | 共 400 余家，包括电力和热力供应业；汽车、药品、食品、电子、水泥、石化等制造业；大型公共建筑、物业管理公司等服务业企业 |
| 上海 | 市辖区内年直接和间接碳排放量 2 万 t 及以上的工业行业重点排放企业，以及年排放量 1 万 t 及以上的非工业行业重点排放企业 | 钢铁、石化、化工、有色、电力等工业行业企业及航空、港口、商业、宾馆、金融等非工业行业企业，共 200 余家 |
| 广东 | 市辖区内年排放量 2 万 t 及以上企业，第一阶段（2013～2015 年）只覆盖水泥、钢铁、电力、石化四个行业，第二阶段扩展至陶瓷、纺织、有色、塑料、造纸等 10 多个工业行业 | 水泥、钢铁、电力、石化四个行业企业，共计 239 家，其中，水泥行业企业最多，为 113 家 |
| 深圳 | 市辖区内年排放量 2 万 t 以上的工业企业，以公共建筑为主 | 市辖区内无钢铁、水泥等大型排放源。覆盖其余 26 个行业的 600 余家企业，其合计碳排放占深圳 2010 年碳排放总量的 54% |
| 重庆 | — | 主要集中在电解铝、铁合金、电石、烧碱、水泥、钢铁等 6 个高耗能行业 |

# 8.3　含碳排放权的清洁能源发电调度优化模型

## 8.3.1　火力发电的碳排放成本

碳交易的引入能够将环境效益转变为经济成本，影响机组的发电成本。若机

组碳排放量高于获得的初始配额，就需要从碳交易市场中购买相应的碳排放权，导致发电成本变动为

$$C_c = C_{\text{fuel}} + C_{CO_2} \tag{8-1}$$

$$C_{CO_2} = (E_{CO_2} - E_0)p_{CO_2} \tag{8-2}$$

式中，$C_{CO_2}$ 为机组发电的碳排放成本；$E_{CO_2}$ 和 $E_0$ 分别为火电机组的碳排放量和碳排放配额；$p_{CO_2}$ 为碳交易价格，其与碳交易的需求相关。火电机组的碳排放量一般可以通过历史数据回归如下：

$$E_i(Q_{it}) = a_{CO_2,i} + b_{CO_2,i}Q_{it} + c_{CO_2,i}Q_{it}^2 \tag{8-3}$$

$$E_{CO_2} = \sum_{t=1}^{T}\sum_{i=1}^{I} E_i(Q_{it}) \tag{8-4}$$

式中，$a_{CO_2,i}$、$b_{CO_2,i}$、$c_{CO_2,i}$ 为机组发电的碳排放系数。

### 8.3.2 清洁能源发电调度模型

1. 清洁能源发电调度优化模型

电力需求响应主要反映电能终端用户对电力价格的响应程度，电能终端用户根据电力价格改变自身用电行为。从经济学角度来说，提高电价会减少用户用电量，这部分电量可能会直接削减或转移至其他时段。电力需求响应对负荷的作用效果一般分为转移和削减两个部分，设未实施需求响应时，峰、平、谷三个时段的电力需求分布为 $G_{\text{peak}}$、$G_{\text{flat}}$、$G_{\text{valley}}$，则电力需求 $G_t$ 为

$$G_{\text{peak}} = \sum_{t \in \text{peak}} G_t \tag{8-5}$$

$$G_{\text{flat}} = \sum_{t \in \text{flat}} G_t \tag{8-6}$$

$$G_{\text{valley}} = \sum_{t \in \text{valley}} G_t \tag{8-7}$$

此时，考虑提升峰时段电价导致的减少负荷需求比例为 $\alpha$，其中，削减负荷与转移负荷的比例分别为 $1-\alpha_1$ 和 $\alpha_1$，则转移负荷由转移至谷时段负荷 $1-\alpha_2$ 和峰时段负荷 $\alpha_2$ 构成。同样，考虑降低电价导致增加负荷需求比例为 $\beta$，转移负荷和新增负荷的比例分别为 $1-\beta_1$、$\beta_1$，其中，转移负荷主要由峰时段转移负荷 $\beta_2$ 和谷时段转移负荷 $1-\beta_2$ 组成，则需求响应实施后各时段用电负荷为

$$G'_{\text{peak}} = G_{\text{peak}} - G_{\text{peak}} \cdot \alpha - G_{\text{valley}}\beta \cdot \beta_1 \cdot \beta_2 \tag{8-8}$$

$$G'_{\text{flat}} = G_{\text{flat}} + G_{\text{peak}} \cdot \alpha \cdot \alpha_1 \cdot \alpha_2 - G_{\text{valley}} \cdot \beta \cdot \beta_1 \cdot (1-\beta_2) \tag{8-9}$$

$$G'_{\text{valley}} = G_{\text{valley}} + G_{\text{valley}} \cdot \beta + G_{\text{peak}} \cdot \alpha \cdot \alpha_1 \cdot (1-\alpha_2) \tag{8-10}$$

此时，若设处于同一时段内各时点的负荷同比例变化，则各时点负荷为

$$G_t' = \frac{G_t}{G_{\text{peak}}} G_{\text{peak}}', \quad t \in \text{peak} \tag{8-11}$$

$$G_t' = \frac{G_t}{G_{\text{flat}}} G_{\text{flat}}', \quad t \in \text{flat} \tag{8-12}$$

$$G_t' = \frac{G_t}{G_{\text{valley}}} G_{\text{valley}}', \quad t \in \text{valley} \tag{8-13}$$

引入需求响应能改变用户用电负荷，调整社会负荷分布情况，影响系统调度计划安排方案。为了促进系统接纳风电，以系统参与发电调度利润最大化为目标，建立需求响应协助风电调度模型 $z_1$：

$$\max z_1 = \pi_w + \pi_c \tag{8-14}$$

式中，$\pi_w$ 为风电利润；$\pi_c$ 为火电利润。

$$\pi_w = p_w \sum_{t=1}^{T} Q_{w,t}(1-\theta_w) - \text{OM}_w - D_w \tag{8-15}$$

$$\pi_c = p_c \sum_{i=1}^{I}\sum_{t=1}^{T} Q_{it}(1-\theta_{c,i}) - C_{\text{fuel}} - \sum_{i=1}^{I}\text{OM}_{c,i} - \sum_{i=1}^{I} D_{c,i} \tag{8-16}$$

式中，$p_w$ 和 $p_c$ 分别为风电和火电上网电价；$\theta_w$ 和 $\theta_{c,i}$ 分别为风电机组、火电机组 $i$ 的厂用电率；$\text{OM}_w$ 和 $\text{OM}_{c,i}$ 为发电机组投运后的运维成本；$D_w$ 和 $D_{c,i}$ 为发电机组投运后的折旧成本；$C_{\text{fuel}}$ 为火电机组发电燃煤成本；$Q_{it}$ 为机组 $i$ 在时刻 $t$ 的并网电量。

$$C_{\text{fuel}} = \sum_{i=1}^{I}\sum_{t=1}^{T}[p_{\text{coal}} u_{it} f_i(Q_{it}) + u_{it}(1-u_{i,t-1})\text{SU}_i + u_{i,t-1}(1-u_{it})\text{SD}_i] \tag{8-17}$$

$$f_i(Q_{it}) = a_i + b_i Q_{it} + c_i Q_{it}^2 \tag{8-18}$$

式中，$p_{\text{coal}}$ 为机组发电燃煤价格；$u_{it}$ 为 0-1 变量，$u_{it}=0$ 时，机组停运，发电成本为 0；$a_i$、$b_i$、$c_i$ 均为火电机组发电煤耗系数；$\text{SU}_i$ 和 $\text{SD}_i$ 分别为火电机组启停成本。

需求响应下风电机组调度模型需要综合考虑系统供需平衡约束、系统发电备用约束和机组发电功率约束，具体如下。

1）系统供需平衡约束

引入需求响应前，系统供需平衡约束为

$$\sum_{i=1}^{I} u_{it} Q_{it}(1-\theta_i) + Q_{w,t}(1-\theta_w) = G_t / (1-l) \tag{8-19}$$

引入需求响应后，系统供需平衡约束为

$$\sum_{i=1}^{I} u_{it} Q_{it}(1-\theta_i) + Q_{w,t}(1-\theta_w) = G_t' / (1-l) \tag{8-20}$$

2）系统发电备用约束

为了满足系统供需平衡约束，发电机组出力需要具备调整裕度，可进行上旋转备用和下旋转备用：

$$\sum_{i=1}^{I} u_{it}(Q_{it}^{\max} - Q_{it})(1-\theta_i) \geqslant R_t^{\mathrm{usr}} \tag{8-21}$$

$$Q_{it}^{\max} = \min(u_{i,t-1}\overline{Q}_i, Q_{i,t-1} + \Delta Q_i^{+}) \cdot u_{i,t-1} \tag{8-22}$$

$$R_t^{\mathrm{usr}} = \beta_c \sum_{i=1}^{I} Q_{it} + \beta_w Q_{w,t} \tag{8-23}$$

$$\sum_{i=1}^{I} Q_{it}(Q_{it} - Q_{it}^{\min})(1-\theta_i) \geqslant R_t^{\mathrm{dsr}} \tag{8-24}$$

$$Q_{i,t+1}^{\min} = \max(u_{it}\underline{Q}_i, Q_{it} - \Delta Q_i^{-}) \cdot u_{it} \tag{8-25}$$

$$R_t^{\mathrm{dsr}} = \beta_w Q_{w,t} \tag{8-26}$$

式中，$Q_{it}^{\max}$ 和 $Q_{it}^{\min}$ 分别为机组 $i$ 最大、最小可能出力；$R_t^{\mathrm{usr}}$ 和 $R_t^{\mathrm{dsr}}$ 分别为系统的上下备用需求；$\overline{Q}_i$ 和 $\underline{Q}_i$ 分别为机组 $i$ 发电量上下限；$\Delta Q_i^{+}$ 和 $\Delta Q_i^{-}$ 分别为机组 $i$ 的上坡和下坡发电功率；$\beta_c$ 和 $\beta_w$ 分别为火电机组和风电机组发电备用比例。

3）机组发电功率约束

$$u_{it}\underline{Q}_i \leqslant Q_{it} \leqslant u_{it}\overline{Q}_i \tag{8-27}$$

$$\Delta Q_i^{-} \leqslant Q_{it} - Q_{i,t-1} \leqslant \Delta Q_i^{+} \tag{8-28}$$

$$(T_{i,t-1}^{\mathrm{on}} - M_i^{\mathrm{on}})(u_{i,t-1} - u_{it}) \geqslant 0 \tag{8-29}$$

$$(T_{i,t-1}^{\mathrm{off}} - M_i^{\mathrm{off}})(u_{it} - u_{i,t-1}) \geqslant 0 \tag{8-30}$$

式中，$T_{i,t-1}^{\mathrm{on}}$ 和 $T_{i,t-1}^{\mathrm{off}}$ 为时刻 $t-1$ 机组 $i$ 的运行时间和停机时间；$M_i^{\mathrm{on}}$ 和 $M_i^{\mathrm{off}}$ 为机组 $i$ 的最短运行时间和最短停机时间。

4）风电出力约束

风电实时发电功率需要满足风电场装机容量约束：

$$Q_{w,t} \leqslant \delta_t P_w \tag{8-31}$$

式中，$\delta_t$ 为时刻 $t$ 风电场的等效利用率；$P_w$ 为风电场总装机容量。

### 2. 碳交易机制协助清洁能源发电调度模型

碳交易的引入能够影响火电机组的发电成本，改变系统发电调度计划。本节以系统整体发电利润最大化为目标，建立碳交易机制下风电调度模型。碳交易引入后，机组发电利润变动如下：

$$\pi_c = p_c \sum_{i=1}^{I} \sum_{t=1}^{T} Q_{it}(1-\theta_{c,i}) - C_c - \sum_{i=1}^{I} \mathrm{OM}_{c,i} - \sum_{i=1}^{I} D_{c,i} \tag{8-32}$$

需求响应的实施缓和了系统负荷的波动水平，降低火电为风电机组调峰的难度，碳交易机制改变了火电机组的边际发电成本。在需求响应和碳交易协同作用下，风电机组发电成本基本不发生变化，而火电机组发电成本需要综合考虑燃煤成本、启停成本、碳排放成本，具体如下：

$$\pi_c = p_c \sum_{i=1}^{I} \sum_{t=1}^{T} Q_{it}(1-\theta_{c,i}) - C_{\text{fuel}} - C_{\text{CO}_2} - \sum_{i=1}^{I} \mathrm{OM}_{c,i} - \sum_{i=1}^{I} D_{c,i} \tag{8-33}$$

需求响应和碳交易机制协同作用下的风电消纳优化模型需要考虑供需平衡、火电机组运行约束、风电机组运行约束、需求响应约束和碳排放约束等。

### 8.3.3 算例分析

1. 基础数据

为了分析需求响应和碳交易对系统调度的影响，本章以 10 台火电机组和装机容量为 2800MW 的风电机组构成仿真系统。其中，火电机组相关参数、典型负荷日系统负荷、风电可用出力参照文献[100]选取，其中，风电等效利用率如表 8-6 所示。风电机组和火电机组的发电上网电价分别为 540 元/(MW·h)和 380 元/(MW·h)，机组运维与折旧成本为 600 万元，火电机组的发电燃煤价格为 800 元/t。

表 8-6　风电机组等效利用率

| 时段 | 负荷/MW | 利用率 | 时段 | 负荷/MW | 利用率 | 时段 | 负荷/MW | 利用率 |
|---|---|---|---|---|---|---|---|---|
| 1 | 1100 | 0.33 | 9 | 2300 | 0.28 | 17 | 1700 | 0.32 |
| 2 | 1200 | 0.55 | 10 | 2500 | 0.11 | 18 | 1900 | 0.29 |
| 3 | 1400 | 0.68 | 11 | 2600 | 0.26 | 19 | 2100 | 0.17 |
| 4 | 1600 | 0.76 | 12 | 2500 | 0.23 | 20 | 2500 | 0.13 |
| 5 | 1700 | 0.67 | 13 | 2400 | 0.12 | 21 | 2300 | 0.23 |
| 6 | 1900 | 0.51 | 14 | 2300 | 0.20 | 22 | 1900 | 0.38 |
| 7 | 2000 | 0.36 | 15 | 2100 | 0.09 | 23 | 1500 | 0.33 |
| 8 | 2100 | 0.32 | 16 | 1800 | 0.21 | 24 | 1300 | 0.38 |

划分负荷曲线的峰时段、谷时段和平时段，具体如表 8-7 所示。其中，$\alpha_1$、$\alpha_2$ 分别为 0.95、0.70；$\beta_1$、$\beta_2$ 分别为 0.90、0.40；$\alpha$、$\beta$ 均为 5%。

表 8-7　分时电价时段划分

| 负荷 | 谷时段 | 平时段 | 峰时段 |
|---|---|---|---|
| 时间 | 0：00～6：00；<br>22：00～24：00 | 6：00～9：00；<br>14：00～19：00 | 9：00～14：00；<br>19：00～22：00 |

2. 需求响应对风电消纳的影响

为了分析需求响应对风电并网的影响，设定三种仿真情景。情景 1 为基础情景，不引入需求响应；情景 2 和情景 3 引入需求响应，$\alpha$ 与 $\beta$ 分别取 3%和 5%。可以得到三种情景下的系统负荷分布，具体如图 8-1 所示。

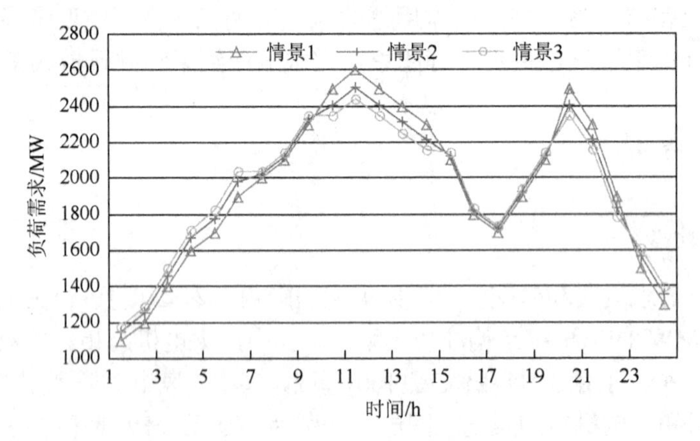


图 8-1　不同情景下系统负荷需求分布

根据图 8-1，情景 1、情景 2 和情景 3 的峰谷差分别为 1400MW、1252MW、1153MW，峰谷比分别为 2.17、2.00、1.90。可见，需求响应实施程度越深，负荷曲线越平滑，三种情景下的系统调度优化结果如表 8-8 所示。可见，需求响应的引入能够降低风电弃风，情景 1 中弃风率为 23.68%；情景 2 和情景 3 中的弃风率分别为 23.11%和 19.69%，风电机组利用率随弃风率的降低而提升。

表 8-8　不同情景下电力系统调度优化结果

| 情景 | 风电 | | | 火电 | | | 系统利润/万元 |
|---|---|---|---|---|---|---|---|
| | 发电量/(MW·h) | 上网电量比例/% | 弃风率/% | 发电量/(MW·h) | 上网电量比例/% | 发电煤耗率/(kg/(MW·h)) | |
| 情景 1 | 16 908.29 | 34.67 | 23.68 | 31 866.51 | 65.33 | 333.41 | 318.24 |
| 情景 2 | 17 035.10 | 34.93 | 23.11 | 31 739.70 | 65.07 | 331.39 | 320.53 |
| 情景 3 | 17 791.49 | 36.48 | 19.69 | 30 983.31 | 63.52 | 328.70 | 328.45 |

进一步分析火电机组发电煤耗率情况，需求响应的引入平滑了用电负荷曲线，风电并网电量的增加挤占了火电发电量，但系统对火电机组的调峰需求也相应降低，使得火电机组发电煤耗率有所降低。相比情景 1，情景 2 和情景 3 的发电煤耗率分别为 331.39kg/(MW·h)和 328.70kg/(MW·h)。

最后分析系统利润水平，情景 1 中的系统利润为 318.24 万元，引入需求响应后，情景 2 和情景 3 的系统利润分别为 320.53 万元和 328.45 万元，可见，需求响应的引入能够提升系统发电利润，且随着实施程度的加深，提升效果也更加显著。

### 3. 碳交易对风电消纳的影响

为了分析碳交易对风电消纳的影响，设定三种仿真情景。情景 4 作为基础情景，不考虑碳交易，碳排放配额为总排放量 29 079.7t 的 98%，即初始碳排放权为 28 498.1t。情景 5 和情景 6 引入碳交易，且碳交易价格分别为 80 元/t 和 100 元/t。三种情景下的系统调度优化结果如表 8-9 所示。

**表 8-9　不同情景下电力系统调度优化结果**

| 情景 | 风电 | | | 火电 | | | 系统利润/万元 |
|---|---|---|---|---|---|---|---|
| | 发电量/(MW·h) | 上网电量比例/% | 弃风率/% | 发电量/(MW·h) | 上网电量比例/% | 发电煤耗率/(kg/(MW·h)) | |
| 情景 4 | 17 670.82 | 36.23 | 20.24 | 31 103.98 | 63.77 | 329.76 | 314.69 |
| 情景 5 | 17 677.06 | 36.24 | 20.21 | 31 097.74 | 63.76 | 332.93 | 284.06 |
| 情景 6 | 18 141.02 | 37.19 | 18.12 | 30 633.78 | 62.81 | 330.62 | 293.38 |

根据表 8-9，分析三种情景的系统调度优化结果。在情景 4 中，不引入碳交易的风电发电量为 17 670.82MW·h；情景 5 和情景 6 中引入碳交易后，风电并网电量有所提升。其中，在碳交易价格为 80 元/t 时，风电发电量提升了 6.16MW·h，在碳交易价格为 100 元/t 时，风电发电量提升了 470.2MW·h，弃风率下降至 18.12%。图 8-2 为不同碳交易价格下火电机组发电量对比结果。

根据图 8-2，分析碳交易引入对火电机组的影响，由于碳交易的引入提高了火电机组的发电成本，系统调度计划发生了相应的变动。碳排放系数较高的 2#机组和 3#机组发电量有所降低，碳排放系数较低的 5#机组发电量有所提升。

### 4. 综合调度优化结果

为了对比分析需求响应和碳排放权交易对风电调度的影响，设定三种仿真情景进行对比分析。情景 7 仅引入需求响应，相关参数参照情景 3；情景 8 仅引入碳交易，相关参数参照情景 6；情景 9 同时引入需求响应和碳交易，相关参数参照情景 2 和情景 5。三种情景下系统调度优化结果如表 8-10 所示。

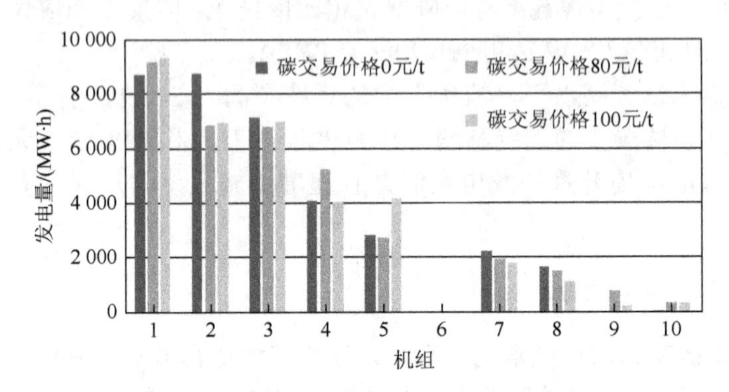


图 8-2　不同碳交易价格下火电机组发电量对比

**表 8-10　不同情景下系统调度优化结果**

| 情景 | 风电 | | | 火电 | | | 系统利润/万元 |
|---|---|---|---|---|---|---|---|
| | 发电量/(MW·h) | 上网电量比例/% | 弃风率/% | 发电量/(MW·h) | 上网电量比例/% | 发电煤耗率/(kg/(MW·h)) | |
| 情景 7 | 17 791.49 | 36.48 | 19.69 | 30 983.31 | 63.52 | 328.7 | 328.45 |
| 情景 8 | 18 141.02 | 37.19 | 18.12 | 30 633.78 | 62.81 | 330.62 | 293.38 |
| 情景 9 | 18 992.93 | 38.94 | 14.27 | 29 781.87 | 61.06 | 326.98 | 367.78 |

对比三种情景系统调度优化结果，情景 7 仅引入需求响应时的弃风率为 19.69%，情景 8 仅引入碳交易的弃风率为 18.12%，情景 9 中同时引入需求响应和碳交易的弃风率为 14.27%。可见，需求响应和碳交易具有较强的协同性，同时引入后有利于提升风电并网电量，发电煤耗率下降至 326.98kg/(MW·h)。进一步，就系统利润而言，情景 7 和情景 8 下的系统利润分别为 328.45 万元和 293.38 万元，碳交易的引入导致火电发电成本增加较多，系统利润降低明显，但在情景 9 中同时引入两者后的系统利润接近情景 7，表明碳交易和需求响应同时引入后的协同效应明显，此时的碳排放量也达到最低，系统的减排潜力进一步提高。

## 8.4　本 章 小 结

受制于随机性和间歇性，风电弃风现象是我国风电发展的主要瓶颈，为解决该问题，本章引入了碳交易机制，提升可再生能源的市场竞争力，将可再生能源的内部环境优势转化为外部经济优势，通过对系统初始碳排放配额进行约束，引导系统参与碳排放权交易，从而促进可再生能源的发电并网。本章以碳排放权交易为背景，建立了碳排放权交易政策对清洁能源发电消纳的影响分析模型。首先，从基本概念、国际碳市场概述和我国碳排放权交易试点等方面介绍碳排放权交易政策主要内容。其次，建立考虑碳排放权交易的清洁能源发电调度优化模型，实例分析结果表明碳交易的引入能够提升风电的经济优势，将自身的清洁特性转变为经济价值，增加风电的并网电量，减少系统平均发电煤耗率。

# 第9章 跨区域消纳清洁能源发电调度优化模型

中国资源与需求逆向分布的禀赋抑制了清洁能源的开发和利用，导致中国正面临着日益严峻的弃能问题。跨区域消纳清洁能源主要是通过分析不同区域资源特性，开展区域间的资源协调优化配置，优化整个系统的电源构成，推动实现清洁能源进一步的利用。在跨区域清洁能源消纳背景下，能源的供需关系与能源通道容量、能源通道运输价格、区域碳交易价差等因素相关，这些因素随着时间的推移而变化，清洁能源跨区域消纳的供需平衡关系是一种动态均衡。本章围绕清洁能源的特点，引入可行性理论，研究跨区域电力系统规划及能源外送调度相关内容，以期为跨区域清洁能源消纳提供支撑依据。

## 9.1 概　　述

中国能源与负荷呈现逆向分布，无论以煤炭为代表的传统化石能源，还是风能、太阳能等清洁的新能源均主要分布在西部、北部地区[109]。在环境问题日益突出的大背景下，促进清洁能源消纳成为减少污染的重要途径，清洁能源通过远距离输送可实现跨区域的电力供需均衡。跨区域发电能源优化调度与机组组合密切相关，通过优化不同类别、不同容量、不同地域分布的电源的发电计划，在满足社会用电需求的同时实现电力供应经济性、环保性的目标[128]。区别于国外风电分散输送方式，中国高度集中的大规模风电须配合常规能源协调外送，而风电与火电打捆联合外送则是消纳风电的理想途径[110]。大规模风电外送短期而言主要通过能源基地电厂直送受端区域的模式实现，而从中长远时期来看则逐渐过渡至外送“电量库”模式，再过渡至区域电力市场模式[111]。因此，本章重点围绕清洁能源跨区域输送优化方法开展研究，以期为解决日益严峻的弃风问题提供决策依据。

当前关于大规模清洁能源外送的研究如下，文献[112]针对风火打捆外送协调调度提出了保障系统稳定的输电通道控制策略；文献[113]基于电力阻塞与输电线路建设成本的考虑提出了输电容量的优化模型；文献[114]基于受端电网电量需求、网架结构、可靠性等因素提出大规模风电外送特高压专用通道落点选择的优化方法；文献[115]以受端电网系统可靠性为标准研究了风电与常规电源联合外送的等效可信容量。受到风电不确定性影响，系统调度须在得到实际可用出力前做出决策，导致决策结果可能不满足含不确定变量的约束条件，通常情况下，一般会采取折中原则处理上述问题，在数学上描述为机会约束规划问题[116]。以往文献以随机机会约束规划为基础，针对随机环境的调度理论进行较深入的研究[117]；但面对模糊环境时，由于隶属度函数不具有自对偶性，传统模糊论只能给出“可能性”结论，不能给出“可信性”结论，即不能确定事件是否一定发生，可能导致决策混乱[118]，这需要寻求一种合适的理论来解决含风电电力系统调度所面临的模糊机会决策问题。

另外，跨区域能源优化配置本质上是发电权交易问题，发电权交易作为协调机制将引导低能效机组的发电量向高能效机组转移，宏观上将减少发电所需的煤炭、燃油消耗，继而降低温室气体、污染气体的排放水平，微观上则为交易双方创造额外的经济效益。发电权交易的研究主要包括三个层面：①发电权交易优化，通过构建发电权交易优化模型，对发电权交易结果进行优化；②发电权交易模式，基于发电权交易中的撮合交易、双边交易、委托代理交易、期权交易、混合交易等交易模式进行资源优化配置[119]；③发电公司竞价策略利润分配，从发电公司的角度研究竞价策略以优化自身效益[120]。在发电权交易基础上，部分学者进一步研究跨区域电力资源交易，基于电力市场机制构建多区域电力交易模型，协调区域间电力资源的分配[121]。由于跨区域的电力资源配置将打破原有的电力市场均衡，送端与受端的火电之间、火电与清洁能源发电之间的发电配额将重新分配，为体现火电机组作为互补电源的协同价值，须构建公平、合理的利润分配机制，可借助合作博弈理论研究能源外送系统的利润分配问题。从能源外送系统参与个体的角度考虑，参与联盟合作的前提是联盟合作能为其带来较不合作情景高的利润收入，否则将放弃联盟合作。这就要求对联盟合作收益分配机制开展研究，从而实现联盟利益增量的最优再分配。

基于上述研究，本章针对以风光为代表的清洁能源发电功率的不确定性问题，应用可信性理论，对比考虑与不考虑碳排放成本的情景，分析跨区域电力投资优化与区域独立电力投资优化的经济效益以及环境效益，并建立跨区域能源外送常规数学模型和随机调度优化模型。最后，针对风火电联合外送中风电与火电的利润分配问题，构建效益分配模型，实现整体效益最优。本章围绕区域间协同消纳清洁能源问题开展研究，以期为促进中国清洁能源并网利用、降低清洁能源弃能开辟新的途径。

## 9.2　跨区域能源外送调度优化模型

跨区域电能替代主要是通过分析不同区域资源特性，开展区域间的资源协调优化配置，使整个系统的电源结构得到优化升级，提高清洁能源的利用程度。但清洁能源发电出力具有较强的不确定性，对跨区域资源配置有着较大的影响，因此，本节以风电作为清洁能源代表，引入可信性理论，构建风电参与的跨区域电能替代调度优化模型，以期能够为跨区域电能替代提供支撑依据。

### 9.2.1 可信性理论

模糊集理论是由 Zadeh 于 1965 年提出的，当前该理论发展速度很快，已经应用在多个领域。模糊数学包括可信度、可能性及必要性三种关键的测度。在传统数学的观念中，可能性测度的概念等同于概率测度。但是，在模糊集理论的测度中，可信度才是与概率测度相似的测度。文献[122]于 2009 年给出了具备自对偶性质的可信度测度的定义，并基于可信度测度构建了一个具备公理性质的理论体系，也就是可信性理论。其中，与本章研究相关的概念介绍如下。

（1）可能性测度：设$\Theta$是非空的集合，$\prod(\Theta)$表示$\Theta$的幂集，$\varnothing$是空集，若测度 Pos 可实现：

【公理 1】$\mathrm{Pos}(\Theta)=1$。

【公理 2】$\mathrm{Pos}(\varnothing)=0$。

【公理 3】对$\prod(\Theta)$里的任意集族$\{A_i\}$，有$\mathrm{Pos}\left\{\bigcup_i A_i\right\}=\sup_i \mathrm{Pos}\{A_i\}$，则把 Pos 称为可能性测度。

（2）必要性测度：设$(\Theta,\prod(\Theta),\mathrm{Pos})$是可能性的空间，集合$A$表示$\prod(\Theta)$的元素，$A^{c}$是对立集合，则把$\mathrm{Nec}\{A\}=1-\mathrm{Pos}\{A^{c}\}$称为$A$的必要性测度。

（3）可信性测度（可信度）：设$(\Theta,\prod(\Theta),\mathrm{Pos})$是可能性的空间，集合$A$是$\prod(\Theta)$的元素，则将$\mathrm{Cr}\{A\}=\dfrac{\mathrm{Pos}\{A\}+\mathrm{Nec}\{A\}}{2}$称为$A$的可信性测度，具有 3 条重要性质：

① $\mathrm{Pos}(\Theta)=1$；

② $\mathrm{Pos}(\varnothing)=0$；

③ Cr 是自对偶的，对于任意$A\in\prod(\Theta)$，总有$\mathrm{Cr}\{A\}+\mathrm{Cr}\{A^{c}\}=1$。

（4）隶属度函数：设$\xi$表示可能性的空间$(\Theta,\prod(\Theta),\mathrm{Pos})$上的一个模糊变量，则把$\mu(x)=\mathrm{Pos}\{\theta\in\Theta\mid\xi(\theta)=x\},x\in\mathbf{R}$定义成$\xi$的隶属度函数。

基于隶属度函数，可以反演逆推可信性测度，设

$$\mathrm{Cr}\{\xi\in A\}=\frac{1}{2}\left\{\sup_{x\in A}\mu(x)+1-\sup_{x\in A^{c}}\mu(x)\right\} \tag{9-1}$$

式中，Cr 为可信度的符号；其中 sup 表示上界。可信度具备自对偶性质，等同于概率学中置信度的指标测度，可用于描述模糊类事件发生的可信程度。当可信度等于 1 时，该事件肯定发生，而当可信度为 0 时，该事件肯定不会发生，这正好化解计算隶属度造成的矛盾。

## 9.2.2　能源外送数学模型

1. 基本数学模型

跨区域电能替代的优化目标主要包括三个方面，一是合理多方面地使用清洁能源，最大限度地降低清洁能源的弃能现象；二是实现清洁能源与常规能源之间的互补作用，规避输电功率大范围波动给电力系统可靠性能造成的影响；三是实现系统内部发电调度的最优组合，降低发电煤耗率。优化目标之间很难同时满足，为协调三个优化问题，本章以能源系统外送利润最大化作为模型的优化目标，选择风电作为讨论对象，构建清洁能源参与的能源外送优化目标，具体目标函数为

$$\text{Max}\quad \pi = p_c Q_c + p_w Q_w - C_c - C_w \tag{9-2}$$

式中，$\pi$ 为能源互补体系的利润总额；$p_c$ 为送端区域火电的上网标杆电价；$p_w$ 为送端区域的风电上网电价；$Q_c$、$Q_w$ 分别为送端区域火电及风电上网的电量；$C_c$、$C_w$ 分别为火电、风电机组的发电成本。机组的发电成本可分成变动部分和固定部分，即

$$C_c = C_c^{\text{v}} + C_c^{\text{f}} \tag{9-3}$$

$$C_w = C_w^{\text{v}} + C_w^{\text{f}} \tag{9-4}$$

$$C_c^{\text{v}} = \sum_{t=1}^{T}\sum_{i=1}^{I}\gamma[u_{it}(1-u_{i,t-1})N_{it} + u_{it}f_i(g_{it})] \tag{9-5}$$

式中，$C_c^{\text{v}}$、$C_w^{\text{v}}$ 分别为火电、风电机组的变动成本；$C_c^{\text{f}}$、$C_w^{\text{f}}$ 分别为火电、风电的机组固定成本，一般由运维费用和折旧费构成；$\gamma$ 为燃煤价格；$u_{it}$ 为燃煤机组 $i$ 在时刻 $t$ 状态的变量，机组启动时值为1，停机时值变成0；$N_{it}$ 为机组处于启动状态时燃煤的消耗量；$g_{it}$ 为机组 $i$ 在时刻 $t$ 的出力；$f_i(g_{it})$ 为燃煤机组 $i$ 在时刻 $t$ 的煤炭总量的消耗函数，参数设为 $a_i$、$b_i$、$c_i$，即

$$f_i(g_{it}) = a_i + b_i g_{it} + c_i(g_{it})^2 \tag{9-6}$$

$$N_{it} = \begin{cases} N_i^{\text{hot}}, & T_i^{\min} < T_{it}^{\text{off}} \leqslant H_i^{\text{off}} \\ N_i^{\text{cold}}, & T_{it}^{\text{off}} > H_i^{\text{off}} \end{cases} \tag{9-7}$$

式中，$N_i^{\text{cold}}$ 为发电机组 $i$ 的冷启动成本；$N_i^{\text{hot}}$ 为发电机组 $i$ 的热启动成本；$T_i^{\min}$ 为机组 $i$ 的最短停机时间；$T_{it}^{\text{off}}$ 为机组 $i$ 在时刻 $t$ 的持续停机时间；$T_i^{\text{cold}}$ 为机组 $i$ 的冷启动时间；$H_i^{\text{off}}$ 为机组的冷启动时间与最短停机时间的总和。

为确保能源系统安全稳定地供应电力，须约束能源系统相应的技术参数，关键的约束条件包括最大电能输出功率约束、输出功率的平稳性约束、风火电机组出力约束、火电机组启停时间约束及系统发电备用约束等。

1）最大电能输出功率约束

$$\sum_{i=1}^{I} g_{it}(1-\theta_i) + g_{wt}(1-\theta_w) = G_t \tag{9-8}$$

$$G_t \leqslant G^{\max} \tag{9-9}$$

式中，$G_t$ 为能源系统在时刻 $t$ 的外送功率；$G^{\max}$ 为输电线路输电的最大容量；$g_{wt}$ 为风电场 $w$ 在时刻 $t$ 的出力；$\theta_w$、$\theta_i$ 分别为风电场和火电机组的厂用电率。

2）输出功率的平稳性约束

为规避能源互补系统中输电功率波动范围广造成受端系统安全性降低的情况，提出了发电侧输出功率变动范围的约束条件：

$$\Delta G^- \leqslant G_t - G_{t-1} \leqslant \Delta G^+ \tag{9-10}$$

式中，$\Delta G^+$、$\Delta G^-$ 分别为输出功率的波动范围上下限，根据受电地区电力系统所拥有的备用容量确定。该约束条件要求受电地区具备一定的调峰能力，若受端需要外来输电系统按照受端的负荷情况实时提供电力，则需用以下约束：

$$G_t(1-l_{\mathrm{r}}) = D_t \tag{9-11}$$

式中，$l_{\mathrm{r}}$ 为输电线路网损；$D_t$ 为受电区域的实时电量需求。

3）火电机组出力约束

$$u_{it} g_i^{\min} \leqslant g_{it} \leqslant u_{i,t} g_i^{\max} \tag{9-12}$$

$$\Delta g_i^- \leqslant g_{it} - g_{i,t-1} \leqslant \Delta g_i^+ \tag{9-13}$$

式中，$g_i^{\min}$ 为机组 $i$ 的输出功率最小值；$\Delta g_i^-$、$\Delta g_i^+$ 为对机组功率升、降的响应速度的极限值。

4）火电机组启停时间约束

$$(T_{i,t-1}^{\mathrm{on}} - M_i^{\mathrm{on}})(u_{i,t-1} - u_{it}) \geqslant 0 \tag{9-14}$$

$$(T_{i,t-1}^{\mathrm{off}} - M_i^{\mathrm{off}})(u_{it} - u_{i,t-1}) \geqslant 0 \tag{9-15}$$

式中，$T_{i,t-1}^{\mathrm{on}}$ 为机组 $i$ 在时刻 $t$–1 的运行时间；$M_i^{\mathrm{on}}$ 为机组的最短运行时间；$T_{i,t-1}^{\mathrm{off}}$ 为机组 $i$ 在时刻 $t$–1 的停机时间；$M_i^{\mathrm{off}}$ 为机组的最短停机时间。

5）风电机组出力约束

来风速率在很大程度上影响风电功率，在来风速率比切入风速低或者比切出风速高时，风机均不能发出电能，来风速率和风电功率之间存在如下关系：

$$g_{wt}^* = \begin{cases} 0, & v_t \leqslant v_{\mathrm{i},w} \text{或} v_t > v_{\mathrm{o},w} \\ g_{\mathrm{r}}(v_t - v_{\mathrm{i},w})(v_{\mathrm{r},w} - v_{\mathrm{i},w}), & v_{\mathrm{i},w} < v_t \leqslant v_{\mathrm{r},w} \\ g_{\mathrm{r}}, & v_{\mathrm{r},w} < v_t \leqslant v_{\mathrm{o},w} \end{cases} \tag{9-16}$$

$$g_{wt}^{*} = g_{wt} + g_{wt}^{\mathrm{a}} \tag{9-17}$$

式中，$g_{wt}^{*}$ 为风电机组 $w$ 在时刻 $t$ 可供使用的出力；$g_{\mathrm{r}}$ 为风机的额定输出功率；$v_{\mathrm{i},w}$、$v_{\mathrm{o},w}$ 分别为切入及切出的风速；$v_{\mathrm{r},w}$ 为额定风速；$v_{t}$ 为时刻 $t$ 的实际风速；$g_{wt}^{\mathrm{a}}$ 为风电场在时刻 $t$ 弃风的出力。

6）系统发电备用约束

$$\sum_{i=1}^{I} g_{i}^{\max} \geqslant \beta_{c} \sum_{i=1}^{I} g_{it}(1-\theta_{i}) + \beta_{w} \sum_{w=1}^{W} g_{wt}(1-\theta_{w}) \tag{9-18}$$

式中，$\beta_{c}$ 和 $\beta_{w}$ 分别为火电和风电的备用系数。

2. 对比数学模型

本章选择碳排放权交易和绿色证书作为激励政策，对比不同激励政策对能源外送的影响，分析能源外送在实现跨区域电能替代中的关键作用。《京都议定书》中要求各缔约方在承诺的期限内达到相应的碳减排指标，在各缔约方内部再分配减排指标到境内各企业中。若企业无法按期实现减排量，则可以向具有超额排放额度及排放许可证件的企业购买所需数量的排放额度及许可证，使企业的减排量达到国家（地区）的标准。这就是碳排放权交易的市场形成过程。可再生能源的额度分配制度是各缔约方为促进可再生能源市场的发展、保障可再生能源在发电结构中占据一定比例而颁布的一种强制的政策。碳交易和绿色证书的实施都是为了保障可再生能源的稳定快速发展，能够提升风电外送价值。本节从碳交易和绿色证书两个角度建立对比调度优化模型，具体模型介绍如下。

模型 1：基本情景（情景 1），不考虑碳交易和绿色证书下的能源外送模型。该情景主要对比分析风火电联合外送和独立外送情形下能源系统收益，并分析输电通道功率波动幅度对风电消纳的影响。风电、火电独立外送模型如下。

（1）风电独立外送。以利润最大化为目标构建电力外送优化模型，具体目标函数和约束条件如下：

$$\mathrm{Max} \quad \pi_{w} = p_{w} Q_{w} - C_{w} \tag{9-19}$$

$$\sum_{w=1}^{W} g_{wt}(1-\theta_{w}) \leqslant G^{\max} \tag{9-20}$$

$$\Delta G_{i}^{-} \leqslant g_{wt} - g_{w,t-1} \leqslant \Delta G_{i}^{+} \tag{9-21}$$

（2）火电独立外送。以利润最大化为目标构建电力外送优化模型，具体目标函数和约束条件如下：

$$\text{Max} \quad \pi_c = p_c Q_c - C_c \tag{9-22}$$

$$\sum_{i=1}^{I} g_{it}(1-\theta_i) \leqslant G^{\max} \tag{9-23}$$

模型 2：碳交易情景（情景 2），考虑碳排放权交易下的能源外送模型。碳交易的实施既能够刺激风电置换火电，减少受端区域碳排放成本，增加收益，又能够利用区域碳交易价差获得碳排放收益。该情景下目标函数为

$$\text{Max} \quad \pi = p_c Q_c + p_w Q_w - C_c - C_w + \pi^{\text{CO}_2} \tag{9-24}$$

$$\pi^{\text{CO}_2} = \tau_{\text{r}} \chi_{\text{r}} (Q_c + Q_w)(1 - l_{\text{t}}) - \tau_{\text{t}} \chi_{\text{t}} Q_c \tag{9-25}$$

式中，$\pi^{\text{CO}_2}$ 是碳交易实现的收益；$\tau_{\text{r}}$、$\tau_{\text{t}}$ 分别为受端及送电区域碳交易的价格；$\chi_{\text{r}}$、$\chi_{\text{t}}$ 分别为受端、送电区域的单位电能碳排放系数；$l_{\text{t}}$ 为输电线损率。

模型 3：绿色证书情景（情景 3），考虑绿色证书下的能源外送模型。能源系统跨区域输电可以提升受端区域可再生能源发电比例，而实施绿色证书则能为其带来超额收益。该情景下目标函数为

$$\text{Max} \quad \pi = p_c Q_c + p_w Q_w - C_c - C_w + \pi^{\text{gc}} \tag{9-26}$$

$$\pi^{\text{gc}} = \rho(k_c Q_c + k_w Q_w) \tag{9-27}$$

式中，$\pi^{\text{gc}}$ 为绿色证书交易带来的收益；$\rho$ 为绿色证书交易的价格；$k_c$ 和 $k_w$ 分别为火电、风电生产单位电能时绿色证书的配额系数，其中，$k_c < 0$，$k_w < 0$。

模型 4：综合情景（情景 4），考虑碳交易和绿色证书下的能源外送模型，考虑碳交易和绿色证书同时实施后的能源系统效益，该情景下目标函数为

$$\text{Max} \quad \pi = p_c Q_c + p_w Q_w - C_c - C_w + \pi^{\text{CO}_2} + \pi^{\text{gc}} \tag{9-28}$$

通过分别求解上述四种情景，可得到不同情景下模型的最优解集，由最优解集能够得到能源系统的发电结构及利润构成。

### 9.2.3　能源外送随机优化模型

在实际调度过程中，如果风电预测功率大于实时输出功率，则功率输入区域中的电源可能不满足其负载需求。临时替代服务将带来更多的成本。相反，如果风电预测功率小于实时输出功率，则风力不能充分利用。本节讨论考虑风电预测误差的区域间风电消耗问题。

1. 风电预测误差分布

一般情况下，风电预测误差可以分为两种情况，即风电预测功率低于实际功率和风电预测功率高于实际功率，本章中风电预测误差的可信度分布函数的构造以预测的误差百分数为基础，其中，风电预测功率误差计算如下：

$$\varepsilon = (g_w - g'_w) / g_w \times 100\% \tag{9-29}$$

以可信性理论为基础建立风电预测误差的可信度分布函数，假设风电的预测误差隶属度函数满足柯西分布：

$$\mu_w = \begin{cases} \dfrac{1}{1+\sigma(\varepsilon_w / E_{w^+})^2}, & \varepsilon_w > 0 \\ \dfrac{1}{1+\sigma(\varepsilon_w / E_{w^-})^2}, & \varepsilon_w \leqslant 0 \end{cases} \tag{9-30}$$

式中，$\mu_w$ 为风电的预测误差的隶属度函数；$E_{w+}$、$E_{w-}$ 分别为预测的正误差百分数及负误差百分数的统计平均值；$\sigma$ 为权重；依据式（9-30），对于任意 $\varepsilon_w \in \mathbf{R}$，可以得到预测误差的可信性测度为

$$\mathrm{Cr}(\xi \leqslant \mu_w) = \begin{cases} 1 - \dfrac{1}{2}\dfrac{1}{[1+\sigma(\varepsilon_w / E_{w^+})^2]}, & \varepsilon_w > 0 \\ \dfrac{1}{2}\dfrac{1}{[1+\sigma(\varepsilon_w / E_{w^-})^2]}, & \varepsilon_w \leqslant 0 \end{cases} \tag{9-31}$$

显然，式（9-31）满足 $\mathrm{Cr}\{\Theta\}=1$ 和 $\mathrm{Cr}\{\varnothing\}=0$，此时设 $A^{\mathrm{c}}$ 为 $A=\{\xi \leqslant \mu_w\}$ 的对立事件，则

$$\mathrm{Cr}(A^{\mathrm{c}}) = \begin{cases} \dfrac{1}{2}\dfrac{1}{[1+\sigma(\varepsilon_w / E_{w^+})^2]}, & \varepsilon_w > 0 \\ 1 - \dfrac{1}{2}\dfrac{1}{[1+\sigma(\varepsilon_w / E_{w^-})^2]}, & \varepsilon_w \leqslant 0 \end{cases} \tag{9-32}$$

根据式（9-31）和式（9-32）可推测，在 $\xi$ 全部的空间中，都有 $\mathrm{Cr}(\xi \leqslant \mu_w) + \mathrm{Cr}(\xi > \mu_w) = 1$，表明 Cr 具有自对偶性，即可以认定式（9-32）为风电预测误差的可信度分布函数。可得 $E_{w^+}=10$、$E_{w^-}=10$、$\sigma=2.33$、$\varepsilon_w \in [-20,20]$ 时风电的预测误差可信度及隶属度的函数曲线，如图 9-1 所示。可信度分布函数的数值表示的是模糊变量 $\xi$ 的值小于等于 $\varepsilon_w$ 时的可信度，呈单调递增的趋势，与概率分布函数相类似。

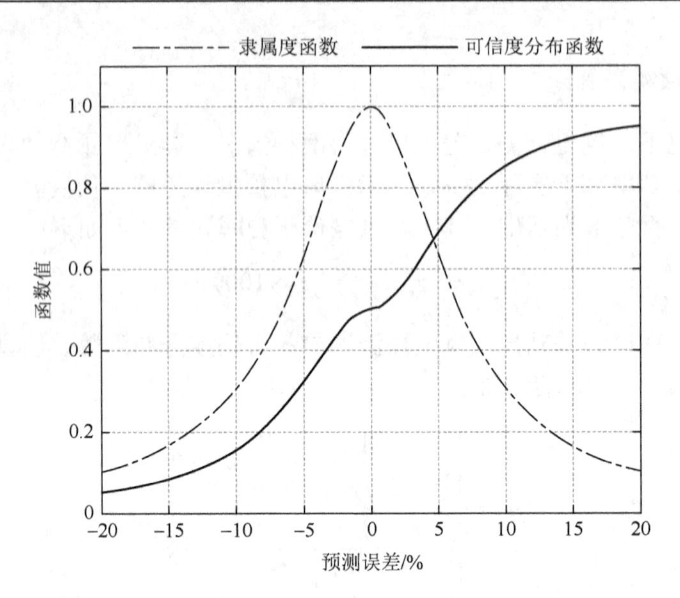


图 9-1　风电预测误差的可信度分布函数和隶属度函数

2. 模糊机会约束条件

风电出力 $g_{wt}$ 是一个预测值，由于预测误差具备模糊性，某些情况下无法满足约束条件，但决策时必须使该约束条件成立时的可能性在规定的置信水平内，在式（9-29）的基础上得出了模糊的机会约束条件：

$$\mathrm{Cr}\left[\sum_{i=1}^{I} g_{it}(1-\theta_i)+\sum_{w=1}^{W} g_{wt}(1-\theta_w)(1+\varepsilon_w/100)\leqslant G^{\max}\right]\leqslant\alpha \tag{9-33}$$

式中，$\alpha$ 为模糊可信度指标，该指标要求机组出力少于所需负荷的可能性必须低于 $\alpha$，因为可信度函数拥有自对偶性质，在 $\alpha$ 一定时，模糊事件也将落在 $\alpha$ 所确定的闭集中，这保证了该可行域下的解是可信的。推导出其清晰等价类别并代入式（9-34）：

$$\sum_{i=1}^{I} g_{it}(1-\theta_i)\leqslant G^{\max}-\sum_{w=1}^{W} g_{wt}(1-\theta_w) \tag{9-34}$$

式中，$\lambda$ 与 $\alpha$ 有关，也可以称为风电预测修正系数：

$$\lambda=\begin{cases}1+E_{w^+}\left[\dfrac{1}{\sigma(1-\sigma)}\right]^{\frac{1}{2}}, & \dfrac{1}{2}<\alpha\leqslant 1\\[2ex] 1+E_{w^-}\left[\dfrac{1-2\sigma}{\sigma(1-\sigma)}\right]^{\frac{1}{2}}, & 0<\alpha\leqslant\dfrac{1}{2}\end{cases} \tag{9-35}$$

进一步对式（9-35）求关于 $\alpha$ 的偏导，可以分析 $\lambda$ 的物理意义，偏导为

$$\frac{\mathrm{d}\lambda}{\mathrm{d}\alpha}=\begin{cases}\left[\dfrac{E_{w^+}^2}{2\sigma(1-\sigma)}\right]^{\frac{1}{2}}, & \dfrac{1}{2}<\alpha\leqslant 1\\[2ex] \left[\dfrac{E_{w^-}^2}{8\sigma\alpha^3(1-2\sigma)}\right]^{\frac{1}{2}}, & 0<\alpha\leqslant\dfrac{1}{2}\end{cases} \tag{9-36}$$

由式（9-36）能得出 $\lambda(0.5+)\geqslant\lambda(0.5-)$，则 $\dfrac{\mathrm{d}\lambda}{\mathrm{d}\alpha}\geqslant 0$，即 $\lambda(\alpha)$ 是一个单增函数，$\lambda(0.5)$ 处于风电实际出力与预测值相等位置。引入 $\lambda$ 后可进一步分解模糊的机会约束，转变成确定性约束，规避了模糊模拟的过程，便于借助已有确定性调度算法求解模型。从物理意义上讲，如果把风电的预测功率直接用在调度决策上，则由于预测误差的存在，调度决策将出现偏差，造成一定的安全风险或经济上的损失。而 $\lambda$ 引入后，可按照主能量市场中交易的失负荷率（$\alpha$）以完成风电预测值的修正，实现调度决策时风险与经济因素的良好兼顾。

### 9.2.4　算例分析

1. 基础数据

为对所建模型进行算例仿真，本节假定送端地区能源系统由 6 台火电机组（分别为 G1～G6）和装机容量为 3300MW 的风电场构成，参照文献[123]设置火电机组固定成本，并选用火电机组详细运行参数。由于本章主要讨论风电预测误差对系统调度的影响，风电功率预测方法不是研究重点，直接选用文献[16]中风电场等效利用率作为风电场模拟数据。

为便于分析，假定受电区域可为能源系统提供调峰备用，输电通道最大容量为 2800MW，输电功率波动幅度为±100MW，火电和风电的备用系数为 0.1；风电厂用电率为 2%，固定成本为 800 万元；送端区域上网电价为 510 元/(MW·h)，火电的上网电价为 320 元/(MW·h)，燃煤的价格为 600 元/t。送电及受电端碳交易的价格分别为 80 元/t 及 100 元/t；绿色证书的交易价格为 5 元/(MW·h)，火、风发电绿色证书的配额系数分别是–0.1 与 1.0。

2. 有效性验证

本节以情景 1 为仿真情景讨论算法在求解优化模型的适用性，并设定模型初始可信度指标 $\alpha$ 为 0.2。图 9-2 显示了情景 1 中机组出力的优化结果。在风电波动输出及火电机组装机总容量的限制下，在大部分时间输电线路输出的功率均在输电极限之内，输电线路输出的平均功率是 2685MW，其综合利用率是 95.9%。

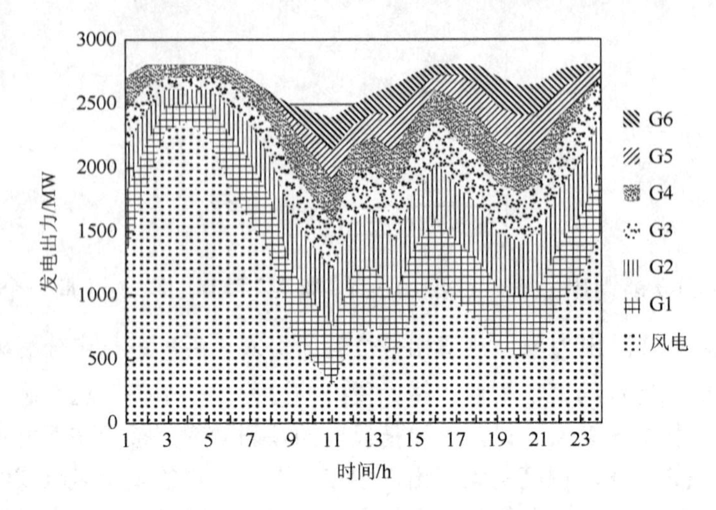


图 9-2　情景 1 下机组出力优化结果

（1）分析输电稳定性可知，在两个相邻时段之间输电功率波动的最大幅度是100MW，一天内功率标准差是 129.5MW，变异系数是 4.8%，输电功率具有良好的稳定性能，较为安全可靠。

（2）分析风火输电构成，一天之内风电场的出力是 27 349MW·h，火电厂的出力是 37 086MW·h，风火输电的比例结构为 1∶1.36。

（3）分析比较火电机组发电的状态，负责提升输电线路使用效率的主要是具备高能效水平的大机组，利用大容量机组的时间也更多；煤耗率相对高的容量处于中等水平的机组，一般只在风电出力较少时使用。图 9-3 为能源系统联合外送时火电机组出力状况。

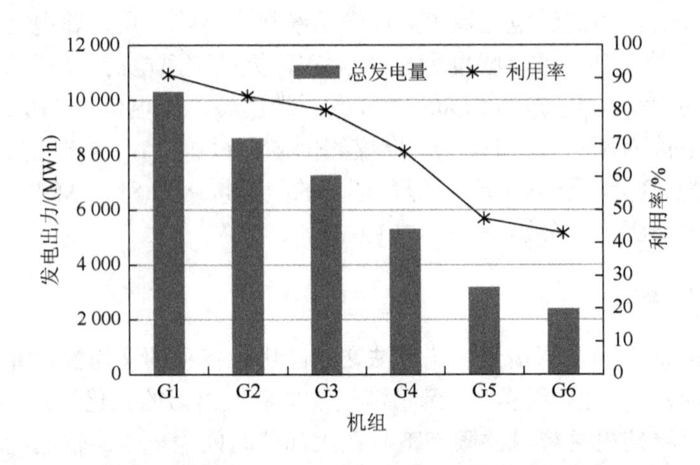


图 9-3　能源系统联合外送中的火电机组出力状况

为分析可信度对能源系统的影响，假设受电区域需求电量为 64 434.66MW·h，对可信度进行敏感性分析，表 9-1 为不同可信度下能源系统的调度结果。

**表 9-1　不同可信度下能源系统调度结果**

| $\alpha$ | 并网电量/(MW·h) | | 总利润/万元 | 弃风率/% | 总煤耗/t | 平均煤耗率/(g/(kW·h)) |
|---|---|---|---|---|---|---|
| | 风电 | 火电 | | | | |
| 0.1 | 25 439.5 | 38 995.16 | 748 | 4.2 | 13 423 | 222.3 |
| 0.15 | 26 483.5 | 37 951.16 | 764 | 3.6 | 13 145 | 218.4 |
| 0.2 | 27 349.04 | 37 085.62 | 782 | 3.4 | 12 934 | 212.6 |
| 0.25 | 28 153.6 | 36 281.06 | 795 | 2.9 | 12 865 | 208.5 |
| 0.3 | 29 304.2 | 35 130.46 | 812 | 2.6 | 12 642 | 199.7 |

由表 9-1 可以看到，随着 $\alpha$ 的增大，风电外送电量和系统发电利润均逐渐增加。由于可信度指标 $\alpha$ 在调度模型中表征了风险概念，利润与风险则成正相关。当调度结果落在模糊的置信水平 $\alpha$ 概率内，表示若预测的误差在 $\alpha$ 要求的模糊区间之中，这个决策结果是符合负荷需求的，也就是决策的可信度强。

考虑预测的修正系数 $\lambda$ 后，当 $\alpha$ 逐步由 0.1 增大到 0.3 时，系统的场景也由风电的真实出力远低于预测数向逼近预测数的方向变动，在这个过程中，常规发电机组的运行成本也会逐渐减少，因此引入 $\lambda$ 是有意义的。

3. 算例结果

1）情景 1 调度优化结果

该情景主要讨论风火电联合外送的优越性，并分析输电功率波动幅度和通道容量对风电并网消纳的影响。表 9-2 是在风火电各自独立外送及联合外送的模式下系统调度结果对比。

**表 9-2　三种外送模式能源系统调度结果对比**

| 模式 | 弃风率/% | 总煤耗/t | 平均煤耗率/(g/(kW·h)) | 总输电量/(MW·h) | 线路负载率 | 能源系统利润/万元 | | |
|---|---|---|---|---|---|---|---|---|
| | | | | | | 火电 | 风电 | 总计 |
| 风火 | 2.1 | 12 865 | 212.6 | 64 434.66 | 0.959 | 23 | 759 | 782 |
| 风电 | 39 | 0 | 0 | 16 928.4 | 0.252 | — | 165 | 165 |
| 火电 | — | 17 552 | 345 | 50 859.6 | 0.757 | 182 | — | 182 |

由表 9-2 可以看到，风火电联合外送在各方面的指标均要优于风火电独立外送模式。在风火电联合外送时，火电为风电外送的备用服务，增加了风电的外送电量，在降低能源系统平均发电煤耗率的同时，提升了输电线路负载率，也为能源系统带来了 435 万元的超额利润。风电跨区域消纳需要借助输电通道，其可靠性水平将直接影响风电传送的稳定性，不稳定的电力输出会影响受端电网的安全。本节对输电通道可承受功率波动幅度进行敏感性分析。图 9-4 为输电功率波动幅度敏感性分析结果。

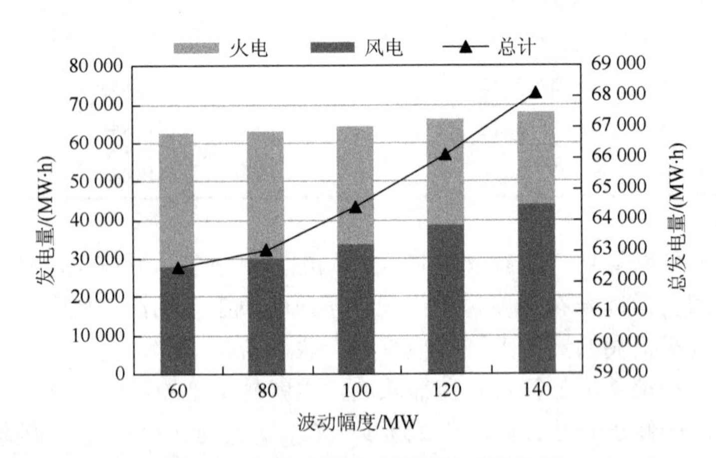


图 9-4 输电功率波动幅度敏感性分析

由图 9-4 可见，当 $\Delta G$ 较小时，由于输电线路承受风电波动性能力不足，风电在外送电量中占比小，此时外送电量主要为火电，在 $\Delta G = \pm 60$MW 时，能源系统中风电外送电量占比为 45%。随着 $\Delta G$ 逐渐增加，输电线路承受风电波动性能力逐渐增加，风电外送电量会明显增加，在 $\Delta G = \pm 140$MW 时，比例达到 65%。

2）情景 2 调度优化结果

该情景主要讨论碳交易对能源系统运行结果的影响，可以得到考虑碳交易的风火电联合外送优化模型结果。在情景 2 中，风火电联合外送能源系统收益为 1076 万元，风电和火电独立外送的系统收益分别为 325 万元和 262 万元。图 9-5 为情景 2 下能源系统机组 24h 出力结构。

由图 9-5 可见，碳交易的引入提升了风电外送的电力价值，并刺激风电进一步挤占火电出力，风电并网电量为 27 726MW·h，相比于情景 1，增加并网电量 377MW·h。为实现能源系统效益最大化目标，发电能效较高的 G1 机组和 G2 机组发电量均明显增加，中等 G3～G5 机组发电量则有所降低。在风电并网电量增加的同时，需要启停速度最快的 G6 机组作为备用服务，因此，G6 机组的出力要高于情景 1。图 9-6 为不同碳交易价差下能源系统出力结构。

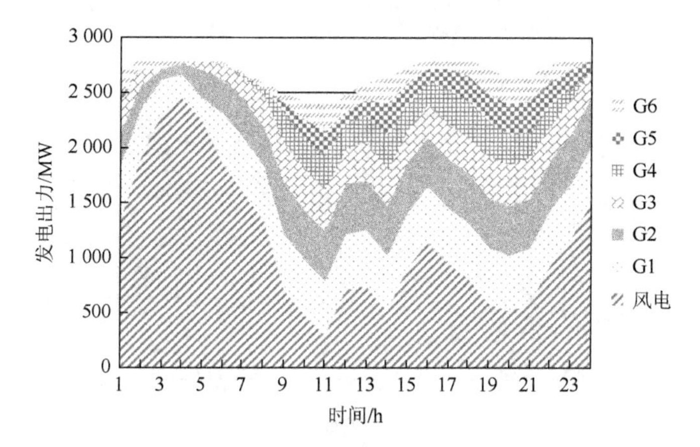


图 9-5　情景 2 下能源系统机组 24h 出力结构

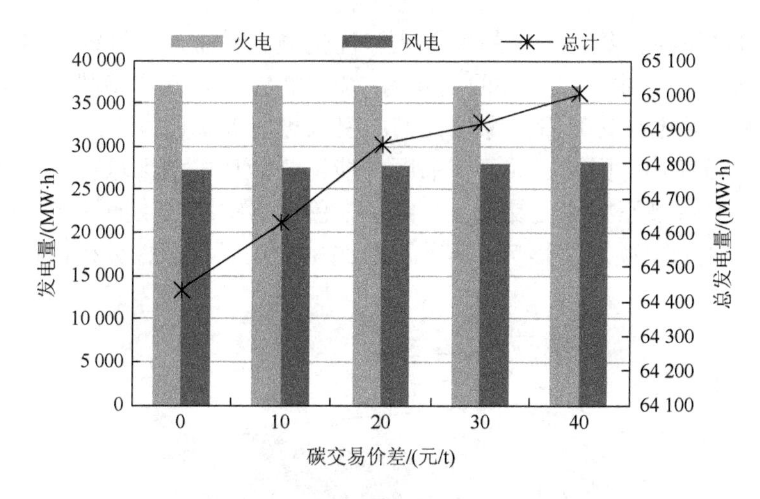


图 9-6　不同碳交易价差下能源系统出力结构

由图 9-6 可见，随着碳交易的引入，为追逐更多的碳交易收益，能源系统外送电量逐渐增加，但火电外送电量却逐渐压缩。就本章能源系统而言，当碳交易价差超过 20 元/t 时，能源系统外送电量增加幅度逐渐降低，这是因为在价差为 20 元/t 时，输电线路负载率已经达到 97.4%，为了保证输电线路的可靠性，输电通道已不能大幅度地承载风电并网。

3）情景 3 调度优化结果

该情景主要讨论绿色证书引入后风火电联合外送优化模型结果。在情景 3 中，风火电联合外送能源系统收益为 794 万元，而风电和火电独立外送时系统收益分别为 173 万元和 180 万元。图 9-7 为情景 3 下能源系统机组 24h 出力结构。

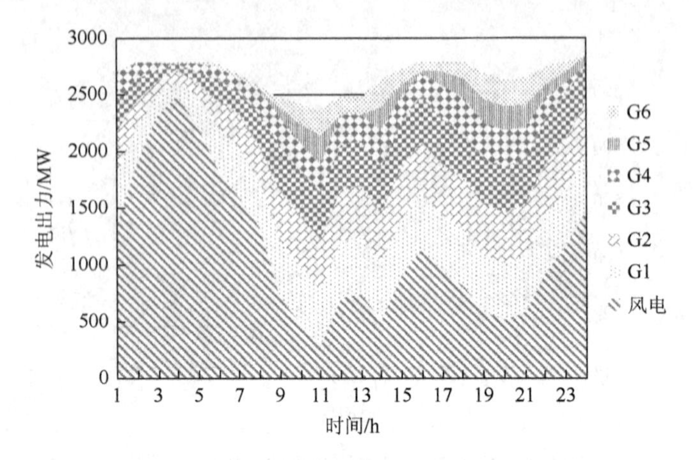


图 9-7　情景 3 下能源系统机组 24h 出力结构

由图 9-7 可见，绿色证书的引入能够优化能源系统发电机构，增加风电并网电量，在情景 3 中的风电并网电量为 27 470MW·h，高于情景 1，但低于情景 2；从火电发电结构来看，绿色证书的引入也能够优化发电结构，高能效机组发电量明显增加。因此，绿色证书同样能够刺激风电跨区域传输，增加能源系统收益，但效果不如碳交易明显。由于绿色证书实施效果要受到火电和风电生产的绿色证书配额系数影响，本节对配额系数进行敏感性分析，具体结果见图 9-8。

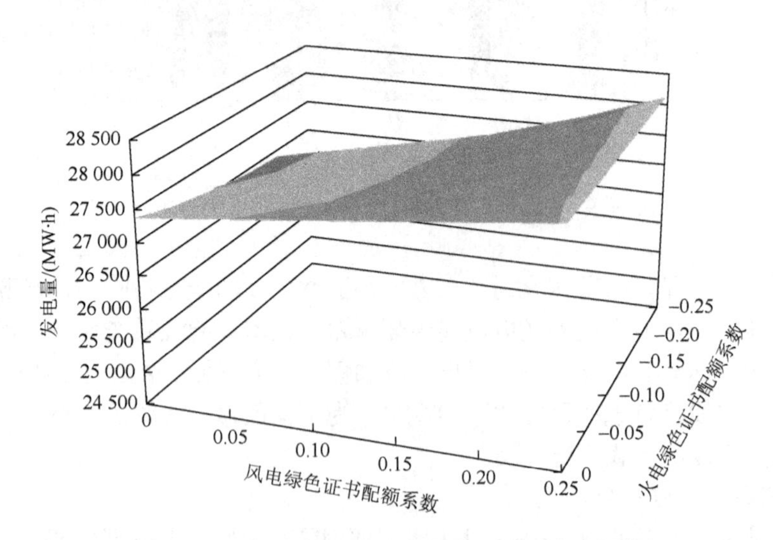


图 9-8　不同绿色证书配额系数下风电外送电量

分析图 9-8 能得出，风电的绿色证书配额系数增加促进风电外送，火电的绿色证书配额系数与风电的外送比例负相关。因此，实施绿色证书可为能源系统带来超额收益，刺激风电大规模并网，但需要借助火电作为备用服务，这与碳交易相同。

4）情景 4 调度优化结果

该情景考虑同时实施碳交易和绿色证书两种手段下能源系统电力外送情况。在情景 4 中，风火电联合外送的情况下，能源系统可实现 1125 万元的收益，而其各自独立外送的情况下，系统分别能实现 343 万元和 278 万元的收益。图 9-9 为情景 4 下能源系统机组 24h 出力结构。

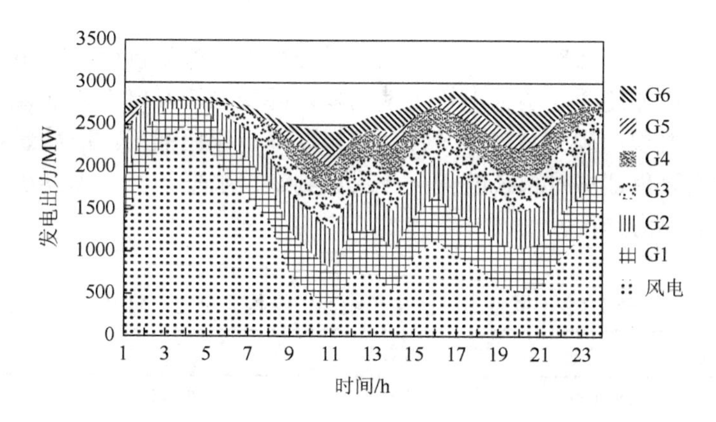


图 9-9　情景 4 下能源系统机组 24h 出力结构

由图 9-9 可见，在情景 4 中，能源系统中发电结构更加优化，风电并网电量为 27 886MW·h，比情景 1 中增加并网 537MW·h。从火电机组出力机构来看，对比其他三种情景，高能效机组发电利用率更高，而中等发电机组发电利用率则进一步压缩，且由于更高的风电并网对系统提出了更高的备用服务需求，G6 机组发电量在情景 4 达到最大。

4. 结果分析

为了对比分析碳交易和绿色证书对风电跨区域消纳的影响，本节整理四种情景下能源系统的发电结构、能耗、利润和火电机组出力四个方面。对比情景 1，碳交易和绿色证书的引入均能增加风电的电力价值，增加风电并网电量，四种情景下的弃风电量分别为 964.96MW·h、587.51MW·h、843.31MW·h、427.49MW·h。从系统发电煤耗率来看，两者的引入能优化能源系统出力结构，降低系统发电煤耗率水平。从节能减排效益的角度而言，发电过程中降低能耗率后，大气污染及温室气体的排放量随之减少，利于环境保护。表 9-3 为四种情景下能源系统运行优化结果。

**表 9-3　4 四种情景下能源系统运行优化结果**

| 情景 | 并网电量/(MW·h) | | | 总利润/万元 | | | 弃风率/% | 总煤耗/t | 平均煤耗率/(g/(kW·h)) |
|---|---|---|---|---|---|---|---|---|---|
| | 风电 | 火电 | 总计 | 联合 | 风电独立 | 火电独立 | | | |
| 情景 1 | 27 349 | 37 085 | 64 434 | 782 | 165 | 182 | 3.4 | 13 698 | 212.6 |
| 情景 2 | 27 726 | 36 818 | 64 544 | 1 076 | 325 | 262 | 2 | 13 063 | 202.4 |
| 情景 3 | 27 470 | 36 951 | 64 421 | 794 | 173 | 180 | 2.9 | 13 473 | 208.5 |
| 情景 4 | 27 886 | 37 023 | 64 909 | 1 125 | 343 | 278 | 1.5 | 12 899 | 198.6 |

就火电机组出力结构而言，引入碳交易与绿色证书后，机组的出力结构实现了整体优化，增加能效高的火电机组使用率，降低系统发电平均煤耗率。对比情景 2 和情景 3 发现，碳交易对系统优化效果要高于绿色证书。在情景 4 中，同时引入碳交易及绿色证书时系统的优化效果达到最佳水平。表 9-4 列出了四种情景下火电机组的出力结构。

**表 9-4　不同情景下火电机组出力结构（单位：MW）**

| 机组 | 情景 1 | 情景 2 | 情景 3 | 情景 4 |
|---|---|---|---|---|
| 1# | 10 290.049 | 11 100 | 10 575 | 11 437 |
| 2# | 8 611.301 1 | 9 150 | 8 885.701 1 | 9 321 |
| 3# | 7 268.299 8 | 6 513.479 7 | 7 685.84 | 6 891 |
| 4# | 5 292.339 2 | 4 130.190 1 | 4 871.05 | 4 027 |
| 5# | 3 209.750 8 | 3 062.110 8 | 2 348.36 | 2 390.2 |
| 6# | 2 413.88 | 2 862.88 | 2 585.88 | 2 957.64 |
| 合计 | 37 085.6199 | 36 818.6606 | 36 951.8311 | 37 023.84 |

总体来说，开展跨区域电能替代能够打破中国资源与需求逆向分布的禀赋，有利于促进以风能和太阳能为代表的清洁能源的开发与利用。随着近年来我国高水平的特高压技术的快速发展，电网的能源配置优化能力得到了提高，西部能源的调度更方便，能实现清洁能源基地的大规模电力外送，多高电压、远距离、大容量的跨区域送电，为开展跨区域电能替代提供了可行的途径。合理地开展跨区域电能替代有助于电力工业实现节能减排、降低电力投资和缓解输煤压力，促进区域范围内的资源优化和电能替代机制，构建在政府督管下的可靠安全、竞争公平、政企分开、有序开放的跨区域电能替代的市场，能够提高我国清洁能源的利用效率，实现跨区域电能替代，满足区域电网内不断增长的电力需求。

# 9.3　电力资源跨区域配置效益分配与交易模型

电力资源的跨区域优化配置将有助于优化区域间的电力资源应用，提高清洁能源以及高能效火电机组的应用水平。然而，在市场需求既定的情况下，风电机组出力水平的提高将挤压常规能源的市场份额，约束常规能源的收益水平。如果缺乏合理的补偿机制，常规能源将缺乏为风电提供调峰的意愿，风电的输出功率也就无法保证，如此将使得电力系统陷入电力资源利用效率较低的窘况。鉴于此，有必要就机组之间发电置换交易的效益分配以及谈判交易展开研究。

## 9.3.1　电力资源跨区域配置参与方

1. 电力资源跨区域流向框架

从能源传递链的角度，电力资源跨区域配置包括煤炭生产、煤炭运输、电力生产、电力输送等多个参与方，如图 9-10 所示。而如果仅考虑电能的传递，那么电力资源跨区域配置主要包括送电区域的风电机组与火电机组、输电线路以及受电区域的火电机组。

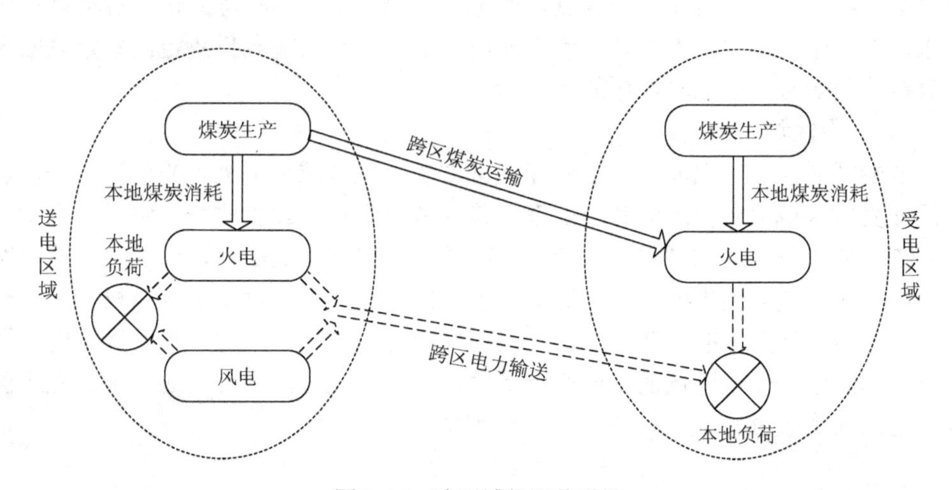


图 9-10　跨区域能源传递链

2. 参与方角色定位

1）送电区域风电机组

在整个跨区域电力资源配置体系中，风电机组是清洁能源的输出方，其输出功率在很大程度上影响电力资源跨区域配置的效果。受惠于消纳空间的扩大与火电机组的调峰，风电机组的发电上网电量将有较大幅度的提高。如果按实际发电量与上网电价结算风电场的收益，风电场无疑将是跨区域电力资源中的最大受益者。但为了保证火电为其调峰的积极性，风电场有必要从收益中分摊出一部分用于补偿火电机组的损失。因此，风电在跨区域电力资源配置体系中既承担清洁电能输出的职责，也是利益分配中的让利方。

2）送电区域火电机组

在“专线输送”模式下，送电区域火电机组的主要责任是为风电调峰，稳定输电线路的输出功率，其出力需根据风电出力的变化作出调整，因此，火电机组不承担或较少地承担送端区域内的电力平衡责任。而在“电力库”模式下，送电区域还须承担均衡本地供需的责任。火电机组为风电调峰将影响自身的发电效率，影响固定成本的回收；而为了保证火电机组自身的经济效益，须对其作出经济补偿。因此，送电区域火电机组在跨区域电力资源配置体系的电量均衡层面是调峰能源的提供者，在利益分配层面是受利方。

3）跨区域输电线路

输电线路是送电区域与受电区域电能流向的载体，输电线路的容量、线损率、输电价格等因素都将影响电力资源跨区域配置的规模与深度。相反，由于输电收益与输电量正相关，电力资源跨区域配置的规模也将左右输电收益。中国电力市场改革主要着力于发电侧与需求侧，输电环节仍处于垄断状态，输电价格则由销售电价与上网电价的价差决定。鉴于输电环节的收益由输电量决定，本章联盟合作效益的分配暂不考虑输电环节。

4）受电区域火电机组

送端区域的输入电能在一定程度上挤占了受电区域火电机组的市场份额，若要保证受电区域火电机组的利用效率，跨区域电力资源配置的效果将受到限制。理顺跨区域发电置换的利益关系需要跨区域发电权交易的配合，送端电源通过购买发电权作为电力输出的前提，而受电区域的火电机组通过出售发电权获得高于自身发电上网情景下的经济收益，从而实现双方的共赢。因此，在跨区域电力资源配置体系中，受电区域的火电机组是发电权的出让方，另外，还要承担受电区域一定的调峰职责。

### 9.3.2　电力资源跨区域配置效益分配模型

围绕风火电联合外送中风电与火电的利润分配问题展开研究，火电在能源外送系统中承担着重要的协作角色，火电机组不断通过调整机组启停状态与实时出力以保障风电的输送，这在一定程度上损害了火电机组的利益。从合作博弈理论的角度来看，如果缺乏合理的利润分配或者经济补偿方案，火电机组将失去参与联合外送的意愿，最终致使风电的浪费。风电与火电的利润分配的重要依据是机组参与或不参与联合外送下的利润水平差额，也就是其对整个能源外送系统的贡献度。

1. 基于核心法的利润分配模型

受惠于能源外送系统中火电机组的协作运行，风电将大幅增加输出电量。若按风电的上网电价结算风电场的收益，其收益水平也将同步上升。相反，火电机组作为互补电源需要根据风电机组的出力水平调整自身的输出功率，确保风力发电优先输出。因此，火电机组在能源外送系统中的输出功率受到限制，机组功率调整频繁，机组的经济效益无法得到有效的保障。若按火电标杆上网电价与上网电量结算火电机组的收益，火电机组难以获得理想的回报，部分机组甚至无法实现盈亏平衡。为了体现火电机组作为互补电源的协同价值，须构建公平、合理的利润分配机制，按风电场、火电机组参与合作对能源外送系统整体效益的贡献度进行利润分配。

1）核

假设联盟中共有 $N$ 个参与方，如果对于联盟集合的任一子集 $S$ 都对应着一个实值函数 $V(S)$ ，满足 $V(\varnothing)=0$ ， $V(S_1 \cup S_2) \geqslant V(S_1)+V(S_2)$ ，其中 $S_1 \cap S_2=\varnothing$ ，则称 $[N,V]$ 为 $N$ 人合作对策， $V$ 为对策的特征函数， $V(S)$ 称为合作联盟 $S$ 的总体收益值。

用 $X_i$ 表示 $N$ 中第 $i$ 个成员从联盟合作的最大效益值 $V(N)$ 中所分配到的利益，那么 $X=(X_1,X_2,\cdots,X_N)$ 称为合作博弈对策的分配策略。如果分配策略 $X$ 满足如下三个特性：

（1）整体合理性。联盟中所有参与者所分配到的利益份额之和与联盟合作的最大效益值一致，即

$$\sum_{i=1}^{N} X_i = V(N) \tag{9-37}$$

（2）个体合理性。联盟中的各个个体愿意参与联盟合作的前提是联盟合作分配得到的收益高于单独运营的收益水平，即

$$X_i \geqslant V(i), \quad \forall i \in N \tag{9-38}$$

式中， $V(i)$ 为成员 $i$ 不与其他成员结盟时的收益。

（3）联盟合理性。联盟中的各个个体之间可能结成若干个小联盟，而这些小联盟参与总体合作的前提是小联盟参与总体合作的效益高于小联盟自身单独运营的效益，否则，小联盟将脱离总体合作，寻求小联盟的效益最大化。因此，各个小联盟的效益需满足：

$$\sum_{i \in S} X_i \geqslant V(S) \tag{9-39}$$

式中， $\forall S \subset N$ 且 $|S|>1$ ，则称分配 $X$ 为该合作博弈的核，记为 $C(V)$ 。

2）核心法

合作博弈的核对联盟合作的规模经济效益有较高的要求，因此，合作博弈的核有可能是空集，此时合作利益分配问题可以通过添加松弛变量的形式解决，即为各特性条件增加一个松弛变量，使其尽可能地贴近核的定义要求。按照松弛变量添加形式的不同，核心法可分为最小核心法和比例最小核心法。

在最小核心法中，给所有联盟 $S$ 的联盟收益总和都加一个相同的额外量 $\varepsilon$，此时，计算联盟各成员的分配收益即转化为求解以下线性规划问题：

$$\min \varepsilon \tag{9-40}$$

$$\text{s.t. } X_i + \varepsilon \geqslant V(i), \quad \forall i \in N \tag{9-41}$$

$$\sum_{i \in S} X_i + \varepsilon \geqslant V(S), \quad \forall S \subset N \tag{9-42}$$

$$\sum_{i \in N} X_i = V(N) \tag{9-43}$$

式（9-40）为目标函数，目标为松弛变量最小，即使得分配结果尽可能地接近核的要求；式（9-41）为个体合理性约束；式（9-42）为联盟合理性约束；式（9-43）为整体合理性约束。

在最小核心法中，$\varepsilon$ 为绝对值。而在比例最小核心法中，$\varepsilon$ 则为比例系数，即联盟 $S$ 的联盟收益增加一个与其开发收益总和成比例的额外量来求解核心，因此，原问题可以转化为求解以下规划问题：

$$\min \varepsilon \tag{9-44}$$

$$\text{s.t. } X_i(1+\varepsilon) \geqslant V(i), \quad \forall i \in N \tag{9-45}$$

$$\sum_{i \in S} X_i(1+\varepsilon) \geqslant V(S), \quad \forall S \subset N \tag{9-46}$$

$$\sum_{i \in N} X_i = V(N) \tag{9-47}$$

比例最小核心法中，个体合理性约束以及联盟合理性约束中均包括二次项，因此比例最小核心法是二次规划问题。

2. 基于 Shapley 值的利润分配模型

从能源外送系统参与个体的角度考虑，参与联盟合作的前提是联盟合作能为其带来较不合作情景高的利润收入，否则个体将放弃联盟合作。因此，可借助合作博弈理论研究能源外送系统的利润分配问题。Shapley 值法是解决合作博弈问题的常用方法，Shapley 值能够突出联盟参与者对整体的贡献，反映参与者在联盟中的重要程度。风火电联合外送体系中风电以低廉的变动成本提供清洁能源，而火电则为风电调峰，提高风电并网电量，二者协作将为联盟带来额外的利益。因此，风电与火电的利润分配与 Shapley 值的假设相吻合，可以利用 Shapley 值对风火电联合外送的参与方进行利润分配。假设联盟利润分配优化过程中各参与合作博弈的 $N$ 个成员的利润分配向量 $X=(X_1,X_2,\cdots,X_N)$ 满足有效性、对称性及可加性三个特性，利润分配方程为

$$X_N(V)=\sum_{S_N\in S}W(|S|)[V(S)-V(S\setminus\{N\})] \tag{9-48}$$

式中，$V$ 为合作对策的利润特征函数，即不同联盟成员构成下联盟合作所获得的利润；$S_N$ 为包含元素 $N$ 的所有子集；$|S|$ 为子集 $S$ 中元素的个数；$V(S)$ 为包含元素 $N$ 的联盟合作利润；$V(S\setminus\{N\})$ 为不包含元素 $N$ 的联盟合作利润；$W(|S|)$ 为相应的加权因子，按式（9-49）计算：

$$W(|S|)=\frac{(M-|S|)!(|S|-1)!}{N!} \tag{9-49}$$

### 9.3.3　利润分配优化结果

以能源外送系统的利润分配比例作为研究对象，能源外送系统中共有 7 个成员，如果以每一个成员作为单独个体参与联盟合作，需对各个小联盟的效益进行测算，结算过程比较烦琐。以 Shapley 值为例，计算利润分配比例需进行 127 次优化。为简化分配的计算过程，将火电机组按装机容量划分大容量机组（G1～G3）以及中等容量机组（G4～G6）两类，并作为能源外送系统的 2 个成员。

1. 基于最小比例核心法的分配结果

利用最小比例核心法对能源外送系统中的风电与火电机组进行利润分配，分配结果如表 9-5 所示。

**表 9-5　最小比例核心法的利润分配结果**

| 情景 | 风电 | | 大容量机组 | | 中等容量机组 | |
|---|---|---|---|---|---|---|
| | 利润/万元 | 比例/% | 利润/万元 | 比例/% | 利润/万元 | 比例/% |
| 情景 1 | 501 | 64 | 218 | 28 | 63 | 8 |
| 情景 2 | 716 | 67 | 264 | 25 | 97 | 9 |
| 情景 3 | 514 | 65 | 218 | 27 | 62 | 8 |

从最小比例核心法的分配结果来看，风电机组在三种情景中的利润分配比例均在 60%以上，超过了所有火电机组的收益之和。这种分配结果的原因在于弃风发电的经济效益相当可观，风电无论与大容量火电机组还是与中等容量火电机组合作，均能获得较大的超额利润。而火电机组之间的合作则无法获得类似的超额

利润。风电参与所实现的超额利润在模型中将决定松弛变量的边界值，也就使得风电所分配得到的利润比例较高。

对于火电机组而言，尽管其分配所得的利润较风电机组要少，但与其独立运营下的利润水平相比，最小比例核心法下火电参与风火电联合外送所获得的利润已有较大幅度的提高。如图 9-11 所示，情景 1 下火电机组独立运营的利润为 182 万元，而火电机组参与联合外送所分配得到的利润为 372 万元，增长幅度为 104%。同样，情景 2 与情景 3 下火电机组参与联合外送所获得的利润比独立运营下的利润分别多出 209 万元、100 万元。

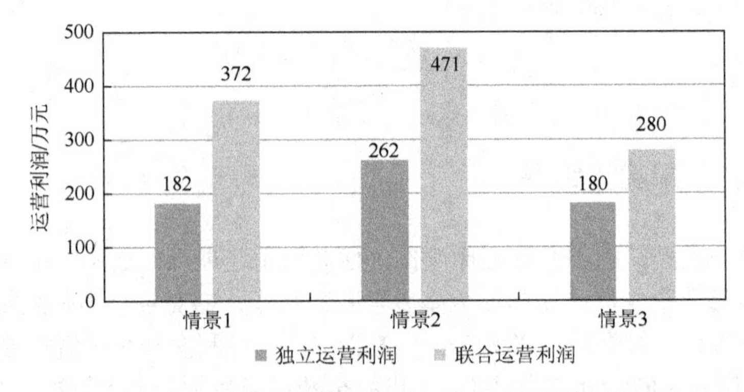


图 9-11　火电机组独立运营与联合运营利润对比

对比各情景的分配结构，情景 2 与情景 3 下风电所获得利润比例均比情景 1 高，原因在于碳交易机制以及绿色证书交易机制下，风力发电的价值有所提高。而最小比例核心法的分配在各情景中表明，最小比例核心法的分配能够在一定程度上体现风电作为清洁能源的环境价值，在碳交易机制以及绿色证书交易机制下将进一步凸显。

2. 基于 Shapley 值的分配结果

由于风火电联合外送下的利润高于风电独立外送与火电独立外送的利润之和，满足凸博弈的条件，因此可以应用 Shapley 值进行利润分配。按照 Shapley 值法对联盟内各成员的利润进行分配，结果如表 9-6 所示。

**表 9-6　Shapley 值法的利润分配结果**

| 情景 | 风电 | | 大容量机组 | | 中等容量机组 | |
|---|---|---|---|---|---|---|
| | 利润/万元 | 比例/% | 利润/万元 | 比例/% | 利润/万元 | 比例/% |
| 情景 1 | 410 | 52 | 249 | 32 | 122 | 16 |
| 情景 2 | 604 | 56 | 305 | 28 | 166 | 15 |
| 情景 3 | 422 | 53 | 249 | 31 | 122 | 15 |

情景 1 下，按 Shapley 值分配利润后风电利润占联盟利润的 52%，相对 Shapley 值分配前 97%的利润水平下降不少，这是为了体现火电机组在能源互补外送系统中的协作价值，风电机组将让渡部分经济收益作为火电机组成本的补贴，但从风电利润的绝对水平来看，Shapley 值分配后 410 万元的利润比其独立运营下 165 万元的利润有了大幅提高。火电机组的利润水平则从 Shapley 值分配前的 23 万元提高至 371 万元，相对其独立外送模式下 182 万元的利润也有较大幅度的提高。

情景 2 下，由于风电生产过程中不会排放 $CO_2$，引入碳交易机制后风电在利润分配中所获得的利润水平较情景 1 有大幅提升，其在利润分配中所占的份额也有所上升。

情景 3 下，风电将获得绿色证书而火电则须购买绿色证书，因此，引入绿色证书交易机制后风电的利润分配份额相对情景 1 有所上升。

3. 两种模型分配结果对比

通过最小比例核心法与 Shapley 值法的利润分配结果可知，两种模型在电力资源跨区域配置中的应用具有一定的可行性与合理性。然而，两种模型所分配的结构比例却有较大差异，如图 9-12 所示。

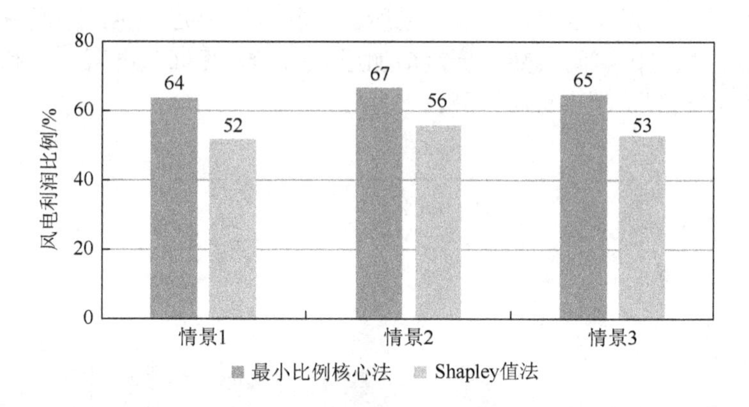


图 9-12　最小比例核心法与 Shapley 值法风电利润比例的对比

在三种情景中，无论最小比例核心法还是 Shapley 值法的分配都倾向于风电机组，但相对而言，最小比例核心法利润分配的倾斜程度要高于 Shapley 值法。最小比例核心法的分配更重视弃风发电所带来的经济价值，而 Shapley 值法则更多地考虑到火电机组不参与联盟合作对整体效益的影响，因此，为其分配更多的利润以体现其调峰价值。

4. 影响因素分析

无论最小比例核心法还是 Shapley 值法，其利润分配的依据是个体独立运营以及小联盟独立运营时的经济效益，独立运营经济效益的变化将最终影响利润分配结果。而独立运营经济效益受煤炭价格、碳交易价格、绿色证书价格以及输电功率波动约束等因素的影响。显然，煤炭价格、碳交易价格以及绿色证书价格等因素的上调都将抑制火电机组的收入水平，相反，风力发电将更容易创造经济收益，如此，火电机组在利润分配中的比例将进一步降低。本节主要针对区域间碳交易价差以及输电功率波动约束对利润分配结构的影响展开研究。

1）区域间碳交易价差对利润分配结构的影响

由于送端区域与受端区域的环境承托能力存在差异，各区域对碳排放权的供需关系也有所不同，碳交易价格也就存在一定差距。一般而言，经济发达的受端区域对环境要求较高，碳交易的定价在一定程度上高于经济相对落后的送端区域。

为研究区域间碳交易价差对能源外送联盟利润分配的影响，设置不同的碳交易价差，并利用 Shapley 值法分别求解不同价差下的利润分配结构。如图 9-13 所示，随着区域间的碳交易价差不断扩大，能源外送系统的收益不断增加，但风电在能源系统中的利润分配份额不断减少，分配所得的利润也呈现下降趋势。在图 9-13 中，区域间碳交易价差为 20 元/t，此时风电获得的利润比例为 56%；如果区域间碳交易价差减少至零，那么风电所占的利润比例为 61%，利润总额也有所上升；相反，如果区域间碳交易价差增加至 40 元/t，那么风电所占的利润比例将下降至 51%，利润总额也有所下降。

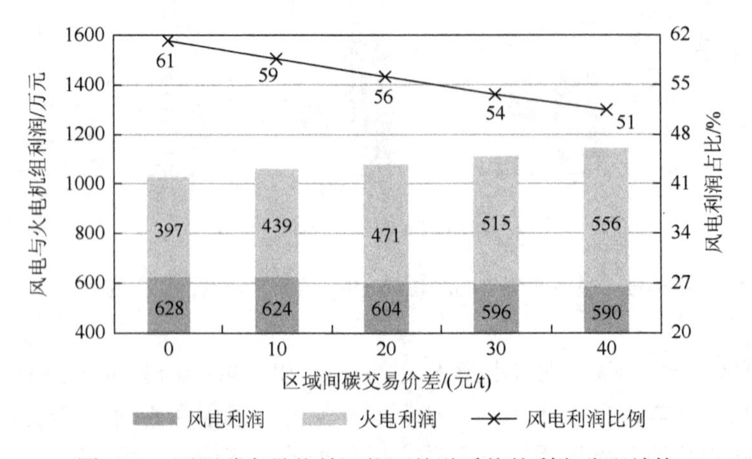


图 9-13　不同碳交易价差下能源外送系统的利润分配结构

可见，区域间的碳交易价差也将左右能源外送系统的利润分配结构。究其原因，在碳交易价差较大的情况下，火电也能通过跨区域送电实现更多的减排收入，从而稀释了风电对整个系统的贡献度，火电的收益比例也就随之提高。

2）输电功率波动约束对利润分配结构的影响

风火联合外送的前提是保证输电线路的可靠性，不稳定的电力输出将影响受端电网的安全。为量化研究输电功率波动约束对利润分配的影响，以输电波动幅度的约束作为敏感因子，分别测算不同输电约束水平下的风电与火电的利润分配结构。Shapley 值法分配的结果如图 9-14 所示，输电功率波动约束要求越高，火电机组的调峰协作价值越高，分配的利润比例越高。图 9-14 中，输电功率波动幅度约束为 100MW，情景 1 下风电获得的利润比例为 52%；如果输电功率波动幅度约束要求提高至 80MW，那么风电所占的利润比例将下降至 48%；相反，如果输电功率波动幅度约束要求降低至 120MW，那么风电所占的利润比例将提高至 59%。

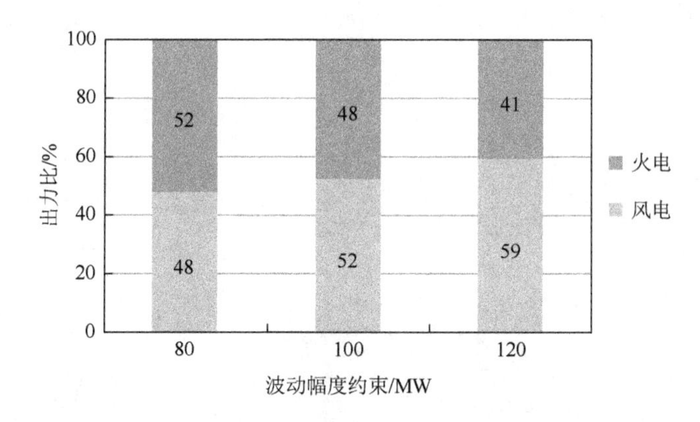


图 9-14 不同输电波动幅度约束下能源外送系统的利润分配结构

通过上述敏感性分析可知，输电功率波动的约束水平也将影响利润分配结构。原因在于如果受电区域对于输电功率的稳定性要求较高，那么在能源外送体系中有可能减少风电在低谷时段的发电出力以保证输出功率的稳定。在这种情景下，火电机组的调峰价值将有所提高，因此，利润分配将对其有所侧重。

## 9.4 本章小结

跨区域清洁能源消纳体系打破了电力资源区域内的均衡，区域外的需求将影响区域内的供需关系，从而引发电力资源市场价格的变化，影响电力需求。为促进清洁能源开发和利用，本章基于中国资源与需求逆向分布的禀赋，深入讨论跨区域清洁能源消纳途径。首先，综合考虑煤炭供需、风电、输电通道、输煤通道、碳排放、区域经济等因素，研究碳排放机制对跨区域规划的影响，形成碳排放机制下跨区域电力规划优化模型，并引入可信性理论，讨论了碳排放权交易和绿色证书参与下的能源外送优化模型。本章研究表明，跨区域消纳清洁能源发电调度优化模型的构建有利于促进清洁能源的发电并网，提高清洁能源替代传统能源的程度，提高区域间的经济效益与环境效益，对于实现区域间资源的配置优化起关键作用。

# 参 考 文 献


[1] 闫勇. 2016 年世界能源行业发展分析[J]. 中国能源，2017，39（6）：37-42.

[2] 柳逸月. 中国能源系统转型及可再生能源消纳路径研究[D]. 兰州：兰州大学，2017.

[3] 李琼慧，王彩霞. 从电力发展“十三五”规划看新能源发展[J]. 中国电力，2017，50（1）：30-36.

[4] 王耀华，栗楠，元博，等. 含大比例新能源的电力系统规划中“合理弃能”问题探讨[J]. 中国电力，2017，50（11）：8-14.

[5] Hashim H，Ho W S. Renewable energy policies and initiatives for a sustainable energy in Malaysia [J]. Renewable and Sustainable Energy Reviews，2011，15（9）：4780-4787.

[6] 吴丰林，方创琳. 中国风能资源价值评估与开发阶段划分研究[J]. 自然资源学报，2009，24（8）：1412-1421.

[7] 王宣元，马莉，曲昊源. 美国得克萨斯州风电消纳的市场运行机制及启示[J]. 中国电力，2017，50（7）：10-18.

[8] 刘林，尹明，杨方，等. 德国海上风电发展分析及启示[J]. 能源技术经济，2011，23（8）：47-52.

[9] 高建刚，马中东，王丙毅. 基于结构方程模型的中国风能产业发展障碍因素研究[J]. 中国软科学，2016，（12）：24-36.

[10] 孙力舟. 世界太阳能发电现状[J]. 环境与生活，2012，（10）：63-64.

[11] 田起军. 被动式超低能耗技术在严寒地区公共建筑中应用策略研究[D]. 长春：长春工程学院，2019.

[12] 孟大为，来瑞秋，张忠智. 国内外大阳能光伏政策、标准体系对比与展望[J]. 长春：能源与环境，2019，（1）：57-58，60.

[13] 李忠东. 2016 年美国太阳能装机容量翻番[J]. 上海节能，2017，（3）：120.

[14] 纪军，何雅玲. 太阳能热发电系统基础理论与关键技术战略研究[J]. 中国科学基金，2009，23（6）：331-336.

[15] 宋宁. 我国太阳能发电效率评价研究[D]. 北京：中国地质大学，2018.

[16] 宋艺航，谭忠富，李欢欢，等. 促进风电消纳的发电侧、储能及需求侧联合优化模型[J]. 电网技术，2014，38（3）：610-615.

[17] 王赵宾. 中国弃风限电报告[J]. 能源，2014，（7）：42-48.

[18] 王成福，梁军，张利，等. 基于机会约束规划的风电预测功率分级处理[J]. 电力系统自动化，2011，35（17）：14-19.

[19] 王靓. 基于条件风险方法的含风电电力系统经济调度研究[D]. 长沙：长沙理工大学，2012.

[20] 文阳，周步祥，王慧，等. 基于大规模风光互补的发电侧可调节鲁棒优化调度策略[J]. 电测与仪表，2017，54（5）：9-15.

[21] Yuan Y，Zhang X S，Ju P，et al. Applications of battery energy storage system for wind power

dispatch ability purpose[J]. Electric Power Systems Research，2012，（93）：54-60.

[22] Tan Z F，Ju L W，Li H H，et al. A two-stage scheduling optimization model and solution algorithm for wind power and energy storage system considering uncertainty and demand response [J]. International Journal of Electrical Power and Energy Systems，2014，（63）：1057-1069.

[23] 张钦，王锡凡，王建学，等. 电力市场下需求响应研究综述[J]. 电力系统自动化，2008，32（3）：97-106.

[24] 牛文娟，李扬，王蓓蓓. 考虑不确定性的需求响应虚拟电厂建模[J]. 中国电机工程学报，2014，34（22）：3630-3637.

[25] 徐箭，曹慧秋，唐程辉，等. 基于扩展序列运算的含不确定性需求响应电力系统优化调度[J]. 电力系统自动化，2018，42（13）：152-160.

[26] 周玮，彭昱，孙辉，等. 含风电场的电力系统动态经济调度[J]. 中国电机工程学报，2009，29（25）：13-18.

[27] 李丹，刘俊勇，刘友波，等. 风电接入后考虑抽蓄-需求响应的多场景联合安全经济调度模型[J]. 电力自动化设备，2015，35（2）：28-35.

[28] 张立辉，熊俊，鞠立伟，等. 考虑清洁能源参与的跨区域能源配置优化模型[J]. 湖南大学学报（自然科学版），2015，42（4）：71-77.

[29] Tan Z F，Ju L W，Reed B，et al. The optimization model for multi-type customers assisting wind power consumptive considering uncertainty and demand response based on robust stochastic theory [J]. Energy Conversion and Management，2015，105：1070-1081.

[30] 徐玮，杨玉林，李政光，等. 甘肃酒泉大规模风电参与电力市场模式及其消纳方案[J]. 电网技术，2010，34（6）：71-77.

[31] 别朝红，胡国伟，谢海鹏，等. 考虑需求响应的含风电电力系统的优化调度[J]. 电力系统自动化，2014，38（13）：115-119.

[32] 师洪涛，杨静玲，丁茂生，等. 基于小波-BP 神经网络的短期风电功率预测方法[J]. 电力系统自动化，2011，35（16）：44-48.

[33] 陆宁，周建中，何耀耀. 粒子群优化的神经网络模型在短期负荷预测中的应用[J]. 电力系统保护与控制，2010，38（12）：65-68.

[34] 张笑，何光宇，刘铠诚，等. 基于半绝对离差风险的联合经济调度[J]. 电力系统自动化，2012，36（10）：53-59.

[35] Abreu L V L，Khodayar M E，Shahidehpour M，et al. Risk-constrained coordination of cascaded hydro units with variable wind power generation[J]. IEEE Transactions on Sustainable Energy，2012，3（3）：359-368.

[36] 熊虎，向铁元，陈红坤，等. 含大规模间歇式电源的模糊机会约束机组组合研究[J]. 中国电机工程学报，2013，33（13）：36-44.

[37] 艾欣，刘晓. 基于可信性理论的含风电场电力系统动态经济调度[J]. 中国电机工程学报，2011，31（S1）：12-18.

[38] 王蓓蓓，李扬. 面向智能电网的电力需求侧管理规划及实施机制[J]. 电力自动化设备，2010，30（12）：19-24.

[39] Aalami H A，Moghaddam P M，Yousefi G R. Demand response modeling considering

interruptible/curtailable loads and capacity market programs[J]. Applied Energy，2010，87（1）：243-250.

[40] 吴雄，王秀丽，李骏，等. 风电储能混合系统的联合调度模型及求解[J]. 中国电机工程学报，2013，33（13）：10-17.

[41] 杨媛媛，杨京燕，夏天，等. 基于改进差分进化算法的风电并网系统多目标动态经济调度[J]. 电力系统保护与控制，2012，40（23）：24-29，35.

[42] 娄素华，余欣梅，熊信艮，等. 电力系统机组启停优化问题的改进 DPSO 算法[J]. 中国电机工程学报，2005，25（8）：30-35.

[43] 吴小珊，张步涵，袁小明，等. 求解含风电场的电力系统机组组合问题的改进量子离散粒子群优化方法[J]. 中国电机工程学报，2013，33（4）：45-52.

[44] Growe-Kuska N，Heitsch H，Romisch W. Scenario reduction and scenario tree construction for power management problems[R]. Proceeding of IEEE Power Tech Conference. Bologna：IEEE，2003：1-7.

[45] Giulio G，Stefano C，Matteo C. Power-to-gas plants and gas turbines for improved wind energy dispatchability：Energy and economic assessment [J]. Applied Energy，2015，147：117-130.

[46] GWEC. Global wind report 2011[R]. Brussels：Global Wind Energy Council，2011.

[47] 国家能源局. 关于做好 2013 年风电并网和消纳相关工作的通知[R]. 北京：国家能源局，2013.

[48] 高瑜. “十三五”风电产业发展的新思维、新战略与新突破[J]. 宏观经济管理，2016，（12）：46-50.

[49] 张昌华，孟劲松，曹永兴，等. 换电模式下电动汽车换电充裕度模型及仿真研究[J]. 电网技术，2012，36（9）：15-19.

[50] 李惠玲，白晓民，谭闻，等. 电动汽车与分布式发电入网的协调控制研究[J]. 电网技术，2013，37（8）：2108-2115.

[51] 于大洋，宋曙光，张波，等. 区域电网电动汽车充电与风电协同调度的分析[J]. 电力系统自动化，2011，25（14）：24-29.

[52] 韩海英，和敬涵，王小君，等. 基于改进粒子群算法的电动车参与负荷平抑策略[J]. 电网技术，2011，35（10）：165-169.

[53] Wang H S，Huang Q，Zhang C H，et al. A novel approach for the layout of electric vehicle charging station [R]. International Conference on Apperceiving Computing and Intelligence Analysis. Sichuan：IEEE，2010：64-70.

[54] 沈阅，徐昌云，程浩忠，等. 基于优先级权系数法的架空线路入地改造控制算法[J]. 电网技术，2004，28（12）：5-9.

[55] 孙波，廖强强，谢品杰，等. 车电互联削峰填谷的经济成本效益分析[J]. 电网技术，2012，36（10）：30-34.

[56] 王抒祥. 减排约束下电力资源综合利用优化模型与方法研究[D]. 北京：华北电力大学，2013.

[57] 王抒祥，饶娆，宋艺航，等. 电动汽车充换电服务商业模式综合评价研究[J]. 现代电力，2013，30（2）：89-94.

[58] Amjady N，Aghaei J，Shayanfar H A. Stochastic multi-objective market clearing of joint energy

and reserves auctions ensuring power system security [J]. IEEE Transactions on Power Systems，2009，24（4）：1841-1854.

[59] Mavrotas G. Generation of efficient solutions in multiobjective mathematical programming problems using GAMS. Effective implementation of the ε-constraint method [D] Athens：National Technical University of Athens，Zografou Campus，2008.

[60] Wang S J，Shahidehpour S M，Kirschen D S，et al. Short-term generation scheduling with transmission and environmental constraints using an augmented Lagrangian relaxation[J]. IEEE Transactions on Power Systems，1995，10（3）：1294-1301.

[61] Kelly L，Rowe A，Wild P. Analyzing the impacts of plug-in electric vehicles on distribution networks in British Columbia [R]. Electrical Power Energy Conference. Montreal：IEEE，2009：1-6.

[62] Gerber A，Qadrdan M，Chaudry M. A 2020 GB transmission network study using dispersed wind farm power output[J]. Renewable Energy，2012，37（1）：124-132.

[63] 丁明，马凯，毕锐. 基于多代理系统的多微网能量协调控制[J]. 电力系统保护与控制，2013，41（24）：1-8.

[64] Mohammad A F G，João S，Nuno H，et al. A multi-objective model for scheduling of short-term incentive-based demand response programs offered by electricity retailers [J]. Applied Energy，2015，151：102-118.

[65] 刘梦璇，王成山，郭力，等. 基于多目标的独立微电网优化设计方法[J]. 电力系统自动化，2012，36（17）：34-39.

[66] 范松丽，艾芊，贺兴. 基于机会约束规划的虚拟电厂调度风险分析[J]. 中国电机工程学报，2015，35（16）：4025-4034.

[67] Zhang N，Hu Z G，Springer C，et al. A bi-level integrated generation-transmission planning model incorporating the impacts of demand response by operation simulation [J]. Energy Conversion and Management，2016，123：84-94.

[68] Molderink A，Bakker V，Bosman M G C. Management and control of domestic smart grid technology [J]. IEEE Transations on Smart Grid，2010，1（2）：109-119.

[69] Ju L W，Tan Z F，Li H H. Multi-objective synergistic scheduling optimization model for wind power and plug-in hybrid electric vehicles under different grid-connected modes [J]. Mathematical Problems in Engineering，2014，（1）：1-15.

[70] Ju L W，Tan Z F，Li H F，et al. Multi-objective operation optimization and evaluation model for CCHP and renewable energy based hybrid energy system driven by distributed energy resources in China [J]. Energy，2016，111：322-340.

[71] Julio H B，Josh R W，Luke J R. Optimal distributed energy resources and the cost of reduced greenhouse gas emissions in a large retail shopping center[J]. Applied Energy，2015，155：120-130.

[72] Wei H K，Liu J，Yang B. Cost-benefit comparison between domestic solar water heater（DSHW）and building integrated photovoltaic（BIPV）systems for households in urban China [J]. Applied Energy，2014，126：47-55.

[73] Wang Q，Zhang C Y，Ding Y，et al. Review of real-time electricity markets for integrating

distributed energy resources and demand response[J]. Applied Energy，2015，138：695-706.

[74] Dong W L，Wang Q，Yang L. A coordinated dispatching model for distribution utility and virtual power plants with wind/photovoltaic/hydro generators[J]. Automation of Electric Power System，2015，39（9）：75-82.

[75] 杨黎晖，许昭，Stergaard J，等. 电动汽车在含大规模风电的丹麦电力系统中的应用[J]. 电力系统自动化，2011，35（14）：43-47.

[76] Tan Z F，Zhang H J，Sho Q S，et al. Multi-objective operation optimization and evaluation of large-scale NG distributed energy system driven by gas-steam combined cycle in China [J]. Energy and Buildings，2014，76：572-587.

[77] 余爽，卫志农，孙国强，等. 考虑不确定性因素的虚拟电厂竞标模型[J]. 电力系统自动化，2014，38（22）：43-49.

[78] Morteza S，Mohammad K S，Mahmoud R H. The design of a risk-hedging tool for virtual power plants via robust optimization approach [J]. Applied Energy，2015，155：766-777.

[79] Pandzic H，Kuzle I，Capuder T. Virtual power plant mid-term dispatch optimization [J]. Applied Energy，2013，101：134-141.

[80] 王庆，王峰，马研. "清洁替代 + 电能替代"的绿色供电所建设[J]. 电力需求侧管理，2016，18（6）：36-39.

[81] 张晓花，谢俊，赵晋泉，等. 考虑风电和电动汽车等不确定性负荷的电力系统节能减排调度[J]. 高电压技术，2015，39（7）：2408-2414.

[82] 赵阳. 海岛海洋可再生能源多能互补发电系统储能装置的运行与控制研究[D]. 长春：东北师范大学，2015.

[83] 薛彩霞. 海洋能多能互补独立发电系统控制技术研究[D]. 天津：国家海洋技术中心，2014.

[84] Qin C K，Tang J X，Zhang Y. An efficient algorithm for CCHP system sizing and an operational optimization model based on LP [J]. Journal of Natural Gas Science and Engineering，2015，25：189-196.

[85] 韩晓利，卢玫，杨茉. 热电冷联产系统的热经济性分析[J]. 节能，2011（2）：27-31.

[86] 孟涛. 多能互补独立电力系统控制策略及动态仿真分析[D]. 北京：华北电力大学，2012.

[87] Thornton A，Monroy C R. Distributed power generation in the United States [J]. Renewable and Sustainable Energy Reviews，2011，15：4809-4817.

[88] Hassan H，Abdolsaeid G，Mohammad N M J. Assessment of new operational strategy in optimization of CCHP plant for different climates using evolutionary algorithms [J]. Applied Thermal Engineering，2015，75：468-480.

[89] Sepehr S，Ahmadreza S. Optimization of combined cooling，heating and power generation by a solar system [J]. Renewable Energy，2015，80：699-712.

[90] Sukhatme S. Solar Energy：Principles of Thermal Collection and Storage [M]. 3rd ed. New Delhi：Tata McGraw-Hill Publishing Company Limited，1984.

[91] 王绵斌，谭忠富，李雪，等. 供电公司实行峰谷分时电价的风险价值计算模型[J]. 电网技术，2007，31（9）：43-47.

[92] 王壬，尚金成，周晓阳，等. 基于条件风险价值的购电组合优化及风险管理[J]. 电网技术，2006，30（20）：72-76.

[93] 燕京华，崔晖，韩彬，等. 大用户直购电对清洁能源发展的影响分析[J]. 电力建设，2016，37（3）：99-104.

[94] Laura H，Dougal H，Jim C，et al. Reducing water usage with rotary regenerative gas/gas heat exchangers in natural gas-fired power plants with post-combustion carbon capture [J]. Energy，2015，90（2）：1994-2005.

[95] Sun W，Xu Y F. Using a back propagation neural network based on improved particle swarm optimization to study the influential factors of carbon dioxide emissions in Hebei Province，China [J]. Journal of Cleaner Production，2016，112（2）：1282-1291.

[96] Wang J F，Zhao P，Niu X Q，et al. Parametric analysis of a new combined cooling，heating and power system with transcritical $CO_2$ driven by solar energy [J]. Applied Energy，2012，94：58-64.

[97] 孙毅，周爽，单葆国，等. 多情景下的电能替代潜力分析[J]. 电网技术，2017，41（1）：118-123.

[98] 魏一鸣，刘兰翠，范英，等. 碳排放研究[M]. 北京：科学出版社，2008.

[99] Fowlie M. Emissions trading，electricity restructuring and investment in pollution abatement[J]. American Economic Review，2010（7）：837-869.

[100] 雷涛，鞠立伟，彭道鑫，等. 计及碳排放权交易的风电储能协同调度优化模型[J]. 华北电力大学学报（自然科学版），2015，42（3）：97-104.

[101] Keppler J H，Cruciani M. Rents in the European power sector due to carbon trading[J]. Energy Policy，2010，57（3）：4280-4290.

[102] 周天睿，康重庆，徐乾耀，等. 电力系统碳排放流分析理论初探[J]. 电力系统自动化，2012，36（7）：1-7.

[103] 周天睿，康重庆，徐乾耀，等. 电力系统碳排放流的计算方法初探[J]. 电力系统自动化，2012，36（11）：44-49.

[104] 李保卫，胡泽春，宋永华，等. 电力碳排放区域分摊的原则与模型[J]. 电网技术，2012，36（7）：12-17.

[105] 刘阳升，周任军，李星朗，等. 碳排放权交易下碳捕集机组的厂内优化运行[J]. 电网技术，2013，37（2）：295-300.

[106] 黎灿兵，刘玙，曹一家，等. 低碳发电调度与节能发电调度的一致性评估[J]. 中国电机工程学报，2011，31（31）：94-101.

[107] 周仁军，李绍金，陈瑞先，等. 采用模糊自修正粒子群算法的碳排放权交易冷热电多目标调度[J]. 中国电机工程学报，2014，34（34）：6119-6125.

[108] 迟远英，王彦亮，牛东晓，等. 碳排放权交易下的发电权置换优化模型[J]. 电网技术，2010，34（6）：78-81.

[109] Chandrasekaran K，Hemamalini S，Simon S P，et al. Thermal unit commitment using binary/real coded artificial bee colony algorithm[J]. Electric Power Systems Research，2012，84（1）：109-119.

[110] 张丽英，叶廷路，辛耀中，等. 大规模风电接入电网的相关问题及措施[J]. 中国电机工程学报，2010，30（25）：1-9.

[111] 国家电力监管委员会. 重点区域风电消纳监管报告[R]. 北京：国家电力监管委员会，2012.

[112] 谭阳红，王伟. 计及经济效益的分布式电源多目标优化规划[J]. 湖南大学学报（自然科学版），2015，42（10）：89-96.
[113] 白建华，辛颂旭，贾德香，等. 中国风电开发消纳及输送相关重大问题研究[J]. 电网与清洁能源，2010，26（1）：14-17.
[114] 汪宁渤，王建东，何世恩. 酒泉风电跨区消纳模式及其外送方案[J]. 电力系统自动化，2011，35（22）：82-89.
[115] 刘荣胜，彭敏放，张海燕，等. 基于动态集成 LSSVR 的超短期风电功率预测[J]. 湖南大学学报（自然科学版），2017，44（4）：79-86.
[116] 陈震寰，陈永华，行舟，等. 大型集群风电有功智能控制系统控制策略（二）风火电“打捆”外送协调控制[J]. 电力系统自动化，2011，35（21）：12-15.
[117] 张宁，康重庆，周宇田，等. 风电与常规电源联合外送的受端可信容量研究[J]. 中国电机工程学报，2012，32（10）：72-79.
[118] 李军军，吴政球. 微型燃气轮机分布式发电系统的建模和仿真[J]. 湖南大学学报（自然科学版），2010，37（10）：57-62.
[119] 莫莉，周建中，李清清，等. 基于委托代理模型的发电权交易模式[J]. 电力系统自动化，2008，32（2）：30-34.
[120] 姚建刚，周启亮，张佳启，等. 基于期权理论的发电权交易模型[J]. 中国电机工程学报，2005，25（21）：76-81.
[121] 舒隽，张丽娟，张粒子，等. 发电权竞价交易的两阶段方法[J]. 电网技术，2011，35（11）：200-205.
[122] 武鹏，程浩忠，邢洁，等. 基于可信性理论的输电网规划[J]. 电力系统自动化，2009，33（12）：22-26.
[123] 谭忠富，宋艺航，张会娟，等. 大规模风电与火电联合外送体系及其利润分配模型[J]. 电力系统自动化，2013，37（23）：63-70.